カラー図版1　2014年に米ステルワーゲン・バンク国立海洋保護区でザトウクジラの横を帆走する捕鯨船チャールズ・W・モーガン号。

カラー図版2　チャールズ・W・モーガン号の捕鯨ボートのうち1艘が2頭のザトウクジラの横を行く。2014年、ステルワーゲン・バンクにて。

カラー図版3　数百頭、あるいはひょっとすると数千頭から成る鯨の「大艦隊」。インド洋にてトニー・ウー撮影（2014年）。この群れの大部分は雌、新生仔、幼獣だったが、2頭ほど大型の雄もいた。表皮の剥離と、右上の排泄物に注目。

カラー図版4　水面直下で餌をとるタイセイヨウセミクジラ。

カラー図版5　1995年にフリップ・ニックリンが撮影した白いマッコウクジラの新生仔。ニックリンはこの個体が雌だったと考えている。

カラー図版6　カラー図版5の新生仔と同じ個体と考えてほぼ間違いないと思われる鯨の成長後の姿。2016年にアゾレス諸島沖で撮影。

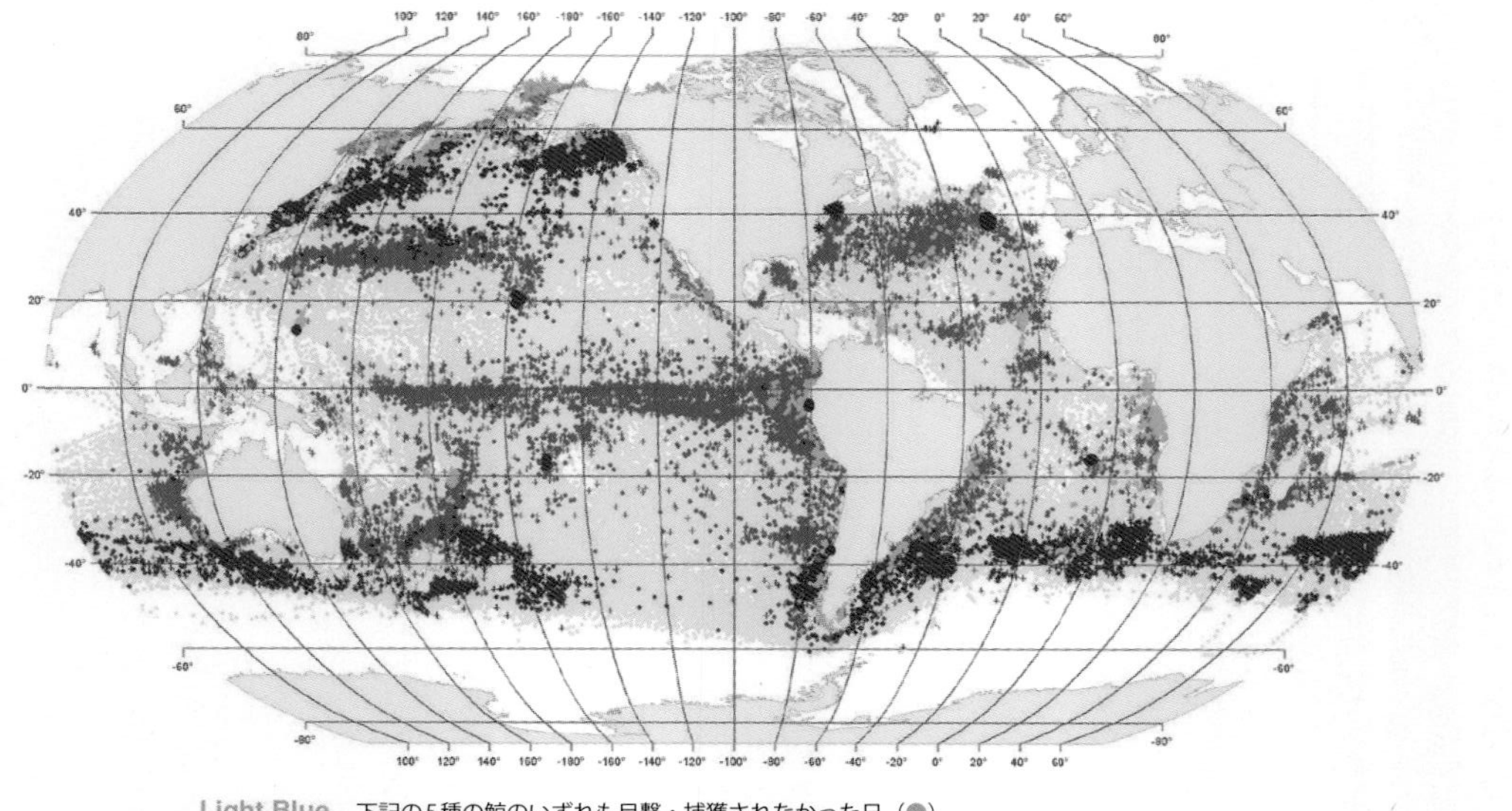

Light Blue	下記の5種の鯨のいずれも目撃・捕獲されなかった日（●）。
Dark Blue	1頭以上のマッコウクジラが目撃（●）または捕獲（✚）された日。
Red	1頭以上のセミクジラが目撃（●）または捕獲（✚）された日。
Orange	1頭以上のホッキョククジラが目撃（●）または捕獲（✚）された日。
Green	1頭以上のザトウクジラが目撃（●）または捕獲（✚）された日。
Pink	1頭以上のコククジラが目撃（●）または捕獲（✚）された日。
Violet	船籍のある港（＊）と、それよりも頻繁に使われた港（●）の場所。

カラー図版7　1780年から1920年までに行われた過去の帆船捕鯨。当時の米国船の捕鯨航海のおよそ10%を反映した航海日誌のデータから作成した図。Smith, Reeves, Josephson, and Lund（2012）の論文より引用。

カラー図版8　陸上（図の上部）と海洋（図の下部）の生態系におけるデファウネーション〔defaunation：動物群（fauna）の局所的または世界的な損失〕と環境への影響を示すイメージ図。McCauley et al.（2015）の論文より引用。海洋生態系に人間が与える影響は陸上に比べて遅かったが、技術発展の拡大と地球温暖化（中央の横帯、IPCC〔国連気候変動に関する政府間パネル〕のデータによる）に伴い、海洋での絶滅種数増加および生態系の大幅な変容の両面において、私たちの与える影響が急激に加速する可能性が高い。

カラー図版9　2018年にニュージーランドのウェリントン南部沿岸に打ち上げられた、死後間もないダイオウイカ。

カラー図版10　南アフリカ沖でニタリクジラの死骸の尾びれ先端に齧りつくホホジロザメ。

カラー図版11　外周が約135フィート〔約41メートル〕ある、ハマサンゴ属（*Porites*）のサンゴの巨大コロニー「ビッグ・ママ」（2014年）。米領サモア国立海洋保護区の生物学者たちは、この「壮大な球体」（イシュメールならそう呼ぶだろう）が500年以上生きていると推定している。

カラー図版12　赤い喉袋がしぼんだ状態のアメリカグンカンドリ（*Fregata magnificens*）。

Ahab's Rolling Sea:
A Natural History of Moby-Dick

クジラの海をゆく探究者（ハンター）たち 

『白鯨』でひもとく海の自然史

リチャード・J・キング　　坪子理美［訳］

慶應義塾大学出版会

リサに捧ぐ

私はどちらも心から信じている。詩情も、解体による分析も。

——ラルフ・ワルドー・エマーソン『*The Naturalist*』(1834年)より

AHAB'S ROLLING SEA: A Natural History of Moby-Dick
by Richard J. King

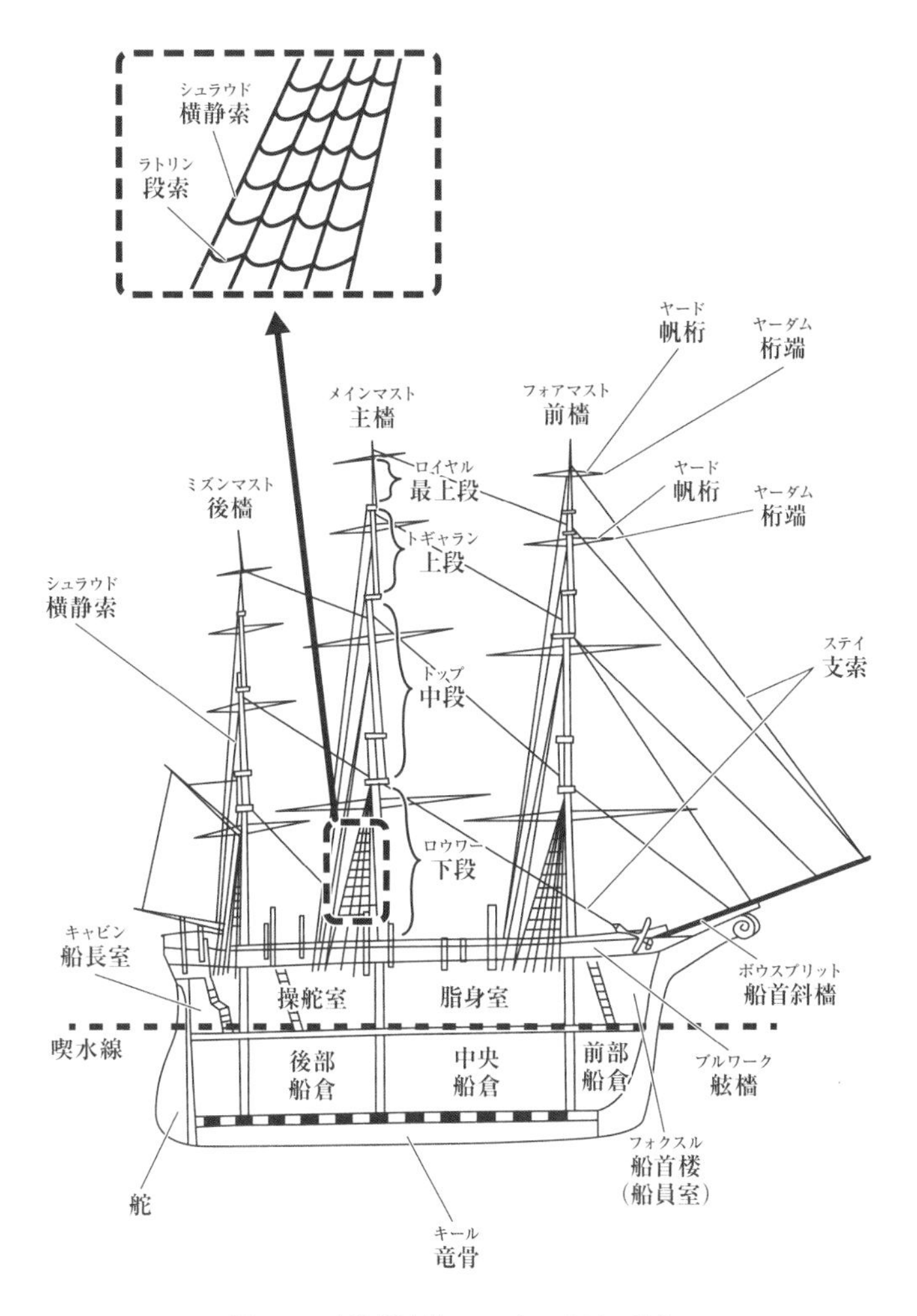

図A-1 木造捕鯨船のマスト、索具、船体

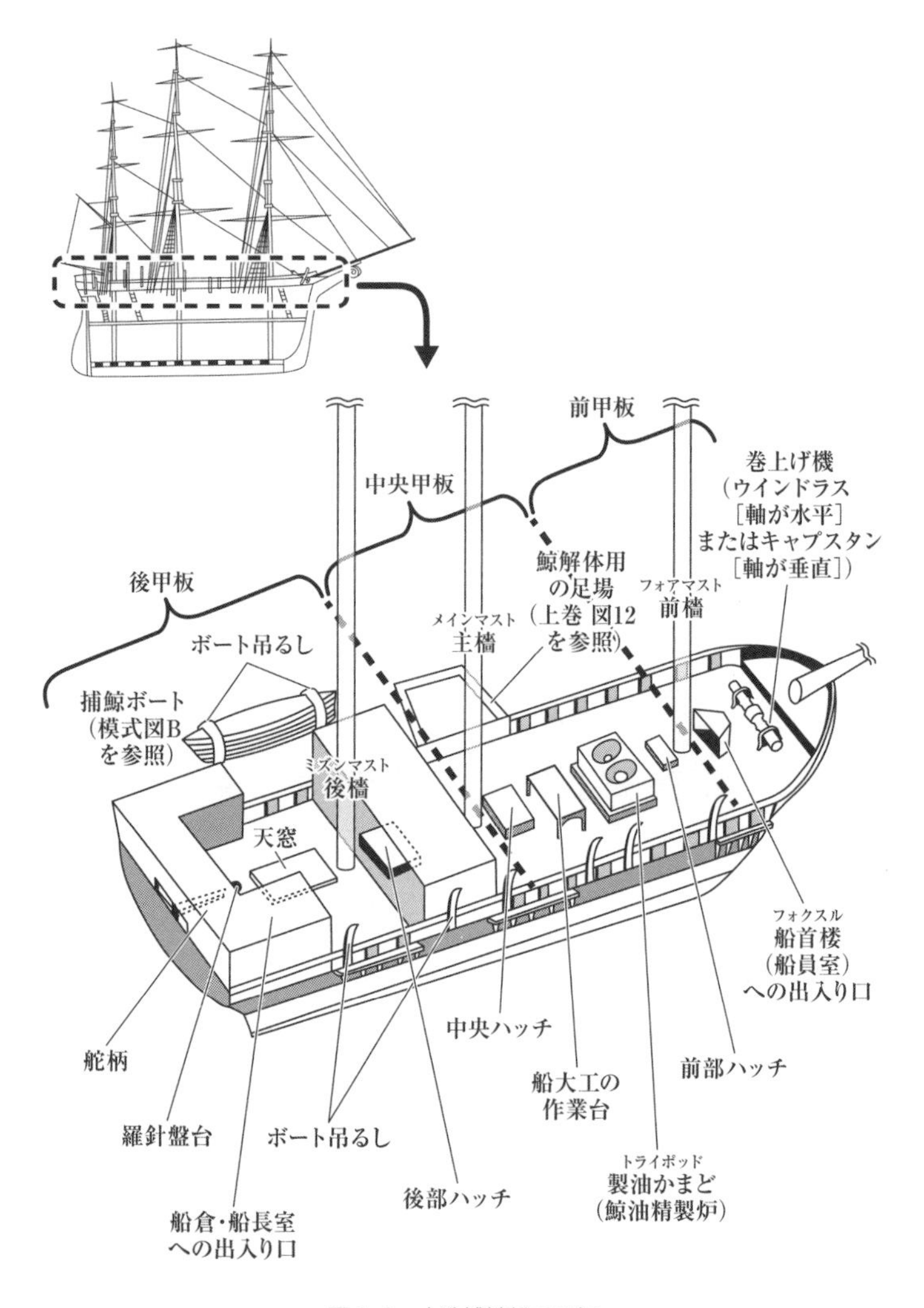

図A-2　木造捕鯨船の甲板

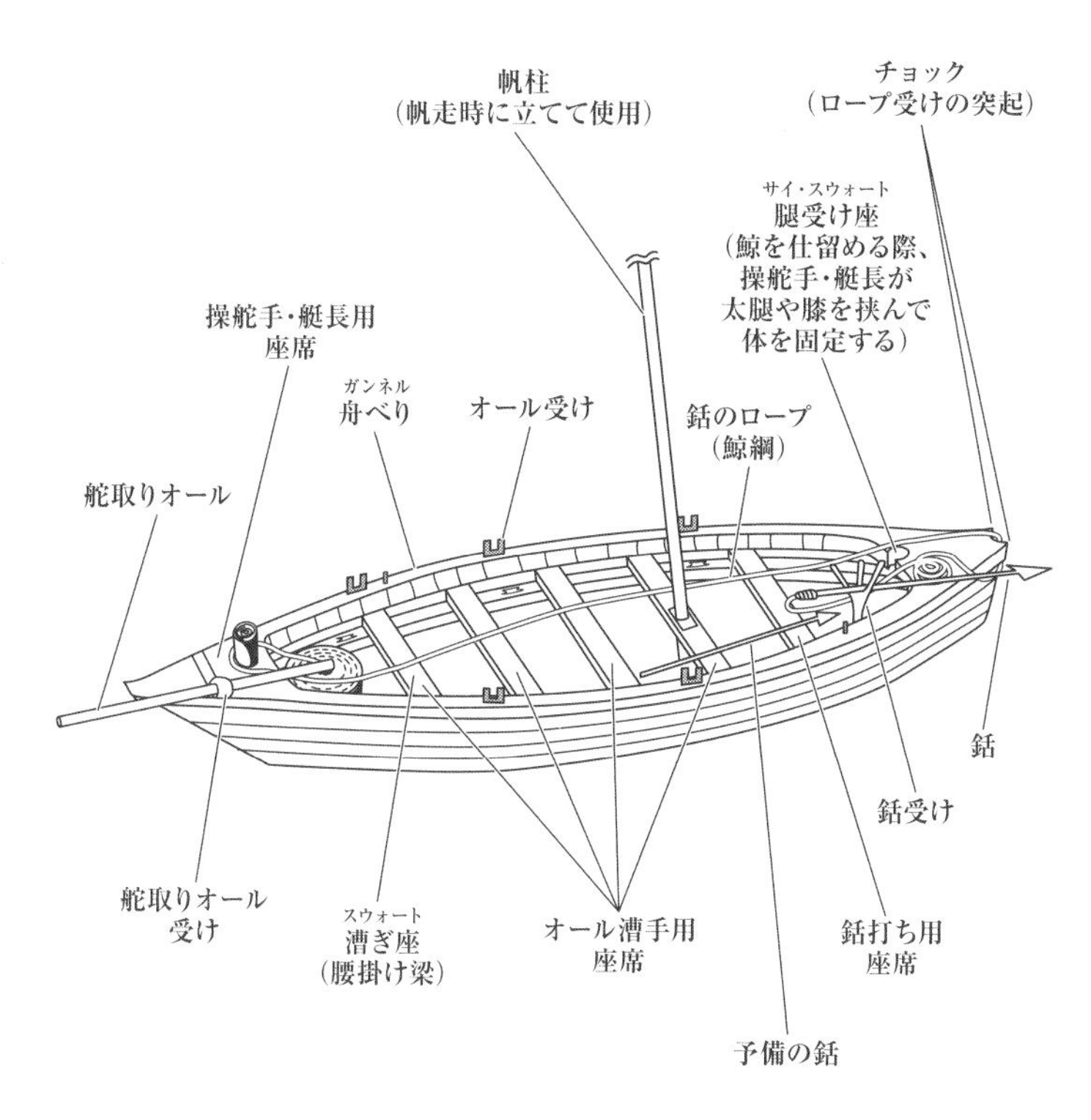
帆柱
(帆走時に立てて使用)
チョック
(ロープ受けの突起)
サイ・スウォート
腿受け座
(鯨を仕留める際、
操舵手・艇長が
太腿や膝を挟んで
体を固定する)
操舵手・艇長用
座席
ガンネル
舟べり
オール受け
銛のロープ
(鯨綱)
舵取りオール
銛
銛受け
舵取りオール
受け
スウォート
漕ぎ座
(腰掛け梁)
オール漕手用
座席
銛打ち用
座席
予備の銛

図B　捕鯨ボート

凡例

- 原著者による注は〔　〕で、原文の強調箇所は太字ゴシック体で示した。
- 訳者による注は〔　〕で示した。また、登場人物の役割など、『白鯨（モービィ・ディック）』を未読の読者にとって必要だと思われる情報は〔　〕をつけずに補った。長い訳注は★マークをつけ脚注とした。
- 原文中の文献引用は、基本的に《　》で示した。
- 『白鯨』章題と人名の表記は、特に記載のない限り岩波文庫版（八木敏雄訳）を基に適宜改変を加えた。また、八木訳から引用した訳文にはⓎ印を付した。
- 読者の便宜を考え、上巻の冒頭に捕鯨船の各部分の説明図を付けた。説明図作成にあたっては岩波文庫版『白鯨』および下記の各ウェブサイトを参考とした。Encyclopædia Britannica（「Early commercial whaling」の項）、Whalesite.org（「The whale boat」の項）、Wikimedia Commons（Diagram_of_shrouds_on_a_16th-century_tall_ship.jpg および Mystic_whaleboat.jpg）、和英西仏葡語・海洋総合辞典（中内清文）（https://www.oceandictionary.jp/index.html）。

『クジラの海をゆく探究者(ハンター)たち』(上) 目次

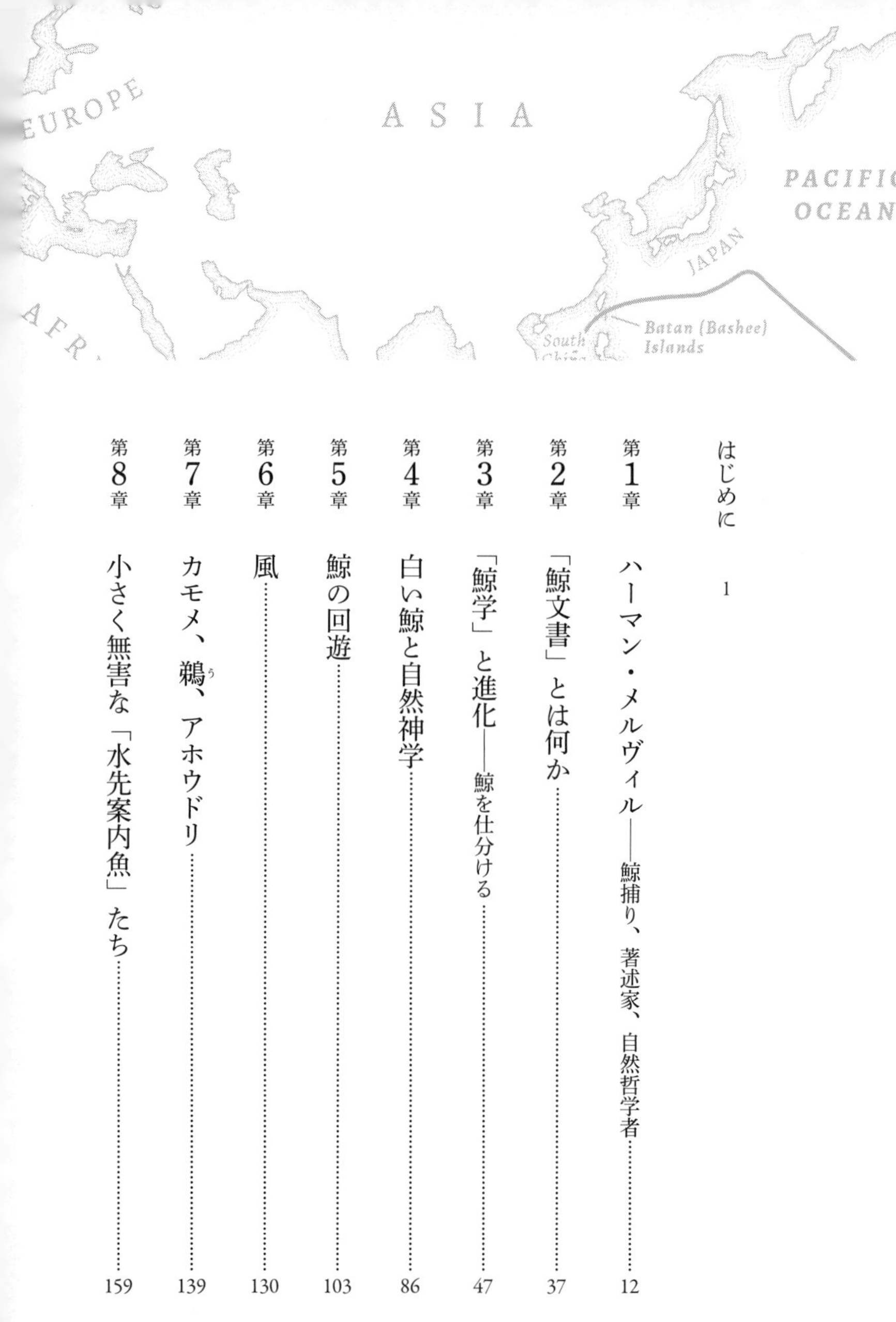
EUROPE
ASIA
PACIFIC
OCEAN
JAPAN
Batan (Bashee)
Islands
South

ATLANTIC
OCEAN

◆(下)目次

はじめに

〔時を経ても〕それぞれの時代が『白鯨』の中に自らの象徴を見出す、そう予言してもよいだろう。あの大海の上で雲は流れ、移り変わり、海そのものも、そうした変化を水の奥底から空へと映し返すだろう。

ルイス・マンフォード『ハーマン・メルヴィル』より＊1

命を落とすことになる日の朝、エイハブ船長は檣頭(マスト・ヘッド)にいま一度立つ。これから数時間のうちに、あの白鯨に打ち込もうとした銛のロープが自らの首に巻きつき、彼は船外へと引きずり下ろされて溺れ死ぬ。波打つ水面から実に一〇階建ての高さに浮かぶエイハブは、こう独白する。

《だが、もう一度だけこの檣頭から海をぐるりとよく眺めさせてもらおう。その時間はある。古い、古い、馴染みの眺め、それでいてなぜかとても新鮮な眺めだ。永久(とわ)の、初めて見た時から少しも変わらない眺め。少年の頃、ナンタケットの砂丘から見たあの眺め！　同じだ！　同じ眺めだ！　私にもノアにも同じなのだ。》

"But let me have one more good round look aloft here at the sea; there's time for that. An old, old sight, and yet somehow so young; aye, and not changed a wink since I first saw it, a boy, from the sand-hills of Nantucket! The same! –the same! –the same to Noah as to me."*2

エイハブの見た海は、本当にノアの見た海と同じだったのだろうか？　また、私たちの見ている海と比べるとどうだろう？　ハーマン・メルヴィル（一八一九〜一八九一年）が『白鯨』（"*Moby-Dick; or, The Whale*"）を書き上げたのは一八五一年だ。彼はストーリーの舞台を、それより一〇年ほど前の時代に設定している。メルヴィルにとって、一九世紀中盤は激動の時代であり、自然界における人類の立ち位置についての新発見に満ちた時代でもあった。彼の小説は、海を題材とした当時の米文学の中でも圧倒的に奥深い作品だった。その位置づけは少なくともその後一世紀にわたって変わらなかったし、もしかすると、現在でも変わらないかもしれない。あなたの目の前にあるこの自然史は、海と海棲生物に対する米国人の知識や認識をとらえる水準として『白鯨』という作品がどのような役割を果たすか、そして、海に対する人々の見方が今日までの間にどう変化してきたかを語るストーリーである。例えば、『白鯨』以前には、海の動物の描写を通じ、私たち自身の行動についてこれほど比喩的で深遠な含蓄を語る小説はなかった。また、二一世紀という、人新世(アントロポセヌ)と呼ばれる時代のただ中で『白鯨』を読む私たちは、この小説を、ダーウィン進化論の登場以前、そして環境保護論の登場以前に海の本質を描いた傑作として読み解くことができる。『白鯨』という作品は今でも私たちに多くのことを訴えかける。その内容は、私たちが今抱えている地球環境の危機に当てはめた場合にさえも意味を持つ。[*3]

『白鯨』の語り手であるイシュメールは、地球の三分の二が水で覆われていることを作中で繰り返し説明する。今日、地理学者はその割合をおよそ七一％と推定している。メルヴィルは当時から、海が私たちの気候、生物多様性、経済、国際政治、そして想像力を突き動かす源であることを理解、あるいは直観していた。海は私たちの惑星で最も広く、魅惑的で、複雑で、荘厳な生態系であり続けている。地球上で最も奇妙で、最も未知なる生物の形態（私たち人間にとっての話だが）のうちいくつかが、今も海に支えられている。[*4]

一九九三年にカナダのバンクーバーから初めて洋上に出たとき、私は二二歳だった。一八四一年に米国のニューベッドフォードから捕鯨船に乗り、初めて航海に出たときのメルヴィルよりも、ほんの数ヵ月だけ年上だった。三本マストのバーケンティン〔帆船の一種〕、コンコーディア号に乗り込んだ私は、メルヴィルと同じく南太平洋を目指していた。新米の英語教師だった私は、北米の高校生とバンクーバーを出港し、一一ヵ月をともに過ごした。ハワイ諸島を中心とした巨大な8の字を描きながら、太平洋を巡ったのである。ヒロ〔ハワイの都市〕、マジュロ〔マーシャル諸島の首都〕、ダーウィン〔オーストラリア〕、パプアニューギニア、バリ島、オアフ島、フィジー、シドニー、ピトケアン島などを訪れ、サンフランシスコで航海を終えた。フランス領ポリネシアのモーレア島では、藁葺き屋根の下の椅子に座って初めて『白鯨』を読んだ。著者であるメルヴィルその人がまさに同じ島を散策したことがあったとは知らないまま、私は四日間ぶっ続けでその小説を読んだ。もしかしたら、彼は私がいたのとまさに同じ浜辺を歩いてさえいたかもしれなかった。

この初航海に出てからおよそ九ヵ月が過ぎ、生徒たちに『白鯨』の授業を始めて数週間が経っていたある日の午後、私は船上でこの小説を再読していた。イースター島に向かっていた時のことだった。時間と空間が欲しかった私は、水平線の湾曲が見えるところまで索具（リギン）（rigging：綱や鎖）をよじのぼった。最上段（ロイヤル）マストのてっぺん、水面から三〇メートル以上のところにある帆桁（ヤード）（yard：マストの横木）のところまでのぼりつめる。右舷側の桁端（ヤーダム）（yardarm：帆桁の端）は、甲板からたどり着ける絶対的な最高地点、最遠の場所だった。そこから身を乗り出した私は、船首のはるか向こうに、自分が船の舳先だと思っていたものの正体を見た。それは、マッコウクジラの潮のひと吹きだった。『白鯨』という小説にあまりにのめりこんでいた私にとって（私はそれまでに、同作のキリスト教的象徴主義、ファシズムとの類似点、ジョン・ミルトンの『失楽園』とのつながりを調べ上げていた）、その生きたマッコウクジラの眺めは、もはや奇跡的とも思えるものだった。私は甲板に向かって「鯨だ！」などと叫んだりはしなかった。その霧のひと吹きは、私一人に捧げられたもののように思えたのだ。鯨の尾の先端が水に潜るのを、私は見届けた。

その後の日々の中で気づいたのは、私にとって『白鯨』はなんといっても、命を持ち、息づき、畏敬の念を起こさせる存在である、地球全体の海とそこに息づく生命を扱った小説であるということだった。だが、この米文学の傑作に対する研究のほとんどは、作者メルヴィルがこれほどまでに尊び、浮き彫りにした海の命のことをあまりになおざりにしている。

そのようなわけで、この自然史では作品のこうした背景を伝えることを目指す。捕鯨船ピークォッド号の航海をおおむね時系列順にたどりながら、海洋生物学、海洋学、そして航海術の話題を、『白鯨』で語り手イシュメールが取り上げた形に沿って覗いていくことで、海とその生命のことを示したい。

私は自身の初航海から二五年以上が経った今、他の数多くの『白鯨』の読者と同様、世界の海洋が脆弱で不安定であり、その監督責任が事実上、私たち人間にあることを認識している。私たちは海で魚を濫獲し、海岸の生物の生息域を過剰に開発し、侵入種の持ち込み率を爆発的に高めてきた。私たちは原油の流出、化学物質の流出、プラスチック製品の蔓延によって海洋を汚染してきた。メルヴィルが海に出ていた時代に比べて大気中の二酸化炭素量は七〇％以上も増加し、今も増え続けている。一八九五年に最初の記録が行われて以来、この二酸化炭素は米国の気温を華氏一・三度から一・九度〔摂氏〇・七二度から一・〇五度〕上昇させただけでなく、海そのものの化学的組成と水温にも変化を与えた。にわかには信じがたい話だ。私たちは表情の見えない海にいくつもの銛を投げつけ、生き物の生態系を自分たちもろとも引きずり倒しながら、自分自身の首を徐々に締め上げているのだ。海水面上昇と、極地や氷河で溶けていく幻影のような氷により、現在の太平洋は、メルヴィルが一八四〇年代に航海していた頃に比べて、おそらく八インチ〔約二〇センチメートル〕以上も水面が高くなっている。[*5]

それでも、テレビのドキュメンタリー番組で氷が溶けるのを見る時、海水面上昇によって身近な海岸が侵食されるのを緩和しようとする時、気候変動が島嶼部、海岸、北極地方の人々に与えてきた影響を軽減しようとする時、次に来襲するハリケーンに備える時、そして、『白鯨』の語り手であるイシュメールのように、受動的に、ペットボトルをもう一本、あるいはマグロの寿司をもう一貫買うのを自分に許してしまう時、私たちはなぜかその傍らで、海をただ脆弱で保護が必要な存在にはとどまらない、それ以上の大きなものとして捉えてもいる。それは私たちが今なおどういうわけか、旧約聖書のノア、ヨナ、エイハブ（アハブ）らと似たような形で、この二一世紀の海を崇めているからだ。それはもしかすると、『白鯨』のような小説のおかげでもあるかもしれない。人類のテクノロジーの進歩と科学知識をすべて目の前においてもなお、私たちは海を、情け容赦がなく、冷淡な、不滅の、荘厳なものとして、そして、かすかな思いやりと優しさで私たちの心を摑んでは、途端にこちらの尻を蹴とばして振り返りもしないものとして、心に描くのである。

例を挙げよう。私がコンコーディア号に乗船してから何年も経った二〇一〇年二月一七日のこと、ブラジルの海岸部からおよそ三〇〇海里の沖合で、この船を強烈なスコールが襲った。舵手はそこから逃れるために航路を調節したが、遅すぎた。風がコンコーディア号の脇腹を思いきり蹴とばし、甲板のハッチも、出入り口も、ベントも（振り返って考えれば、それらは閉じておくべきだったのだが）、船が横倒しになる中で海に浸かり始めてしまった。はるか昔に初航海中の私が寄りかかっていた帆桁は、今や混沌の海の水面にぶつかり、突き刺さっていた。帆には海水が溢れていた。後甲板から生徒と乗組員が隔壁（バルクヘッド）に突進してよじ登ろうとし、そして横に散らばり、死に物狂いで出口を探し求めた。どうにかして、生徒、教師、そして本職の船員は一人残らず抜け出し、四つの救命ゴムボートに乗り込んだ。甲板長が泳いで船から救命用信号灯を取り戻した。人々がぎゅう詰めになったゴムボートは風下へと流された。彼らが恐怖のうちに逃げ出してからしばらく後、母船コンコーディア号、私のコンコーディア号は、海底に沈んだ。六四名の脱出者は、舵をとることもできず、どこかの誰かがこの事態を知っているかさえわからないまま、三六時間にわたって漂流した。彼らの無線とGPS（全地球測位システム）の信号、その後に点火された救助信号灯を、ブラジル海軍と二隻の商業船舶、クリスタル・パイオニア号とホクエツ・ディライト号〔いずれも、商船三井保有の木材チップ船〕が追跡し、全員を救出した。[*6]

二一世紀の海での悲劇は、あなたが思っているほど例外的なことではない。大海は今なお、鋼鉄の船体を持つ人類最大級の船を奪っていく。二〇一五年に全世界で失われた大型船舶は八五隻。この数でさえ、それまでの一〇年間で最小のものにすぎない。この年に失われた船の一つに、ハリケーンに飲み込まれて沈没した、船長八〇〇フィート〔約二四〇メートル〕近い米国の商業船舶エル・ファーロ号がある。この船は電力を失い、操舵不能になり、深さおよそ三マイル〔約四八〇〇メートル〕もの水域に沈んだ。二六歳の青年、ミッチェル・キューフリックは、この事故で亡くなった三三名の一人だ。ミッチェルは私の暮らす〔原著刊行当時〕コネチカット州ミスティックで育った。彼の婚約者は、私の娘を最初に世話してくれたベビーシッターだった。[*7]

『白鯨』の中で、ハーマン・メルヴィルは海の美しさと残酷さの両方を書いている。彼は一九世紀における海洋観をまとめ、エイハブ船長と彼が率いる乗組員たちの死を、ある短い章に忍ばせた一振りの棘つき棍棒のような一文で予見してみせた。その章というのは、こともあろうに、小さな動物性プランクトンについて綴られたものだ〔『白鯨』第58章「ブリット」〕。私はこの一文を、人間の海との関係について英語で書かれた要約の中で最も深遠なものだと思う。ダーウィン以前、レイチェル・カーソン〔『沈黙の春』の著者〕以前、そして、人新世という概念が一切導入されていない時代に書かれたものだ。海の生物について、そして海での生き方について書かれた唯一無二の最高傑作の中に、メルヴィルはこの一文を滑り込ませている。

〔以下、原文では、セミコロン（；）で区切りながら一文で記されている〕

《陸に住む人間は、一般に、海の原住民に対していわれのない偏見と違和感をいだいているものであり、海がわれわれにとって永遠に未知の領域（テラ・インコグニタ）であるという認識をいだいている。だからこそコロンブスは、おのれのあやしげな幻想の西方世界を発見するために、いくたの未知の世界を航海してまわったのだ。どうみても、海に乗りだした何万、何百万もの人たちのうえに、世にも恐ろしい厄災の数々が太古のむかしから誰かれの区別なく平等にふりかかってきたにもかかわらず、また、すこしかんがえてみればすぐわかることだが、未熟な幼児のような人類がいかに科学や技術をほこり、いかに未来をことほいで、科学と技術の進歩を言いつのったところで、海は未来永劫、この世が破滅するまで、人間を侮辱しつづけ、殺戮しつづけ、人間がつくりうる無敵をほこる威風堂々のフリゲート艦さえも粉砕しつづけることであろうが、それにもかかわらず、海についてのこうした強烈な印象をあまりに頻繁にたたきこまれてきたものだから、人間はかえって海が本来もつ、真の恐怖についての正当な感覚を鈍化させてしまったのである。*8 Ⓨ》

----- メルヴィルが郵便船セント・ローレンス号（1839年）とサウサンプトン号、インデペンデンス号（1849～1850年）で米英間を2往復した際の旅路

ARCTIC OCEAN
EUROPE
ASIA
PACIFIC OCEAN
JAPAN
AFRICA
South China Sea
Batan (Bashee) Islands
Equator
Java Sea
Kiribati
Straits of Sunda
AUSTRALIA
INDIAN OCEAN
Cape of Good Hope
NEW ZEALAND
Crozet Islands
Kaikoura Canyon
ANTARCTICA
(as mapped by Wilkes, 1845)

航路。

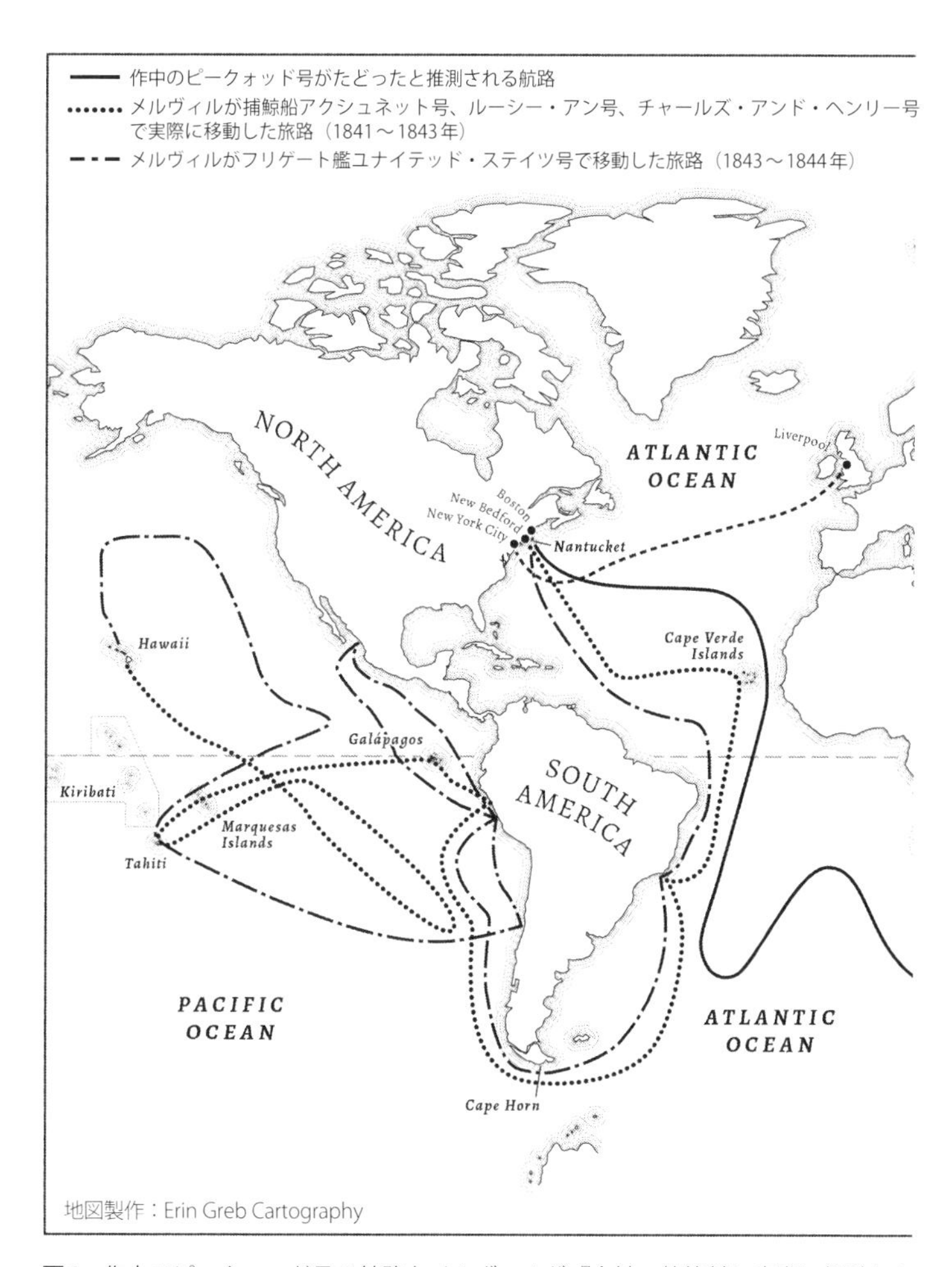

図1　作中のピークォッド号の航路とメルヴィルが『白鯨』執筆前に実際に経験した

第1章　ハーマン・メルヴィル
――鯨捕り、著述家、自然哲学者

こういう南洋の捕鯨船は一航海が三、四年の長きにわたるのが普通で、したがって檣頭ですごす多様な時間をすべて合計すれば、ゆうに数カ月にはなろう。Ⓨ

イシュメール（第35章「檣頭（マスト・ヘッド）」）

『白鯨』第1章「まぼろし」で、主人公のイシュメールは自滅的な行為に身を投じようとしている。都会暮らしを脱し、荒れ狂う大海原へと戻りたいという衝動に駆られているのだ。彼は一八〇〇年代中盤のニューヨーク市の海岸沿いをうろつく。自由の女神像の建立以前、ブルックリン橋の建設以前、そしてマンハッタンの人口が五〇万人に膨れ上がり、増え続ける移民が北半球最大の都市を作り上げていく以前のことだ。*1

イシュメールはニューヨーク市からマサチューセッツ州のニューベッドフ

ォードへと移動する。この地では、海が生計を立てる場であると同時に生命を落とす場にもなっている。海は神が統べる場であり、そこには神の代理者であるあの白鯨がいる。ニューベッドフォードで、イシュメールは太平洋島嶼部の民、クイークェグに出会う。彼はイシュメールの「こころの友」となるポリネシア人であり、『白鯨』作中の人間側の英雄だ。ナンタケットでは、二人の乗る捕鯨船、ピークォッド号をイシュメールが選ぶ。彼の信じるところによれば、その船名は滅亡した米先住民の部族名から名づけられたものだという。

　さて、ひとたび航海に出たイシュメールは、第35章「檣頭」で自らの死の可能性がすぐ近くにあることを感じとる。白鯨ではなく、白鯨を探し出す過程そのものによってもたらされる死だ。

　歴史家たちの推計によれば、一九世紀中盤の捕鯨では平均して一回の航海につき少なくとも一人が命を落としていたという（三〇名の乗組員による三年半の平均的な航海を想定しての計算）。死者の半数は病死を遂げ、残りの半数は何らかの事故で命を落とした。そこには鯨を仕留めようとしていた最中の死も含まれるが、船を操ったり獲物を探したりしている際にマストの上から転落しての死亡事故もある。

　例えば、ウィリアム・アレンという名の若者の話を見てみよう。メルヴィル本人の航海から間もない頃に捕鯨船に乗り、ニュー・ベッドフォードから海に出たアレンは、マストの上で鯨を探していたときの出来事を一八四二年の日記に記している。船員仲間であったジョージ・スティーヴンスが、頭上から「想像もつかない速度」で自分のそばをかすめ落ちていったのだ。《彼はすさまじい音を立てて水面にぶつかり落ちた。水柱は前檣帆（フォアスル）の付け根の高さまで立ちのぼった！》。アレンはこう綴っている。船長は捕鯨ボートにごく少数の人員を乗せて海に降ろし、転落者の体を探すように命じた。だが、その後あまりに早く捜索をやめさせてしまったので、乗組員たちの心は穏やかではなかった。船が現場を去る際、彼らは船尾にいる船長のところへ行き、最上段マストの横木を「どのマッコウクジラ捕りもするように」元の位置に取りつけ直してもらえないかと尋ねた。マストの上でしがみつける場所を増やすためである。だが、船長は彼らの要請を退け、横静索（シュラウド）［マストを上から吊って支える放射状のロープ］の間に追加のロープを一本張ることに同意したのみだった。*2

『白鯨』の語り手イシュメールも、物語が結末に向かう中、船員仲間がマスト上から転落する様子を描写している。第126章「救命ブイ」でのことだ。日の出の後に見張りが交代すると、ある男が自分のハンモックを抜け出た途端にマストをよじ登り、自分のシフトに入ろうとした。《彼は檣頭に長くはいなかった》とイシュメールは説明する。《一つの悲鳴——悲鳴と急降下の音——が聞こえて見上げると、空中を落下していくおぼろげなものが見え、見下ろすと、無数の白い泡が、海の青色の中にわずかに立ち上っているのだった。*3》

『白鯨』という作品、そして、一九世紀の鯨捕りであるイシュメールが水の世界と結んでいる関係性を理解する上では、高さと深さに対する彼の感覚が重要な鍵となる。このことは、水夫が太平洋で命を落とす先述の場面よりもかなり前から明らかになっていく。序盤でピークォッド号がナンタケットを離れて以降、水夫たちは港に立ち寄ることはなく、陸地をかすかに目にするのみだ。それにもかかわらず、時間や、距離や、延々と続く水平線についてイシュメールが割く言葉は、おそらく読者のあなたが予想するよりもはるかに少ない。作中で海上の暮らしを語る彼の言葉は、主に垂直方向に意識が置かれているからだ。イシュメールは檣頭から見る光景、空の高さ、崇高で哲学的な天と雲の暗喩に考えを巡らせる。そして、彼の思考はそこから一転し、海の深さ、水面下の最深部への潜水、地獄と底なしの狂気の話題へと沈んでいく。第93章「見捨てられし者」で、船上で一番の弱者だった少年ピップを狂人へと変容させてしまったのは、まさに神がもたらした幻想による水面下の光景であった。ピップは〔一度めに忠告されていたにもかかわらず〕捕鯨ボートからまたも飛び出してしまい、同じ船の仲間たちは彼を置き去りにした。こうして、彼は海原に一人漂うことになってしまった。ピップの狂気は、果てしない水平線やピークォッド号との別離がもたらしたものではない。彼の魂、そして、現実の中でのこれまでの立場が失われ、水面下に沈み始めたときに狂気が生まれたのだ。*4

メルヴィルは『白鯨』のプロットを、一頭のマッコウクジラに対するエイハブ船長の報復と、地球最大の捕食者であるこの生物を理解しようとするイシュメールの知的探求とを軸として進めた。イシュメールは、マッコウクジラという種が《一時間、あるいはそれ以上の間、海中一〇〇〇尋〔約一八三〇メートル〕の深さに》潜っていられると語る。作品全体を通じて、イシュメールとエイハブは暗闇の中へと潜っていける鯨の能力にしきりと言及する。現代の私たちは、マッコウクジラ、そして一部のアカボウクジラが、地球上のどの哺乳類よりも深く、そして長く潜水することを知っている。メルヴィルや同時代の人々はマッコウクジラが哺乳類一の潜水能力を持つのではないかと疑ってはいたが、その確証を得ることはできなかった。当時、海の正確な水深を測ったり、鯨を追跡したりできるソナー（音波探知機）や無線送信機の技術はなかったが、マッコウクジラが少なくとも八〇分間は潜水していたことが測定された。また、捕鯨用の銛を打ち込まれたマッコウクジラの個体は、銛にくくりつけられたロープを水面下に四八〇〇フィート〔約一四六〇メートル〕も引っ張っていくことがあった。その後、生物学者はマッコウクジラを追跡し、この生物が六五〇〇フィート〔約一九八〇メートル〕もの深さまで潜って捕食を行い、一三八分間も水面下にいられることを突き止めた。[*5]

イシュメールの海は《計り知れない深さ（unsounded）》で《底なし》だ。『白鯨』出版の前年、米国政府は初めて、深海の測量のみを目的とした船を出航させている。乗組員たちは鋼線を使い、北大西洋の真ん中で実に三万四二〇〇フィート〔約一万四〇〇メートル〕もの深さを記録した。陸上のどんな山の頂よりも深い。ここでの計測値は不正確だったとのちに判明するのだが、その後、別のいくつかの海溝で同程度の水深が計測されてきた。大西洋と太平洋の双方でのことだ。海洋学者たちは現在、海の深さは平均で約一万二四五〇フィート〔約三七九五メートル〕だと推定する。それに対し、陸上の平均標高はわずか二七五五フィート〔約八四〇メートル〕だ。地球上で最も深い場所であるマリアナ海溝は、ピークォッド号が赤道太平洋域での終焉に向かう際に通ったのではないかと思われる場所からも遠くない。マリアナ海溝は深さ三万六二〇〇フィート〔約一万一〇〇〇メートル〕。エベレスト山をゆうに沈め、その上にワシントン山〔米北東部の最高峰〕まで重ねられるほどの水をたたえている。[*6]

メルヴィルは一八四九年にボストンでラルフ・ワルドー・エマーソン〔作家、思想家。海と自然科学との関わりについては後述〕の講演会に出席した時に、深海潜水をしてみたいとの着想を得た。メルヴィルはエマーソンのことをやや楽観的、自己満足的に過ぎ、その口から饒舌に語られる発想は自分にとってさえ突飛すぎると感じたようだが、それでもなお感銘を受けた。講演会の後、彼は友人にこのような手紙を書き送っている。

《そして、便宜上の話として、思い切って彼のことを愚者と呼ぼう。……ならば、私は賢者であるよりもむしろ愚者でありたい。……私は潜る人間すべてが好きなのだ。どんな魚も水面近くを泳ぐことはできるが、五マイルかそれ以上降りていくのは巨大な鯨でないとできない。それに、彼が水底に到達しなければ、方鉛鉱の中にある鉛はみな、本来形作れるはずの測錘〔水深測定用の重り〕の形をなすことはできない。私は今、エマーソン氏の話をしているのではない。思索の潜水者の一団全体のことを話しているのだ。世界が始まって以来潜り続け、血走った目で再び浮上することを続けてきた者たちのことを。[*7]》

翌年、メルヴィルは『ザ・リテラリー・ワールド』誌上でナサニエル・ホーソーン（のちにメルヴィルが『白鯨』を捧げる相手でもある）を称賛している。崇高なる天賦の才の持ち主であり「これほどの高みにまで飛翔する」ことのできる人物は、同時に「深く重みのある」意図も持っているはずだと、メルヴィルは綴っている。彼はホーソーンについて、「測錘のように宇宙の中へと落ち込んでいく、偉大で、深い知性」の持ち主だと断言している。[*8]

そして『白鯨』では、高く天を衝く檣頭、そして深く潜水するマッコウクジラに理想的な暗喩を見出したのである。

捕鯨船チャールズ・W・モーガン号

暖かな春の朝だというのに、メアリー・K・バーコー・エドワーズは高所作業用のハーネスの下に分厚いフィッシャーマンズセーター〔防水性のある太い毛糸で編まれたセーター〕を着込んでいる。チャールズ・W・モーガン号の甲板に立つ彼女の傍らにはとてつもなく長い鎖があり、それが怪物のように巨大な錆びた鉤(フック)につながっている。これはかつて鯨の脂身を引っ掛けて剝がすために使われたものだ。捕鯨船チャールズ・W・モーガン号は、コネティカット州ミスティックにある海運博物館、ミスティック・シーポート博物館の入り江に停泊している。

マストに取り付けられたフープ〔マストに帆を張るために使われた、大型のカーテンリングのような輪〕を見上げながら、「上は寒くなるんですよ」とバーコー・エドワーズは言う。[*9]

バーコー・エドワーズは、水夫の伝統的な技巧や職務を見学客に披露する博物館スタッフの監督役だ。例えば、見学客に往時の様子を体感させるため、彼女は何年にもわたってたびたびフープのところまでマストをよじ上り、「鯨だぞう！（Whale ho!）」の掛け声を叫んできた。ちなみに、彼女はメルヴィル研究を行う教授でもあるのだが、これはもちろん偶然ではない。

彼女は舷檣上部の手すりを離れ、段索(ラトリン)（ratline）へと乗り移る。これは横方向に張られたロープ製の梯子段で、タールと麻紐に包まれた垂直方向のケーブル（横静索(シュラウド)）の間に張り巡らされている。「この最初の一歩が一番大変なんですよ」と彼女は言う。「高さがありますからね」。

ケーブルがすぼまりながら伸びていく先は、マストに取り付けられた最初の見張り台である。この台は英語で「ロウワー・トップ（lower top：下段マストの檣楼）」と呼ばれる。

もちろん、かつてのメルヴィルは私たちとは違ってハーネスなどつけずに航海をしたことだろう。また、彼の乗った船のマストを支えていたのは、ワイヤーと鋼鉄製の丈夫な静索などではなかった。船大工たちがこうした素材を作業用船に使い始めたのはそれよりも数十年後のことだ。だが、こうした点を除けば、チャールズ・W・モーガン号で今、バーコー・エドワーズと私が登っているのは、メルヴィルが捕鯨船上で辿ったであろうものとほぼ同じ登檣ルートだ。

さて、バーコー・エドワーズはマストを登ると、フックで見張り台にハーネスを固定する。このロウワー・トップによじ登るためには、ほとんど水面と平行の姿勢にならなければならない。宙吊りになり、見張り台の縁を下から上へと回り込むことで、小さな見張り台の上に立つ。今や私たちは水面から四階分の高さにいる。マストの上から見えるこの捕鯨船の甲板は、体の側面を下にして横たわる魚のようだ。普通の魚以上に、シイラ〔別名マヒマヒ。頭部の大きい大型肉食魚〕に似ている。他のほぼあらゆる船のつくりとは違って、米国式の捕鯨船は船首が尖っておらず、船体が最広部から中間部にかけてすぼまっていることもない。前方の幅が一番広いのだ。油、水、食料の樽の保管場所を広くとれることが理由の一つである。小説『白鯨』の終幕、マッコウクジラのモービィ・ディックがピークォッド号の船首に頭突きを一発食らわせる場面では、船のこの形状を頭に置いておきたい。白鯨モービィ・ディックの頭部もまた前方が角張り、水面下にある（船の竜骨に似て幅の狭い）下顎に向かってすぼまっている。捕鯨船の船体は、一種の収斂進化★を経て、マッコウクジラの頭部そのものにそっくりの形となっていたのだ。

捕鯨船チャールズ・W・モーガン号の着目すべき点は、そのつくりが、メルヴィル青年の乗っていた船とほぼ同じだということだ。一八四一年七月、マサチューセッツ州ニューベッドフォードで船大工たちがチャールズ・W・モーガン号を進水させた。その前年の秋、わずか五マイル〔約八キロメートル〕東にあるマタポイセットの造船所が、アクシュネット号という船を進水させている。このアクシュネット号こそ、二一歳だったメルヴィルが乗り込み、一八四一年一月三日にアクシュネット川から出航した捕鯨船だった。チャールズ・W・モーガン号は、トン数、索具、あらゆる装備がアクシュネット号とほぼ同一だ（カラー図版1参照）。また、この船は『白鯨』の物語が展開されるピークォッド号とも似ている（メルヴィルの想像の産物であるピークォッド号は、より奇抜で旧型の、《船の姿をした人喰い人種》〔第16章「船」〕ではあるが）。つまり、チャールズ・W・モーガン号の甲板を歩けば、メルヴィルを太平洋へと駆り立てて海上を進み、後には『白鯨』執筆へと導いた船の様子と最大限に近いものを体感できるのだ。ゆえに、チャールズ・W・モーガン号は米文学にとって最も重要な遺物の一つとなっている。この船のマストの上で横静索（シュラウド）を握るのは、ネル・ハーパー・リーが『アラバマ物語』で描いたアラバマ州モンローヴィルの裁判所〔彼女は現地で生まれ育った〕の手すりを指で叩くのに匹敵する。あるいは、ヘンリー・デイヴィッド・ソロー〔思想家、作家、博物学者〕がウォールデン湖畔に建てた小屋〔代表作『ウォールデン 森の生活』の舞台〕がもし現存していたなら、その凍てつく窓に手のひらをそっと当てるようなものだ。*10

「よし。それじゃ、登り続けましょう」とバーコー・エドワーズは言う。

メルヴィルの海上経験

ハーマン・メルヴィルは八人きょうだいの三人めとしてニューヨーク市に生まれた。父親は上位中流階級の商人だったが、ハーマンが子供の頃に破産し、数年後、バーコー・エドワーズいわく「錯乱のうちに」亡くなった。ハーマンが一二歳の時のことだ。母親はハーマンの長兄と、親戚のしぶしぶながらの援助とに頼りながら、どうにか家庭を支えた。ハーマン・メルヴィルは知的な神童からはほど遠かったが、早くから応用数学への素質らしきものを示し、ニューヨーク州オールバニで最良の科学アカデミーの一つで約二年間を過ごした。だが、家庭の事情から彼は退学を余儀なくされる。一〇代の彼は、可能な時には他の地元公営機関で書物から知識を学び、銀行のメッセンジャーボーイとして、そしておじの会社でも働いた。一九歳の時、測量土木技師となるべく教育を受けたが、職を得ることはできなかった。一八三九年六月上旬、彼はセント・ローレンス号という商船の前檣員に登録した。大西洋を横断してリヴァプールへと綿を運ぶ手伝いをし、それから二ヵ月後、同じ船に今度は金属の延べ棒、縫製用品、そして三二人の乗客を積んで、ニューヨーク港に戻ってきた。*11

★違う種類の生物同士が、ある環境に適応する中で似た性質・形状に進化すること。ここでは船を生物にたとえている。

短いあいだ教員をしてみた後、メルヴィル青年はイリノイ州ガリーナにいる一人のおじを訪ねた。続いて、ニューヨーク市に移り会社員になろうとしたがうまくいかなかった。彼の兄の言葉によれば《ハーマンは散髪をし、頬ひげをあたって、普段よりはまっとうな人間らしく見えた》が、彼の書く文字は読みにくく綴りも乱れていたため、職探しには不利だった。その間、メルヴィルはジェイムズ・フェニモア・クーパーの海洋小説を読了し、さらにはリチャード・ヘンリー・デイナ・ジュニアの『帆船航海記（*Two Years before the Mast*）』（一八四〇年）も読んでいた。商船で働く船員の暮らしがリアルに語られた最初期の作品だ。

メルヴィルには当時、海軍の船と捕鯨船で働いていた親戚が二、三人おり、彼自身にも先述の海上経験があった。そこで若きメルヴィルは、他にも多少の選択肢がありながら、また、冒険を求める思いと、イシュメールが後に『白鯨』第1章「まぼろし」で述べているような、安全と将来についての半ば自殺的な葛藤とが入り混じった気持ちも間違いなく抱えながらも、再び大海へと戻ることを決めた。今回、彼が見つけたのは捕鯨船だった。[*12]

アクシュネット号の船上で、メルヴィルは一、二日おきに自分の足で見張り番に立った。足場になっていたのは「トギャラン（t'gallant〔top gallant：上段マスト〕）の横桁」と呼ばれるたった一組のスプレッダー〔マストから張り出し、ケーブルを支える吊り具〕、つまり、マストに交差させるように固定された、わずか二、三枚の板切れだった（図2参照）。船大工たちがマストに鉄製のフープを設置するようになる数十年前のことだ。

『白鯨』の執筆に取り組み始める約二年前、メルヴィルはJ・ロス・ブラウン著・画『捕鯨巡航の

図2　J・ロス・ブラウン『捕鯨巡航のエッチング集』（1846年）の挿絵。

エッチング集（*Etchings of a Whaling Cruise*）』（一八四六年）を読み、『ザ・リテラリー・ワールド』誌上でその書評を行った。

ジャーナリスト志望だったブラウンは、船上での蛮行や不当行為を示すことで、働く鯨捕りたちの権利擁護を訴えていた。その一方、鯨の見張り番のことはロマンチックに綴っている。《私の周りにはぼんやりと幻想的な空想を掻き立てるものがたっぷりとあった。未踏の水の広野である海。まだら模様のカーテンのように、その上にアーチをなして広がる空。宙を旋回する海鳥たち。そして、透明で青い波を突っ切って進んでいく無数のビンナガ［マグロ］。これらは皆、陸から下りてきた新米船員の心に目新しい感情を生み出すはずのものだった。*[13]》

数年後、メルヴィルは『白鯨』第35章「檣頭（マスト・ヘッド）」のイシュメールを通じて、ブラウンの感傷をこう共有している。《南洋のおだやかな気候のもと、マストの天辺――檣頭――に立つのは、まことに爽快である。いや、夢と瞑想を好む者にとっては、それはまさに快楽である。檣頭に立つと、すでにして甲板のうえはるか百フィートの中空にあって、まるで巨大なマストの竹馬にのって深海をわたる者のここちがする。見おろせば、股間を海の王者たる巨獣が（…）遊弋していく。*[14]Ⓨ》

中部太平洋とマルキーズ諸島へと向かう約一年半の船旅の途中、アクシュネット号に乗船したハーマン・メルヴィルとその船員仲間が立ち寄ったのは、おそらくブラジルのリオデジャネイロ港、ペルーのサンタ港とトゥンベス港の三港のみだっただろう（図1参照）。トゥンベス港を出た後、アクシュネット号は六ヵ月以上もの間、一切の港に入ることなく航海を進めた。鯨を求めてガラパゴス諸島の周りを巡航し、錨を下ろし、そして、当時「オフショア・グラウンド」の名で知られていた東部赤道太平洋に沿って西へと向かった。船長はヴァレンタイン・ピーズ（Pease：エンドウ豆）・ジュニアという愉快な名前の人物だ。普通に考えれば、ピーズ船長はガラパゴスからマルキーズ諸島まで三週間もかけずに足を伸ばせたはずだった。ところが、彼は赤道をジグザグに横切りながら一四一日もかけてだらだらと船を進め、地球上で最も開けた海域の一つをうろついて鯨を探しつつも、わずかな成果しか得られなかった。[*15]

この移動の後（ひょっとするとこの移動が理由かもしれない）の一八四二年七月、マルキーズのヌクヒヴァ島でメルヴィルともう一人の船員仲間がアクシュネット号から脱走した。

ちなみに当時、米国では政府出資による初の探検遠征隊（隊長はチャールズ・ウィルクス）が四年間の周航から戻ってきたところだった。引退間近の身で探検遠征隊の帰還を知ったジョン・ジェイムズ・オーデュボン〔画家、鳥類研究家〕は、国務長官のダニエル・ウェブスターに、収集した標本の図解と管理の職に就かせてほしいと要請の手紙を送っていた。《しかし、もし私たちの政府が自然科学知識の発展のため、自然史研究所を設立することになれば、そして、私をその長においていただけるのであれば、いっそう喜ばしく思います。[*16]》

脱走したメルヴィルと相方は、ヌクヒヴァ島で島民に交じって一ヵ月を過ごした。船から船へと渡り歩くのは鯨捕りには珍しいことではなかった。メルヴィルはこの島のポリネシア人たち（彼いわく、人喰い人種）から逃げてきたのだと言葉巧みに主張し、ルーシー・アン号という小さなオーストラリアの捕鯨船に働き口を得てのけた。だが、この船には病んだ船長がおり、船員も不足していた。パペーテ港〔タヒチ島〕から当てもなく出航を命じられた乗組員たちは、職務を拒んで反乱を起こした。こうして、メルヴィルは他の船員とともに、フランス政府が管理するタヒチの刑務所に入れられた。[*17]暇な収監生活をしばらく過ごした後、メルヴィルは別の船員一人とともに脱走した。脱獄は「難しくはありませんでした」とバーコー・エドワーズは話す。「彼はある晩ふらりと歩いて外に出て、近くの島に渡ったんです」。

逃げ出したメルヴィルは、モーレア島でジャガイモの栽培をしてみた。農業の魅力が失せると、チャールズ・アンド・ヘンリー号というナンタケットの捕鯨船に飛び乗った。五ヵ月ほどこの船で働き、ハワイにまで到着した。[*18]

ホノルルに上陸したメルヴィルは、ボウリング場のピン並べなど、臨時雇いの仕事をいくつかした。同じ港にピーズ船長とアクシュネット号が到着し、再び捕鯨の中休みに入る。すると、メルヴィルはホームシックもあったのか、そして脱走の罪で起訴されるのを恐れてか、外国行きの海軍船、ユナイテッド・ステイツ号に乗る契約をした。メルヴィルは一四ヵ月をかけ、再びホーン岬〔南米最南端〕を回ってボストンへと戻っていった。一八四四年一〇月上旬、船員用の雑嚢、そして、一転した世界観を携えて、メルヴィルは船を降りた。

この一八四四年の秋を前に、エマーソンがボストン港から内陸へ二〇マイルもないウォールデン池のほとりに土地を購入していた。エマーソンは間もなく、弟子のヘンリー・デイヴィッド・ソローがそこに小屋を立てることを許す。大西洋の向こうでは、ダーウィンが自然選択についての評論文の初稿を書き上げていた。ダーウィンはその先一五年にわたってこの原稿をいじり回し、拡張し、放置することとなる。

メルヴィルはニューヨーク市に戻り、自作の小説を書き始めた。初の著書『タイピー（*Typee*）』（一八四六年）は、ヌクヒヴァの「人喰い人種」に交じって過ごした日々を虚実ない交ぜに語ったものだ。彼はルーシー・アン号での暴動とモーレア島の探検について綴った『オムー（*Omoo*）』（一八四七年）でも同様の形をとっている。「その後二年のうちに、メルヴィルはさらに三冊の本を書きました。それぞれが別の航海に関連するものです」とバーコー・エドワーズは話す。『マーディ（*Mardi*）』（一八四九年）も南太平洋の物語で、捕鯨船の題材が少し扱われているほか、メルヴィル自身の中で高まりつつあった自然哲学への関心を徹底的に探求した作品となっている。続いて、彼は最初の大西洋横断の旅をもとにした『レッドバーン（*Redburn*）』（一八四九年）を素早く書き上げ、ユナイテッド・ステイツ号での経験をもとにした、海軍船での暮らしについての『白いジャケツ（*White-Jacket*）』（一八五〇年）を著した。

一八四九年秋、『白鯨』の執筆前にメルヴィルはさらなる航海に出た。乗組員ではなく、初めて乗客として乗り込んだ船旅だ。サウサンプトン号に乗ってニューヨークからロンドンへと向かった彼は、英国の出版社に直接売り込むため、『白いジャケツ』の原稿を携えていた。

陸地が見えなくなって最初の朝、メルヴィルは大西洋を横断するこの船上で段索（ラトリン）をよじ登った。彼は後に『白鯨』でエイハブ船長にも語らせる内容を、日記の中でこう綴っている。《檣頭にいること

の懐かしい感情を思い出すために［マストに登った］。海がかつてと全く同じ姿をしているのを見た。》
さて、ここから二日間の日記には、途轍もなく奇妙な出来事の記録が残されることとなった。メルヴィルはこの翌日、船外に落下した男性の第一発見者となり、総員に警告を発したのだ。この男性が摑めるよう、メルヴィルは滑車（ブロック）と組滑車（テークル）を放り投げた。相手はそれを摑んだ。だが、それから「陽気な」表情を浮かべて手を離した。メルヴィルはこう書いている。《少しばかりの泡を見た。二度と彼を見なかった。》船長はメルヴィルに、自分は同じような自殺例を四、五件見てきたと言うのだった。[19]

ニューヨークに戻ったメルヴィルは『白鯨』の執筆を始めた。一八五〇年五月、彼は『帆船航海記』の著者、リチャード・ヘンリー・デイナ・ジュニアにこう書き送っている。《「捕鯨航海」の作品について――執筆は半ばにきています。あなたの提案が私のもの［捕鯨についての本を書くという選択］と実に一致していることがとても嬉しいです。ただ、これは変わった類の本になりそうで、恐れています。［鯨の］脂身はしょせん脂身ですからね。そこから油は採れるかもしれませんが、詩情の流れは凍りついたサトウカエデの木から採る樹液並みにまどろっこしい。それに、こいつを料理するにはちょっとした幻想を入れ込まねばなりません。この代物が本来もつ性質に由来する幻想を。鯨そのものの大暴れと同じで、きっと扱いにくいでしょう。それでも、こんな厄介こそあれ、こいつの真相を伝えるつもりです。[20]》

　これこそ、まさにメルヴィルがしようとしたことだった。海の生命の自然史をできる限り正確に示す。自身の経験に基づき、海洋に遠征する博物学者や水夫の著作の精読に基づき、そして時折、自身の物語を前に進め、人生についてのより大きな真実を追求するために少々の空想を挟みながら。

先の一節をデイナに書き送ってから一年強が経つと、メルヴィルは三一歳になり、債務に苛まれ、幼い子供たちの父親になっていた。彼は自身を作家失格と判断した。『白鯨』を完成させようと努める中、彼は街を出て小さな農場でトウモロコシとジャガイモを育てようとした。彼はホーソーンにこう書き送った。《私が最も書こうとするものは禁じられます。――売れないでしょう。それでも私には、他の形では書けないのです。そのようなわけで、作品は究極のごたまぜとなり、私の本はすべて不出来なのです。[*21]》

自然哲学者としてのメルヴィル

マストに取り付けられたフープの束が腰に接する中、バーコー・エドワーズは中段マスト(トップ)の右舷側に立つ。彼女には海運博物館の全ての建物の屋根が見える。その先のミスティック川、そして鉄道橋までも。一八五〇年に敷かれたその線路は、ロングアイランド湾の湿地帯の大半を分断し、海岸線の生態系をその後にわたって一変させてしまった。バーコー・エドワーズはミサゴ〔タカ目ミサゴ科〕が入江の対岸へと舞い飛ぶのを見る。川の反対側へ、そして丘陵地帯を埋め尽くす郊外の山林へ。メルヴィルの時代には、この一帯の丘は全くの不毛の地だった。木々は薪と造船用にすっかり切り倒されていたのだ。

マサチューセッツ州のウッズホール海洋生物学研究所が発行する『ザ・バイオロジカル・ブレティン』誌の二〇一一年号で、物理学者のハロルド・モロヴィッツが「海洋生物学者ハーマン・メルヴィル（Harman Melville, Marine Biologist）」と題した記事を発表している。モロヴィッツはこの記事で、もしメルヴィルが大学に入学する機会を得たなら、主専攻は英語、副専攻は生物学にしただろうと冗談半分に論じている。『白鯨』の語り手イシュメールは第24章「弁護」でこんな有名な宣言をしている。《捕鯨船が私のイェール大学でありハーヴァードであった。Ⓨ》モロヴィッツは『白鯨』全一三五章のうち一七章が、主に《マッコウクジラ（*Physeter macrocephalus*）、そして、多様なクジラ類、アザラシ類、イカ、サメ、アホウドリ類、その他の海鳥の解剖学、生理学、生態学、代謝、行動学を扱っている》ことを指摘している。[*22]

本書の各章で、私たちはこれらの話題を一つずつ見ていく。ただ、『白鯨』ではこのように自然史全般への関心が向けられているが、このうち、イシュメールという創作上の人物像に由来する部分はどれだけあるのだろう？　一九世紀中盤には人文科学と自然科学の分岐がまだ始まったばかりだったこと、そして、私たちが現在持つ「右脳型人間」、「左脳型人間」という区分は二〇世紀後半の解釈だということを考えると、海に暮らす若者であったメルヴィル自身が船員であり博物学者でもあったのではないかと問うのはやはり妥当なことだ。彼は例えば、船の寝台で体を丸めて日記にホンダワラ属（*Sargassum*）の海藻をスケッチし、その葉状体を挟み込んで押し葉にするようなことがあっただろうか？

「そういう話は聞いたことがありませんね」とバーコー・エドワーズは言う。「メルヴィルには、自然史に関心を持つ有名な探検家の叔父がいて、若い頃にひと夏を一緒に過ごしたことはありました。ただ、伝記作家たちのこれまでの調査では、航海に出る以前のメルヴィルが科学に特段の興味を持っていた様子は見つかっていません。また、太平洋に出ていた時代のメルヴィルの日記や手紙は一切現存していません[*23]」

若きメルヴィルが海で過ごした時間を、チャールズ・ダーウィンの航海など、ゆったりと進み、大転換をもたらした科学的発見の船旅とつい比較したくなる。だが、米国海軍兵学校の名誉教授ロバート・マディソンがかつて私に語ったところでは、メルヴィルは海鳥の新種を探して水平線に目を光らせるよりも、むしろ、寝台で体を丸めて英国の詩や美術史の本を読みふけっていた可能性のほうが高そうだという。例えば、現存するメルヴィル最初の海上日記（一八四九年にサウサンプトン号の乗客として渡英した際のもの）で、彼は天候や操船術のことを二度ほど書いているが、海の生物に関しては、陸鳥を二、三回目撃した話こそあれ、ほとんど全く触れていない[*24]。

というわけで、私たちはメルヴィル、そして我らが古き時代のあらゆる船乗りたちに対し、彼らが海に長く出ていたからというだけの理由で「生物学者」とか「フィールド博物学者」といった称号を与えないように気をつけなければならない。現代の漁師の中に海洋環境を真に研究している人々もいれば、全くそうでない人々もおり、その違いが海上での経験の長短とは無関係なのとちょうど同じことだ。

一八三〇年から一八五〇年の間、おそらくだが、平均して年に八〇〇〇人ほどの男たちが世界各地で米国の捕鯨船の檣頭に立ったのではないだろうか。皆それぞれ違った来歴と関心を持っていた。特に、帆船に乗って初めて航海に出る船乗りにとっては、船上生活の社会的側面と技術的要求のあれこれにどう取り組み、どう対処するかを学ぶ中、生物や自然のことよりも他に頭を占めることが多かった。それに、当時は近代的なフィールドガイドブックや三脚なしで撮影できる写真が登場する前の時代でもあった。とはいえ、研究家は水夫の識字率が非常に高かったことを発見している。七五％から九〇％だ。少なくともウィリアム・ダンピアの『最新世界周遊記（*A New Voyage Around the World*）』（一六九七年）以降、航海記や海洋物語にはしばしば、海でのあらゆる冒険についての自然史的記載が盛り込まれてきた。こうした記載は、本を読む船員たちが海洋観察に関心を持っていたことの表れであり、また、こうした読者の目を海洋観察に向けもしたことだろう。[*25]

例えば、チャールズ・W・モーガン号が一八四一年に行った処女航海の二等航海士のことを考えてみよう。マーサズ・ヴァインヤード島（マサチューセッツ州）出身、ジェイムズ・オズボーンという名のこの若者は、三年半の航海中に七五冊の本を読んだことを記録している。彼の読書リストの筆頭はジョン・メイソン・グッドの『自然という書物（*The Book of Nature*）』（一八二六年）で、この本には地質学、生物分類学、動物の語幹、ヒトの睡眠についての章がある。メルヴィルも、自著『白いジャケツ』の「軍艦の図書館」という章でグッドの一般向け科学書の名を挙げ、とても良かったが《長旅の感覚にしっくりとなじんではいない》と述べている。鯨捕りたちは自然史的な品々を蒐集・交換し、海洋動物の骨や歯から、また、その他の動物の嘴、鰭、羽根、翼から民芸品を作った。多くの男たちは、オズボーンのように捕鯨の光景を日記に絵の具で描いた。しばしば互いの日記や絵を交換して見比べ、さらには互いのノートや本に絵を描きあうこともあった。いくつかの航海日誌や日記から、個々人が自然の観察、さらには上陸時の自由時間に貝殻集めにも関心を持っていたことがわかる（図3）。米国の港町から発展し、収集されたこの初期の自然史コレクションは、あらゆる階級の船乗り

図3　ディーン・C・ライトによる日記の絵（1841～45年頃）。
上から時計回りに、Blackfish：ゴンドウクジラ（例：コビレゴンドウ *Globicephala macrorhyncus*）、Shark：サメ（例：クロトガリザメ *Carcharhinus falciformis*）、Sun Fish：マンボウ属（*Mola*）、Albaco：ビンナガマグロAlbacoreのことか（例：*Thunnus alalunga*）、Shovel Nose Shark：シュモクザメ hammerhead shark（*Sphyrna*：シュモクザメ属）、Right Whale：セミクジラ、シロナガスクジラ（*Eubalaena*：ナガスクジラ属）、Blunt Nose Porpoise（例：ネズミイルカ *Phocoena phocoena*、チリイロワケイルカ *Cephalorhynchus eutropia*）、Sword Fish：メカジキ（*Xiphias gladius*）、Bill Fish（小型のメカジキ、バショウカジキ、マカジキ、クロカジキ）、Sharp Nose Porpoise（例：ハンドウイルカ *Tursiops truncatus*）。

の手による品々で溢れている。海に出た船乗りの妻ら数百人の中にも日記をつけていた者が何人かおり、そこにはしばしば、自然史に関わる観察や絵画が含まれていた。[*26]

何度も航海に出て成功を収めた捕鯨船長、船員、銛打ちたちは、鯨狩りとそれにまつわる仕事を通じて、水面を「読む」ことに実に熟達していた。彼らは生物種を見分ける必要があった。各種の鯨の潜水と移動の習性を知り覚えた。数種の鯨やその他の海生哺乳類の体の構造を、脂身の層を切り開いて解剖することで学んだ。彼らは鯨の歯、あるいはひげ板を取り出し、時には内臓を掘り出したり切り出したりすることもあった。肉、竜涎香〔マッコウクジラの腸内からとれる香料。下巻第18章で後述〕、あるいは純粋に好奇心のために。鯨捕りたちは大自然の中での海生哺乳類との接触を、今日の最も熟練した専門の海洋生物学者でも敵わない水準で経験していた。このハンターとしての知識は海洋生態系全体にも及んでいた。GPS、レーダー、正確な海図の登場以前の航海が行われていた時代、船乗りは海岸付近にいる鳥の種や海流、雲、気圧、水温、水の色を見分けることも含めた舵取りの仕方を身につけたのだ。

南太平洋でのメルヴィルの航海は全て帆船でのものだった。一時間に一〇マイル〔約一六キロメートル〕以上進むことはめったになかった。この孤立感と遅さは、二一世紀のどんな商船でもまずありえないもので、娯楽産業であってもほとんど聞いたことがない水準だ。コンテナ船や石油タンカーは、今やたった二週間で太平洋を横断しきってしまう。

こうした海での諸々のものに囲まれ、ついで『マーディ』と『白鯨』の執筆中、科学の発展がもたらす影響に関心を抱いていたことが明白なメルヴィルには、意味合いの広い「自然哲学者」の肩書きを与えても問題ないだろう。太平洋で現役の水夫として働いた数年間は、彼の人生で最も深く広がりのある時間だった。初の著書『タイピー』の冒頭では、彼の誇りが宣言されている。《六ヶ月間、海上暮らし！　そうとも、読者諸君、私は紛れもなく、陸地の見えない沖合で六ヶ月過ごしてきた。赤道直下の焼けつく太陽の下でマッコウクジラを追い求めて。太平洋の大きくうねる横波に翻弄されながら――頭上には大空、周囲には大海原、それ以外には何もなし！》〔『タイピー――南海の愛すべき食人族達』中山善之訳、柏艪社（二〇一四年）より[27]〕。

『白鯨』で海上生活の各場面や細部を書く上で、著者メルヴィルはまず自身の経験から材を得た。彼は水夫の視点を「古臭い博物学者」のそれに勝るものと位置づけた。自身の語る海洋生物学、空模様の読み方、操船術が正確であることを欲した。イシュメールを物知り顔の教師、鯨学を修めた自然哲学博士気取りの語り手として作り上げた。

イシュメールは、〔書物にある〕鯨や鯨捕りの描写が不正確で信頼できないことに対し、〔冗談交じりに憤怒を示すが、こうした怒りは、メルヴィルがブラウンの『捕鯨巡航のエッチング集』に対して寄せた一八四七年の書評にも既に表れていた。メルヴィルはブラウンに不満を感じていた。というのも、ブラウンが銛の痛みに「唸り声をあげる」マッコウクジラを描いていたからである。メルヴィルはこう書いている。《このようなことを告げるだけでも、親愛なるナンタケットのコフィン、コールマン、メイシーといった姓の古強者が眉を吊り上げるのが眼に浮かぶ。問題になっている生き物〔マッコウクジラ〕は、ニシンダマシ〔産卵期に川に遡上し、釣魚・食料となる。シャッド、アロサとも〕、あるいはヒレ付き族のどんな種にも並んで物言わぬ奴である。もし〔鯨に飲まれたとされる〕ヨナその人が証言台に召喚されることがあるなら、彼は嬉々として、この海獣（レヴィヤタン）の巨体の空洞からひと言、ひと吠え、ひと唸り、ひと呻きも生じるのを耳にしなかったと証言することだろう。》（この主張はほぼ当たっているが、事実には一歩及ばないことが判明する。これには後ほど触れる[28]）。

さて、チャールズ・H・モーガン号のマストの上では、バーコー・エドワーズが足の下を見下ろしている。アリのように小さく見える校外学習の生徒の一団が、タラップをぞろぞろと渡ってくる。カヤック乗りが櫂の動きを止めて索具（リギン）を見上げる。私たちの姿が目に入る高さまでは見ていない。

バーコー・エドワーズが、チャールズ・H・モーガン号の一八六四年の旅について話してくれた。日本の北方沖に向かって強風が吹く中、船長の息子がおそらくマストの上から落ち、溺死したという。同じ航海中、今度はマリアナ諸島出身の別の男が、索具（リギン）から落ちた結果の怪我で命を落とした[29]。

第35章「檣頭（マスト・ヘッド）」の終わりで、イシュメールは読者を突如マストの頂上に置き去りにし、そこに立つことの危険を実存の危機へと転換させて章を締めくくる。《さて、いま汝が享受している生命（いのち）とは、おだやかにゆれ動く船からさずかった生命にほかならぬ。海をとおしてさずかった生命、海をとおして、神のはかりがたい潮（うしお）からも得た生命にほかならぬ。（…）そしておそらく、うららに晴れたある昼間どきに、ただ阿鼻叫喚の一声をのこして、汝はあの澄明な空中を夏の海へと落下してゆき、二度とふたたび浮上することなからん[30]。Ⓨ》

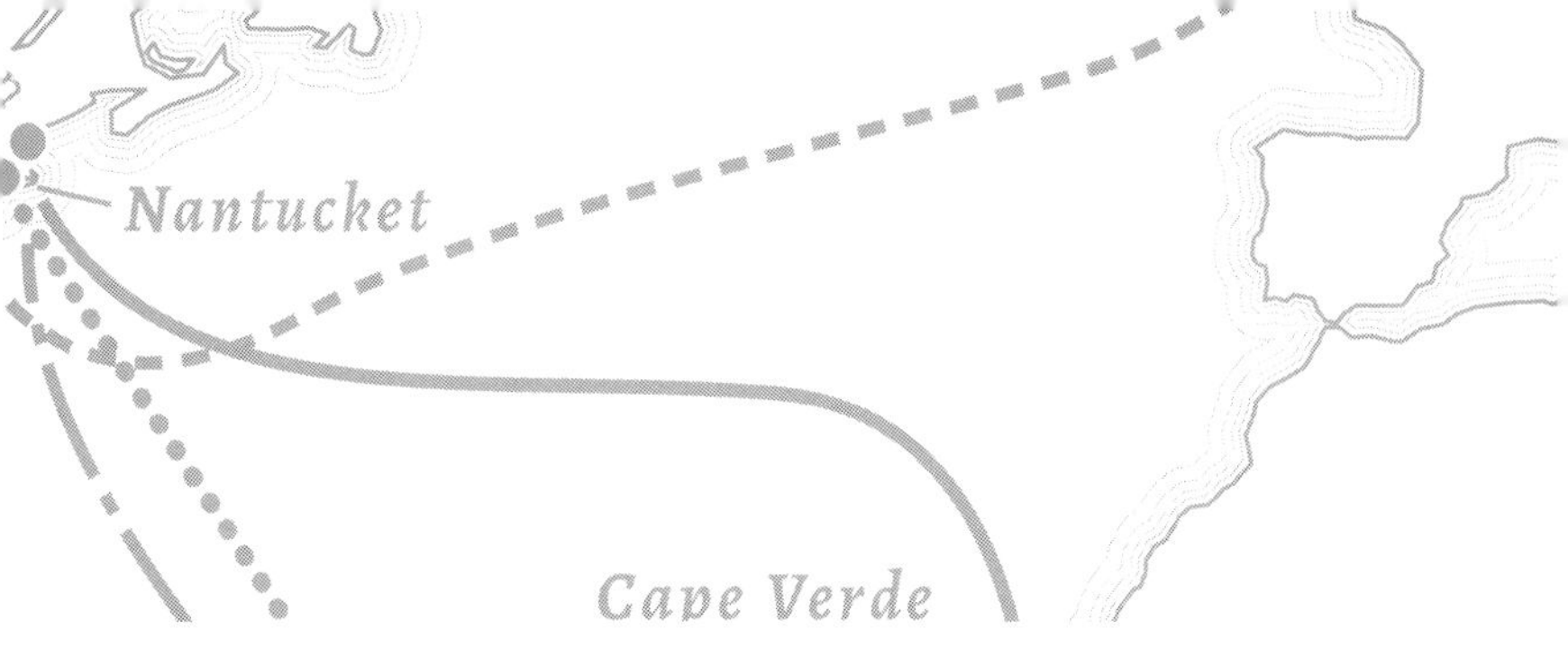

第2章 「鯨文書」とは何か

正確な知識は僅少なりとはいえ、本の数は膨大であって、鯨学、つまり鯨に関する科学も、小規模ながら存在する。鯨について多少とも書いた者になると、大家に小家、新人に旧人、陸(おか)の人に海の人をあわせると膨大な数にのぼる。Ⓨ

イシュメール（第32章「鯨学」）

一八五一年春、マンハッタンのダウンタウンを離れてマサチューセッツ州ピッツフィールドの農場屋敷(ファームハウス)へと移ったメルヴィルは、白鯨にまつわる小説に再び可能性を見出し、英気を取り戻した。メルヴィルは二階の書斎に長時間こもり、窓からグレイロック山を眺めながら、資料を読み、蔵書に書き込みをし、一枚、また一枚と原稿を走り書きした。数百とはいわないまでも、数十冊の本に囲まれていた。彼自身の蔵書もあったが、他のほとんどはニューヨークとボストンの図書館、友人、家族から借りたものだった。
第32章「鯨学」で、イシュメールはこう宣言する。《わたしは図書館から図書館へとわたりあるき、大海原を航海した者だ。わたしはこの両の手で鯨にいどみもした。Ⓨ》そこで、メルヴィルは自身の経験を思い出すほかに、さらなるひらめき、事実確認、作品の形式についての案を書物に求め、原稿を煮詰めて仕上げるのに役立てようとした。メルヴィルは、捕鯨航海を題材とする作品は自身の小説が初ではないとわかっていた。彼はこうした影響の一切合切をすりつぶし、かき混ぜ、とろ火で煮込んだ、計り知れないほど深い風味と説得力を持つストーリーのシチューを作り上げようと試みた。メルヴィルのめちゃくちゃな狂気には、実はそれなりの筋が通っていたのだ。それは、彼の語る海の物語と、彼が自然史について読み込んだ内容と複雑に結びついていた。[*1]
このような手法がとられた背景の一端に、一九世紀の捕鯨航海が通常二年から五年かかるものだったという事実がある。男たちはマストの上に毎日数時間立った。たびたび横道に逸れながら思索にふける『白鯨』の展開は、この捕鯨船上の生活ペースに合っている。メルヴィルが冗長な解説章を中断しては、てんやわんやの捕鯨劇、そして、他の船舶についての九つの見聞録を一定の間隔で挟んだ様子に注目したい。この傑作の長大さは、捕鯨航海だけでなく、題材となった鯨そのものの大きさ、そしてマスト上での瞑想的な暮らしの悠長さに見合うものなのだ。白鯨との対決を目指し、ピークォッド号が大海原へと進んでいく中、船上の鯨捕りたちは自らの仕事を遂行し鯨を殺す。物語を通じ、彼らはおよそ一〇頭のマッコウクジラと一頭のセミクジラを仕留めている。
メルヴィルは鯨の見つけ方と捕まえ方を示した後、マッコウクジラを物理的にも比喩的にも解体していく。いずれも、小説とピークォッド号の航海の進行を通じてのことだ。イシュメールは第67章「脂身切り」から第103章「鯨の骸骨の計測」まで自らの視点での語りを続ける。メルヴィルはこの過程でしばしば、章を二つずつ組にすることで読者を導いた。端正な対をなす二つの章のうち、最初のものは物語形式となっている。そこではまず、登場人物を用いて出来事を綴ることで、捕鯨船の有様や動物の暮らしを説明する。そして今度は、直後の章で冒険劇からズームアウトし、同じ話題の哲学、歴史、あるいは科学を随筆形式によって掘り下げる。

メルヴィルは、自身の机に積み重なり、棚に詰め込まれた文献群に、作中でイシュメールの口から言及させている。特に「抜粋」と「鯨学」の章だ。イシュメールという語り手は、半ダースそこらの書き手とその著作、彼の呼ぶところの「わたしの膨大な鯨文書（fish documents）」〔第101章「デカンター」〕にしばしば触れる。メルヴィルが『白鯨』を完成させるまでに、米国の捕鯨航海について三作のノンフィクション記録が出版されていた。イェール大学卒のフランシス・アリン・オルムステッドによる『捕鯨航海の出来事（*Incidents of a Whaling Voyage*）』（一八四一年）、ブラウンによる『捕鯨巡航のエッチング集』（一八四六年）、聖職者のヘンリー・T・チーヴァーによる『鯨とその捕獲者たち（*The Whale and His Captors*）』（一八五〇年）である。

さらに、これら米国の書物が出される以前にも、英国の捕鯨船での生活についての作品が三人の書き手によって刊行されている。鯨捕りであり博物学者のウィリアム・スコーズビー・ジュニアによる『北極地帯の報告、北方鯨漁業の歴史と記述と共に（*An Account of the Arctic Regions, with a History and Description of the Northern Whale Fishery*）』（一八二〇年）、船医のトーマス・ビールによる『マッコウクジラの自然史（*The Natural History of the Sperm Whale*）』（一八三九年）、そして、フレデリック・ベネットという別の船医による『世界捕鯨航海記（*Narrative of a Whaling Voyage Round the Globe*）』（一八四〇年）である。これらは米国の作品群に比べ、鯨やその他の海洋生物の描写にさらなる力点を置いていた。

以上、英米六作のノンフィクションは全て、腰を落ち着けて架空の航海を書こうとしていたメルヴィルに、事実に基づく情報源として、そして文体の面での影響を与えている。『白鯨』の語り手イシュメールは、鯨関連の書物の著者一覧（そこに挙げられていない書き手が他にもまだ大勢いたが）の締めくくりに、ビールとベネットでさえもマッコウクジラの生態のごく表面に触れたに過ぎないと宣言している。《しかしながら、科学的にせよ文学的にせよ、マッコウ鯨がその生きた全貌をあらわにしている文献となると、今だに存在しない。Ⓨ》とイシュメールは言う。そして、その役目を果たす者として自ら前に踏み出すのである。メルヴィルは時に、先述の著者らの文献をそのまま引き写したり、その構成や議論を盗用したりしている。しかし時に、現代の私たちがこうした資料の中に見出す記述は、メルヴィルがそれを書き写していなくとも、『白鯨』の記述と瓜二つに見えることがある。それは、メルヴィルがこうした書き手たちと同じような出来事を経験したためだ。*2

マッコウクジラやその他の外洋棲生物の生物学についての資料として、メルヴィルは特にビールとベネットの両船医の綴った報告、そして『ザ・ペニー・サイクロペディア（*The Penny Cyclopædia*）』（一八四三年）の鯨についての項を参照したようだ。後者もまた、情報の多くをビールとスコーズビーの著作から得ている。ビールとベネットによるマッコウクジラの生物学と行動の観察内容のほとんどは、近代の鯨生態学者にも当てはまる。*3

一八三四年二月、トーマス・ビールは船医として乗船した捕鯨船二隻の航海から戻ってきたばかりだった。帰国して一年、二七歳ほどだった彼は、ロンドンのセントジョンズ・ブリティッシュ・ホスピタルで外科助手として働いていた。彼はマッコウクジラの総説論文執筆に取り組み、翌年にそれを出版し、同輩らに混じって賞を受賞している。同じ一八三四年二月、フレデリック・ベネットは、捕鯨船タスカン号の船医としてまだ船上にいた。ベネットの船は、ダーウィンの乗る英国艦艇ビーグル号がティエラ・デル・フエゴ〔現アルゼンチン領〕沖に停泊している頃、その近くのホーン岬を回っていた。

一八三九年、ビールは先の論文に改訂・加筆を行った書籍版『マッコウクジラの自然史』を出版した。貧民病院であくせくと働き、ロンドンの科学界に末席を得ようとしていた青年、ビールは、当時の他の博物学者の専門知識に平身低頭こびへつらった。彼は、そうした人々の著作から長文を丸ごと引用した。また、ふとした拍子にラテン語の解剖学用語が混じる自身の筆に陶酔し、自ら語る物語の英雄にしばしば自身を据えた。例えば、自分が南太平洋沿岸部の地元民を治療した経緯、さらには、ある時、地形の細部に及ぶ彼の記憶力が船の全員を救った様子までも綴っている。一方、ベネットは一八三六年に帰国し、一般向けの学術講演でマッコウクジラの話題を発表している。その内容は、ビールが原文通りに『マッコウクジラの自然史』に取り入れている。翌年、ベネットも自らの本を出版した。

この二人の外科医について歴史家が知ることは多くない。[*4] 私には、両者のうちベネットの方が、独善性がより低く、鯨、鳥、無脊椎動物、海藻、そして人間の文化と、ありとあらゆるものに対する好奇心と実証的な姿勢がずっと強いと感じられる。ベネットは魚を捕まえて胃を検分し、生体発光の性質についての探求を進めた。ベネットはフランス領ポリネシアで刺青を入れ、その様子を記した。刺青を入れるとはそもそもどんなことなのか、ただそれを知るためだけに耐えたようだ。《こうして自らの身に模様を刻まれることで、私は刺青の過程と効果を観察したいという望みを満たした。》ベネットは担当のタヒチ人刺青師の体にあった円形の模様を選び、それを自分の上腕に入れてくれるよう頼んだ。彼は唇を引き結び、毅然とした英国的態度で刺青の過程を医学的に記載した。*5

章同士を組にして整えるメルヴィルの手法は、『白鯨』全体の形式と同様、ビールとベネットが用いた定番の構成をそのまま組み合わせたものとなっている。二人の医師はどちらも、自然史の各題材に項や章を割きつつ、それらと対をなす解説文も書いている。後者の話題は航海と冒険という、前者よりも広いものだ。ビールの本の第一部は解剖学に割かれ、「脳について」、「耳について」、「生殖器について」などと題された章を擁する。一方、第二部は「南海の捕鯨航海の概要」で、「嵐は続く」、「我らは雌鯨を殺す」などの章見出しが並ぶ。ベネットの本の構造は逆で、第一部が自身の冒険の年表となっている。第二部は補遺で、「クジラ目」、「鳥」、「魚」、「軟体動物」、そして「海の燐光」についての項がある。

メルヴィルはこれら二つの形式、科学的記述と航海物語を一緒くたにつなぎ合わせた。ハーヴァード大学図書館には、メルヴィル本人が実際に所有していたビールの著書がある。『白鯨』でのイシュメールの発言や考えのいくつかは、まさにこの一冊に端緒をたどることができる。例えば、第56章「より誤謬すくなき鯨の絵、および真正なる捕鯨図について」で、イシュメールはこう断言している。

《ビールのかかげるマッコウ鯨の図はおしなべて上等だが、例外があって、第2章の冒頭をかざる各種の姿態をしめす三頭の鯨の図版のうち、中央の鯨は感心できない。》メルヴィル本人の実際の蔵書では、その図の下に×印が添えられており、こんな鉛筆の走り書きがある。《図2の挿絵にはある種の誤りがある。尾の部分が無様にこわばって矮小化している。全体として不自然に見える。頭部はよし。》[*6]（図4参照）

ビールとベネットの名を並べると整理がつきにくい。混乱を避けるため、私はここから「外科医ビール」と「ドクター・ベネット」で通すことにする〔ベネットは王立地理学会の会員でもあった〕。メルヴィルの「鯨文書」とその著者は皆、現代の読者には実に紛らわしい。手引きが必要な読者は図5を参照してほしい。だが、こうした面々やその著作をごちゃ混ぜにしてしまうこと自体が、『白鯨』の肝でもある。メルヴィルは、大衆向けの航海譚が溢れ、類書の引き写しが一般的であり、博学ぶりを示すものでさえあった当時の市場の中で『白鯨』を作り上げたのだ。

『白鯨』はしばしば大仰で、脱線だらけの代物だ。しかしこれこそ、当時の著名で信頼できる料理人たちの素材と調理法によって作られたごった煮であり、その中身と展開には、全てをただ鍋に放り込んだだけの代物をはるかに超えたものが詰まっているのだ。メルヴィルの狂気には筋が通っており、その筋は、創造性、注意深さ、そして、海洋生物、とりわけ鯨に対する徹底した探求を軸としている。だが一八五一年、彼の読者の多くはこんな作品をフィクションの分野で読むことへの心構えができていなかった。『サザン・クォータリー・レヴュー』誌の書評者はこう書いている。《鯨が行為者あるいは被害者である場面全てで、描写と動作は大いに鮮やかで刺激的だ。その他のあらゆる点では本書は

CHAPTER II.

HABITS OF THE SPERM WHALE.

It is a matter of great astonishment that the consideration of the habits of so interesting, and in a commercial point of view of so important an animal, should have been so entirely neglected, or should have excited so little curiosity among the numerous, and many of them competent observers, that of late years must have possessed the most abundant and the most convenient opportunities of witnessing their habitudes. I am not vain enough to pretend that the few following pages include a perfect sketch of this subject, as regards the sperm whale; but I flatter myself that somewhat of novelty and originality will be found justly ascribable to the observations I have put together; they are at all events the fruit of long and attentive consideration.—For convenience of description, the habits of this animal are given under the heads of feeding, swimming, breathing, etc.

× There is some sort of mistake in c 2
the drawing of Fig: 2. The tail part
is wretchedly cropped & dwarfed, &
looks altogether unnatural. The head is good.

図4　メルヴィルが蔵書『マッコウクジラの自然史』（トーマス・ビール著、1839年）のページに残した書き込み。

図5 『白鯨』に登場するイシュメールの「鯨文書」の概要。

残念な代物で、退屈で陰鬱、あるいは馬鹿げている。[*7]》

『白鯨』の初版は売れなかった。今日、読者が最初につまずくのは、〔次に取り上げる〕「鯨学」の章であることが多い。

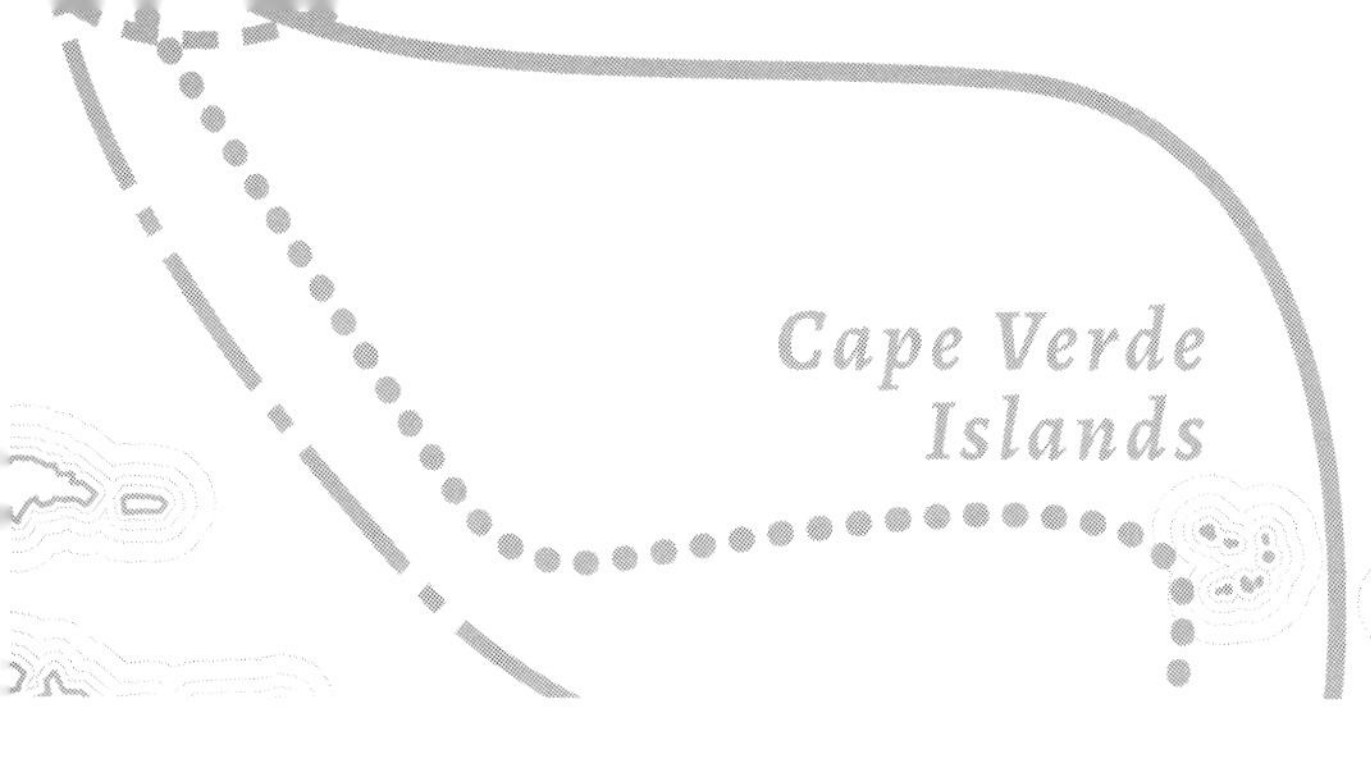

第3章 「鯨学」と進化
――鯨を仕分ける

議論はさておき、わたし自身としては、聖なるヨナのうしろだても得て、鯨は魚であるとする古き良き根拠にのっとることを明らかにしておきたい。Ⓨ

わたしは鯨の名称については、漁師が通例用いている名前を採用することにしてきたが、理由は概してそれが一番適切だからである。

イシュメール（第32章「鯨学」）

「鯨学」の章の冒頭で、イシュメールは話の流れを断ち切ることを詫びている。この時、小説の展開はピークォッド号がようやく大洋に乗り出し、帆に風を受けて進んでいるところだったからだ。彼は既に、鯨捕りとして生きることがいかに危険で名誉あることかを述べている。だが、そこからエイハブ船長の正体と真の目的、白鯨への全力の復讐という緊迫した状況を明らかにする前に、イシュメールはここ北大西洋で、自身が「ほぼ不可欠な物事」と見なす話題を論じるためにひと呼吸置く。すなわち、鯨は哺乳類と魚のどちらなのか、そして、マッコウクジラは幅広いクジラ類の分類のどこに位置するのかを明らかにするのである。この「鯨学」の章は、作中でイシュメール自身が行う科学解説としては最も長い。

鯨は魚か、それとも哺乳類か？

二一世紀の米国のロブスター漁師は、引き揚げてトロ箱に入れたアメリカンロブスター（*Homarus americanus*）のことを、仲間内でしばしば「バグズ（bugs：虫ども）」と呼ぶ。彼らの多くは、それはロブスターがカニに似ているからだ、ロブスターとカニは十脚目で、甲殻亜門（昆虫と同じ節足動物門の下位分類）の仲間なのだと教えてくれることだろう。とはいえ私の予想では、多くの米国人（漁師であろうとなかろうと）にはロブスターと昆虫の違いを説明するのは難しいだろう。挙げられる違いは、〔多くの〕昆虫は水面下では生きられないこと、そしてせいぜい、脚の数の差くらいだろうか。

では、鯨は哺乳類か魚か？　この疑問に対し、イシュメールは「鯨学」の章で漁師たちの肩を持つ。ナンタケットの鯨捕り、つまり、鯨を指すのに「魚たち（フィッシュ）」の俗称を使う人々だ。イシュメールは（おおかた）冗談でそうしている。鯨の分類をめぐるこの議論にはちょっとした裏話があるのだ。

一八一九年はメルヴィルの生誕年であり、不運に取り憑かれた捕鯨船エセックス号がナンタケットから出航した年でもある。この年の一月一日、ニューヨーク市の新聞各紙はある裁判の最終評決を報じたのだが、その裁判の行方は、鯨は魚と哺乳類のどちらと考えるべきかというまさにその問いに懸かっていた。争われていたのは金だ。ある商人が、「魚油」の検査を受けなかったために罰金を課されたが、その支払いを拒んだのだ。この商人が買ったのは、三樽の鯨油だったからだ。ニューヨークきっての魚類学者、サミュエル・ミッチェルが最初の参考人となった。同じく、捕鯨船船長のプリザーヴド・フィッシュ（「瓶詰め魚」）氏（実話である）も召喚された。フィッシュ船長はミッチェル教授と同様、鯨は哺乳類だと信じていたが、弁護士からの鋭い反対尋問を受け、自説を守るのに苦労した。もう一人、ジェイムズ・リーヴスという現役の鯨捕りも証言台に立った。召喚された参考人のうち、海で鯨を見たことがあるのはフィッシュ船長とこのリーヴスだけだったのだが、彼はフィッシュ船長とは異なる意見を語った。自身の三回の航海から、彼は鯨を魚だと判断したのである。この水夫リーヴスには例えば、鯨が潮吹きの習性を持つとの確信がなかった。すると、鯨は水を吸って（魚のようにエラで）呼吸しているかもしれない、ということになる。最終的に、陪審団も鯨が潮吹きをする（肺呼吸をする）との確信を得るには至らなかった。ゆえに、一八一九年のニューヨーク市では、法廷において、そして波止場の油脂検査の領域において、鯨は魚のままとなったのである。[*1]

さて、メルヴィルがこの判例のことを読んだのは数十年後だったが、彼はどういうわけかこの話を『白鯨』に盛り込むことにこだわった。彼が所蔵していた数々の鯨文書の中でもこの件への言及がある。例えば、ドクター・ベネットは一八四一年の著作でこの論争に直接触れ、米国の陪審団が「学識に基づく科学的区別」に耳を傾けなかったことに失望を示している。[*2]

メルヴィルが一八四〇年代に海に出るようになるまでに、ほとんどの鯨捕りと大衆は、鯨は空気を吸って呼吸し、温血動物であり、生まれてくる子に乳を与えて育てることなどを知っていた。こうした内容は、イシュメールが「鯨学」の章で、リンネの言葉（百科事典から引いたのではないか）を引用しながら詳細に語ったものだ。リンネはこうした鯨の性質を一世紀近くも前に記していた。後の第68章「毛布」で、イシュメールは《鯨は、人間とおなじように、肺を有し、血は温血であるⓎ》と綴っている。ただ、メルヴィルの育った時代の米国では、「fish」という語が今よりも広い意味を持っていた。いつも水の中で生きている動物たちを単に「魚たち（フィッシュ）」と呼んでいたのだ。聖書の鳥、獣、魚という分類そのままである。「クレイフィッシュ（crayfish：ザリガニ）」、「スターフィッシュ（starfish：ヒトデ）」といった名前を考えてもそれがわかる。海に出た鯨捕りたちは、雌の鯨を「雌牛たち（cows）」、雄の鯨を「雄牛たち（bulls）」、仔鯨を「仔牛たち（cubs）」と呼んでいたものの、それらの総称にはやはり「fish」を使っていた。なぜなら、この動物たちは常に水面下で暮らし、「水陸両生の」アザラシとは違って決して浜辺に這い出てくることはなかったからだ。[*3]

現代のロブスター漁師にとって、「虫（bug）」という言葉は語呂が良い。獲物は確かに巨大な昆虫のように見える。このあだ名のおかげで捕まえる生き物が軽い存在になり、（傍目には大したことのない作業だと見られるが）大変な仕事を簡単なものに感じさせてくれる。ひょっとすると、かつての米国の鯨捕りにとっても「fish」という語が同じ効果を持っていたのかもしれない。鯨が哺乳類か魚かというのはまた別の話で、現実的な重みは小さい。それどころか、当時鯨を哺乳類と呼ぶことは少々軽蔑さえ感じさせた。メルヴィルの時代、哺乳類（mammal）という言葉にはどこか卑猥な含みさえあった。子供に乳房を吸わせる女性の姿を想起させたためである。[*4]

イシュメールは「鯨学」に始まり、小説『白鯨』全体を通じて、実地での鯨捕りの知識を「博学なる陸の博物学者」のそれよりも上に位置づける。部屋にこもって生白く、防腐剤でむせ返りそうな研究室に座って分析すべき標本を受け取る世界中の博物学者、生きた動物にじかに接したことなどまるでない連中だ。メルヴィルは彼らの発見や努力に心から興味を惹かれていたものの、当時の主流派だった魂なき科学コミュニティに対し、執筆人生の終わりまで嘲笑を向けること、あるいは少なくとも冷笑含みの異議を投げかけることを心に決めていたようだ。そのため、疑問の余地がある話題では、イシュメールは鯨捕りの味方につく。[*5]

一八四〇年代に入っても、鯨の呼称についての問いは米国の捕鯨船の船員室でなお活発に交わされていた――このイシュメールの回想は的確だ。例えば、ブラウンの『捕鯨巡航のエッチング集』では、鯨が哺乳類であることは周知の知識であり、ブラウンは新入り船員の無知をからかう種としてこの話題を使っている。この船員は、航海で最初の獲物となったマッコウクジラを手すり越しに見てこう言う。「鯨は魚なんかじゃないって言う連中は、ありゃどうしてなんだろうな。俺ぁむしろ、あれは魚だと見積もるがな。鯨にゃヒレがある。魚もそうだ。鯨にゃすべすべの肌がある。魚もそうだ。鯨にゃ尻尾がある。魚もそうだ。鯨にゃ鱗がないが、ナマズにも、ウナギにも、オタマジャクシにも、カエルにも、ウマビルにもない。そんなわけで、俺の結論は、鯨は魚だ。みんなそう呼ばにゃ。一〇人いりゃ、九人は魚と呼ぶさ、違いねえ」[*6]。

科学界の中では、メルヴィルがピッツフィールドの農場屋敷で鯨文書に囲まれていた一八五〇年代までにこの件の決着はついていた。外科医ビールは、わざわざこんな議論をすることなしに、鯨を哺乳類と記している。ドクター・ベネットは、鯨に対する概論の冒頭で、鯨が哺乳類でない理由はないと説明している。グッドは著書『自然という書物』で、鯨は哺乳類の七番めの分類に入り、リンネ〔当初は鯨を魚類としていた〕もそう結論を出していた〔リンネ『自然の体系（*Systema Naturae*）』第九版、一七五六年〕と説明している。グッドはまた、キュヴィエ男爵〔フランスの博物学者〕が哺乳類の新たな分類法を作成していたことにも触れた。これは足の種類によって哺乳類を「ひづめ」、「かぎ爪」、「ヒレ似」の三つにわけるものだった。メルヴィルの蔵書にあった『ザ・ペニー・サイクロペディア』も、キュヴィエという「偉大な動物学者」によるこの分類法に触れていた[*7]。

この時代の辞書、百科事典、自然史の書物には漏れなく、ジョルジュ・キュヴィエ男爵のことが書かれていた。イシュメールは皮肉交じりに「偉大なるキュヴィエ」と呼んでいるが、これはおそらくこの百科事典の項目が理由であると同時に、こと鯨の話題については、外科医ビールがキュヴィエの誤りをいくつも指摘していたのも理由だろう。〔イシュメールが小説内で後に「カボチャ」とあざ笑う鯨の絵〔第55章「怪奇なる鯨の絵について」〕の責任は、ジョルジュ・キュヴィエだけでなくその弟フレデリックにもある〕。フランス人古生物学者のジョルジュ・キュヴィエ男爵は、一八〇〇年代初頭に西側世界で最も影響力のある博物学者だった。彼は比較解剖学の概念の大部分を考案した。それは骨格に注目するというもので、地球上にはある種の生物がかつて生息し、その後絶滅したことの証拠だった。そのおかげで、ノアの洪水と、聖書に基づく地球の年齢を説明するのに新しい理屈がいくつか必要になった。

キュヴィエへの傾倒に加え、一九世紀中盤の一般向け自然史書の著者に共通するのが、鯨を哺乳類として書いていることだ。だが、彼らは皆、この判断について議論する必要があると感じていたようだ。例えばグッドは、心臓、肺、背骨、乳首などに基づき《これらの海獣を四足動物と同じ分類に引き入れることには幾分の説得力がある》と書いている。その一方、グッドは鯨に足、毛、まともな鼻腔がないこと、水中に生息し、振る舞いと外見の大方が魚に似ていることにも同意している。[*8]

一八五一年一月、メルヴィルの兄弟の一人が、キュヴィエ男爵が魚について書いた本の翻訳版を送ってきた。一五巻組の『動物界（*The Animal Kingdom*）』のうちの一巻である。メルヴィルが注釈を書き込んだその一冊は現存しており、鯨を魚と呼ぶことについての混乱がなおも存在する、とのキュヴィエの説明には下線や印が書き込まれている。あのニューヨーク市の判例について、主張の強い脚注が長々と載っているページだ。《魚の定義、例えば我々が近代の博物学者の著述に見出すようなものは、完全に明快で正確だ。魚とは、「脊椎のある動物でその血は赤く、水という媒体を通じ、エラを用いて呼吸するもの」である》とキュヴィエは一喝している。イシュメールは「抜粋」で、キュヴィエの「鯨とは後肢をもたない哺乳動物である」との言葉を引いているが、イシュメールによる「鯨学」の章での鯨の定義は、それを一蹴するかのようだ。さっさと失せな、とばかりに、大西洋を超えてキュヴィエ男爵の墓まで定義を突き返してしまう。イシュメールは斜体の文字で強調しながら、鯨とは「水平の尾を持ち、潮を吹く魚」なのだと記す。[*9]

『白鯨』の数々の場面で、イシュメールは当時の科学者に公然と反抗するが、「鯨学」の章はその最初のものだ。科学界へのこの不信、あるいは少なくとも、科学者らが自分たちの象牙の塔やコンピュータの並ぶ研究室にこもって世から隔絶されているとの感覚は、今日の米国の漁業界の大部分にもなお浸透している。例のロブスター漁船団でもそうだ。多くの漁師は今なお、海洋生物学者には動物や生態系に直接触れる経験が足りていないと感じている。この不信感が、ニューヨーク市でのあの裁判のように経済的な影響をもたらすこともある。一九世紀後半以来、漁師たちを管理し、私たちの台所やレストランに届く食べ物を管理する法や規制の枠組みに水産学者が多大な影響力と権限を持ってきたからだ。科学者が世界の捕鯨規制にしっかりとした発言権を持つようになるのは、『白鯨』から一世紀近くが経ってからのことだ。

『種の起源』以前の鯨の分類学

ロブ〔ロバート〕・ナヴォイチックは、ハーヴァード大学自然史博物館の「大哺乳類館」のバルコニーに立ち、鯨の骨格標本を見ている。海生哺乳類の分類学という科目を彼以上にうまく教える人に私は会ったことがない。ある時、私は彼が巨大な枝ぶりの木をドアに押し込むようにして講堂の出入り口をくぐるのを見たことがある。その木は進化の概念を視覚的に説明するためのものだった。「一枚一枚の葉が、一つの生物種だと考えてくださいね。私たちが見ているのは、この一番外側にある葉っぱだけです」。ナヴォイチックは木の葉を学生たちに向けながらそう伝える。「進化系統学というのは、ここにある葉っぱどうしをつなぐ枝のパターンを、枝そのものを直接見られない状態で導き出そうとするものです。探偵物語ですね[*10]」。

大哺乳類館は、一八七〇年に元の建物の増築部分として建設された。元の建物は一八五九年、ルイ・アガシーの知名度と資金収集力のおかげで開館したものだ。アガシーは一〇年前にスイスから講演旅行で米国にやってきたばかりだったが、たちまち米国で最も著名な博物学者として認められた。彼はハーヴァードに残ろうと心を決めていた。これは、メルヴィルが作家生活を始め、ボストンの名家のエリザベス・ショーと出会って結婚し、家族の一員となったのと同時期だ。

実際、『白鯨』でイシュメールはアガシーの名をふと挙げている。マッコウクジラの皮膚の引っかき傷が、氷山とこすれた岸壁の「激しい掻き傷」〔第68章「毛布」〕のように見える様子に触れた時だ。氷河期が地形を作った経緯についての説を発展・普及させたことは、アガシーの科学的貢献の中でもその後最も長く影響を残したものだ。キュヴィエの直接の師匠であるアガシーは、熱心な科学者でありキリスト教徒だった。あらゆる新聞の紙面を飾り、メルヴィルが賞賛していたであろう博物学者のタイプそのものだった。アガシーは山に登ったかと思えばたちまち神の意図についての壮大な理論を提案する、大胆かつ野心的な人物だった。彼は、本を置き、フィールドでの観察を頼りにするよう提唱した。自然哲学を一般大衆に教えることを熱心に支持していた[*11]。

今ナヴォイチックが立つ大哺乳類館は、アガシーの死の直前に完成したものだ。この空間は現在、落成当時のヴィクトリア様式に復元されている。壁際に並ぶガラスケースの中には、ペンギン、コアラ、キツネなど、実に様々な動物の剥製や骨格標本が学芸員たちによって詰め込まれていた。バッフアロー、シマウマ、ふさふさの毛を生やしたシロイワヤギなどの剝製が収められたガラスケースの上で、高い天井からまちまちの高さに吊るされているのは、多様な海生哺乳類の骨格標本だ。そこには、三種の鯨の全身骨格標本もある。マッコウクジラ、タイセイヨウセミクジラ（*Eubalaena glacialis*）、ナガスクジラ（*Balaenoptera physalus*）だ。その下にも、別の海生哺乳類の骨格が設置されている。イッカク（*Monodon monoceros*）、ネズミイルカ（*Phocoena phocoena*）、コマッコウ（*Kogia breviceps*）など。絶滅種のステラーカイギュウ（*Hydrodamalis gigas*）は、学芸員たちの知識によると、乱獲で一七六八年には既に捕り尽くされてしまっていたという。*12

上階のバルコニーで、ナヴォイチックはマッコウクジラとタイセイヨウセミクジラの間に立つ。どちらの標本にも手を伸ばして触ることができる。セミクジラの上顎から下へ、長く黒いひげ板が伸びている。メルヴィルの時代には多く「鯨骨（whalebone）」の名で知られていたこのひげ板は、確かに骨のように硬いものの、骨ではなく、哺乳類の爪、角、毛、ひづめなどを作るタンパク質、ケラチンでできている（ちなみに、ケラチンと混同されやすいのが「キチン」だが、そちらはロブスターの外骨格やイカの顎板の成分だ）。イシュメールが後に第75章「セミクジラの頭」で記述する通り、ひげ板の内側は口の中で毛のような繊維に枝分かれし、小さな生物を濾し取れるようになっている。縦に伸びて並んだひげ板は窓のブラインドの羽根板にそっくりだ。それとは対照的に、マッコウクジラの頭蓋骨には上顎にひげ板がついていない。その代わり、下あごにずらりと二列、太くて白い円錐形の歯がびっしりと並んでいる。こちらの方が、エイハブ船長の脚をうまく挟めそうだ。

バルコニーでこれら骨格標本の隣に立ちながらナヴォイチックは話す。『『白鯨』と「鯨学」の章を読み直してみました。メルヴィルがイシュメールの口を通じてどれだけ科学者に皮肉を言ってからかっているか、よくわかりましたよ。でも、イシュメールはちょっと否定的すぎるのじゃないかと思いますね。飲み屋で投げやりになっている若者とあまり変わらない。同じような会話が今もありますよ。『いやあ、そんなのどうでもいいよ。誰も気にしないでしょ？　どっちがどっちでもいい。分類なんてそもそもできっこないじゃない。そりゃ、こいつに歯はあるけど、体は大きいし。あるいは、こいつにはこれがあるし、あれがある』とね。そんな風に話しているイシュメールはもちろん、当時の科学的思考を代表しているわけではありません[*13]」。

言い方を変えれば、ビール、ベネット、スコーズビーが揃って鯨の分類法に手を焼いていたからといって、彼らがこの問いに計画的に取り組む気がなかった、あるいは取り組まなかったというわけではないのだ。イシュメールにはむしろ、キュヴィエや、ジョン・E・グレイという名の英国の博物学者などの人々がこの件に対して見せる偉そうな自信が気に障るらしい。メルヴィルが印や下線や書き込みをしている本の一項で、外科医ビールは、フランスの博物学者ベルナール・ジェルマン・ド・ラセペードの主張を一笑に付している。ビールが笑ったのは、マッコウクジラには少なくとも八つの異なる種がいるはずだとの説だった[*14]。

ナヴォイチックは、一八五一年のメルヴィルの苛立ちをよくわかっている。当時はリンネ式分類、あるいは、アリストテレスの時代にまで遡る自然界のあらゆる歴史的分類を、各自が好き勝手に細分化しているとも見える状況だった。生物分類学は絶えず流動的な変化を続けてきた。系統がどのように生じ、また成り立っているのかを素人が理解するのは、当時も現在と同様、難しかった。キュヴィエ、そしてアガシーは、葉の下にある枝を一つも見ていなかった。アガシーは、ノアの洪水や静かに進行した氷河期など、様々な大災害の後には神が新たな生の世界を作り出してきたのだと教えていた。そのたびに世界は向上を続けたが、人間を「存在の大いなる連鎖」の最上部に定めたところで神は創造を止めたのだという。アガシーは、当時巻き起こりつつあった、種が変化していくという新たな考えを信じていなかった。

例えば、キュヴィエとアガシーは二人とも、鯨のヒレの中の骨が人間の手の指に相当することは知っていた。ピークォッド号の二人めの船乗り、スタッブも、この一致を白鯨「モービィ・ディック」についての冗談の中で言っていた。ただ、先の博物学者二人は、これを神の構想の「類似性」、神の道具箱におけるツールの一致として語っていた。アガシーは、ハーヴァード大学の博物学者、オーガスタス・グールドとの共著で一八五一年に出版した大学の教科書で、鯨の尾とヒレは哺乳類の四肢に相当し、これらの動物間で、走るためと泳ぐための筋肉が同じように動くと書いている。当時アガシーが計り知ることのなかった、そして『種の起源』の出版から数十年が経っても決して受け入れなかったのは、一つの種の生物の前足が何百万年もかけて次第に変化し、ついには新しい泳ぐ動物のヒレになりうるという点だった。[*15]

骨格の特徴、外見上の類似点、行動、生息地といった要素を採用し、その理由を納得のいく形で合理的に説明する分類基準は当時も存在していた。だが、それらを否定する明確な理由もないまま、イシュメールは飲み屋のカウンター、いや、船首楼（フォクスル）の上の巻上げ機（キャプスタン）から、酩酊思考を受け入れる。なぜ単純に大きさを基準にしないのだ？　彼はそう論じるのだ。

バルコニーの手すりに片手を置いたナヴォイチックはこう言う。「たくさんの物をひとまとめに部屋に放り込んで、その分類をするとしましょう。例えばテニスボールとか、自動車の排気マフラーとか、プラスチックのペンだとか。あるいは、さっきの喩えを続けるなら、違った葉っぱをどさっと放り込む。すると、人によってそれぞれ分類のしかたは変わってくるものでしょう。大きさ、形、色、などなど」。

ダーウィンは自分のヒーローです、とナヴォイチックは自ら語り出した。ダーウィンが『種の起源』を出版した一八五九年は、皮肉にもアガシーが比較動物学博物館（現在はハーヴァード自然史博物館の研究部門の一つになっている）を開いたのと同じ年だ。自然選択による進化の機構、何百万年もかけて動物たちが変化してきたしくみを、ダーウィンは『種の起源』で説明した。多くの科学者がすぐにダーウィンの説明を受容し、理解し始めると、生物分類学は一変した。身体的、行動的な形質〔生物の特徴〕は今や、共通の祖先をたどる目印、共通の枝を持つ生物種どうしをつなぐものとして捉えられるようになったのだ。ヴィクトリア時代の分類学者は、類縁関係に焦点を置いたこの方法論で動物界の系統を整理し始めた。論文で、また博物館で、こうした血統の道筋を描き、当時取り上げられていた共通の特性や生息地だけに頼らない系統分類を行ったのだ。ナヴォイチックは、『種の起源』にたった一つだけ入っている挿絵が、継時的な種分化の様子を表すシンプルな樹形図であることを嬉しそうに指摘する。同じ樹形図は、ガラパゴスフィンチ〔鳥〕がガラパゴス諸島の島々の間での地理的隔離〔生物個体の往来や交配ができなくなること〕や気候・環境の違いにより異なる形質を進化させてきた経緯を説明するのにも使える。『種の起源』後の分類学者は、共通の始祖を持つ生物群をまとめる有意義な特徴を探した。現在、大哺乳類館には「ひづめのある哺乳類の進化」という大きな看板がある。そこには有蹄類の樹形図が描かれており、牛、豚、鯨、ラクダ、サイがみな共通の祖先から進化してきたことが示されている。一六〇〇年代末には既に、英国の解剖学者が鯨と有蹄類の胃や生殖器などの類似性に気づいていたが、共通の祖先については想像もしていなかった。*16

『種の起源』初版で、ダーウィンは陸棲哺乳類が海棲哺乳類に進化する可能性に言及していた。《北米ではハーンにより、アメリカグマが口を大きく開けて、すなわち、鯨のように水中の昆虫を捉えながら、何時間も泳いでいるのが目撃された。このような例は極端だとしても、もし昆虫の供給が一定量あり、その地帯によりよく適応した競合相手がまだ存在していなければ、自然選択によりクマの一種族の体の構造と習性がだんだんと水棲向きになり、口が大きくなり、鯨並みの巨大な怪物が生み出されるに至ることに、私には何の障壁も見当たらない。》そもそもの目撃談（カナダ人の毛皮ハンターによるもの）の真偽について後に疑問が生じたため、ダーウィンは第二版以降からこの話を削除しているが、科学者は現在、鯨が数々の途中形態を経て進化してきたと確信している。その長い系統は、実に五〇〇〇万年前に小川での採餌を始め、水中のより豊富な食料に合わせて形態が変化した、水陸両生のオオカミのようなパキケトゥスにまで遡ることができる。また、鰭脚類（アザラシ、アシカ、トド、セイウチ）もやはり陸棲の、おそらくはクマのような祖先から進化してきたこと、そして、現生の生物の中で鰭脚類と最も近縁なのはクマの仲間であることにも強い証拠がある。とはいえ、ナヴォイチックによれば、鯨が陸生哺乳類から進化したとの推測が間違いないと判明するほどの形質を特定するまでには、もう一世紀はかかるかもしれないという。様々な化石の発見、その同位体分析による年代特定、発生学による研究の継続、系統発生学とＤＮＡ分析技術の発展が必要だ。今、現代の鯨に最も近縁な現生の生物はカバ（*Hippopotamus amphibius*）だと考えられている。[*17]

さて、進化の光に照らしてみると、大きさを鯨の分類基準とするイシュメールのやり方はあまりに単純だが、メルヴィルの時代には、これが他の整理体系と比べて極端に恣意的ということはなかった。「鯨学」でナガスクジラを論じるイシュメールは、多くの博物学者がハクジラとヒゲクジラを分けていることを認識しつつ、それを無意味だと見ていた。現在、歯のある鯨とひげ板のある鯨を分けることは的確だと証明されている。ひげ板は意義ある形質であり、鯨の進化において最も顕著な変化の一つだった。今日では、実に四〇〇〇万年から三五〇〇万年ほど前、始新世に環境の変化が始まり、口の中にひげ板を進化させるようになった一部の古代ハクジラ（歯と別にひげ板が生まれ、歯はやがて退縮していった）に適したものになり始めたことが知られている。三五〇〇年から三〇〇〇万年ほど前までには、古代の鯨は二つの系統にはっきり分かれ、私たちが今日ヒゲクジラ、ハクジラとして認識する二つの枝に分岐していた[*18]（図６参照）。

イシュメールは、歯、ひげ板、こぶ、ヒレといった目に見える形質に基づく一切の分類を拒んだ後、骨格の構造を比較するキュヴィエの方法論も却下する。

《しかし、鯨の内部組織、解剖学的構造――内的構造に基礎をおくならば、すくなくとも正しい分類法にたどりつく可能性があるのではないか、とかんがえるむきもあろう。ところが、それが無理なのである。たとえば、グリーンランド鯨の解剖学的所見に鯨ひげの形態的所見以上の顕著な特徴が見

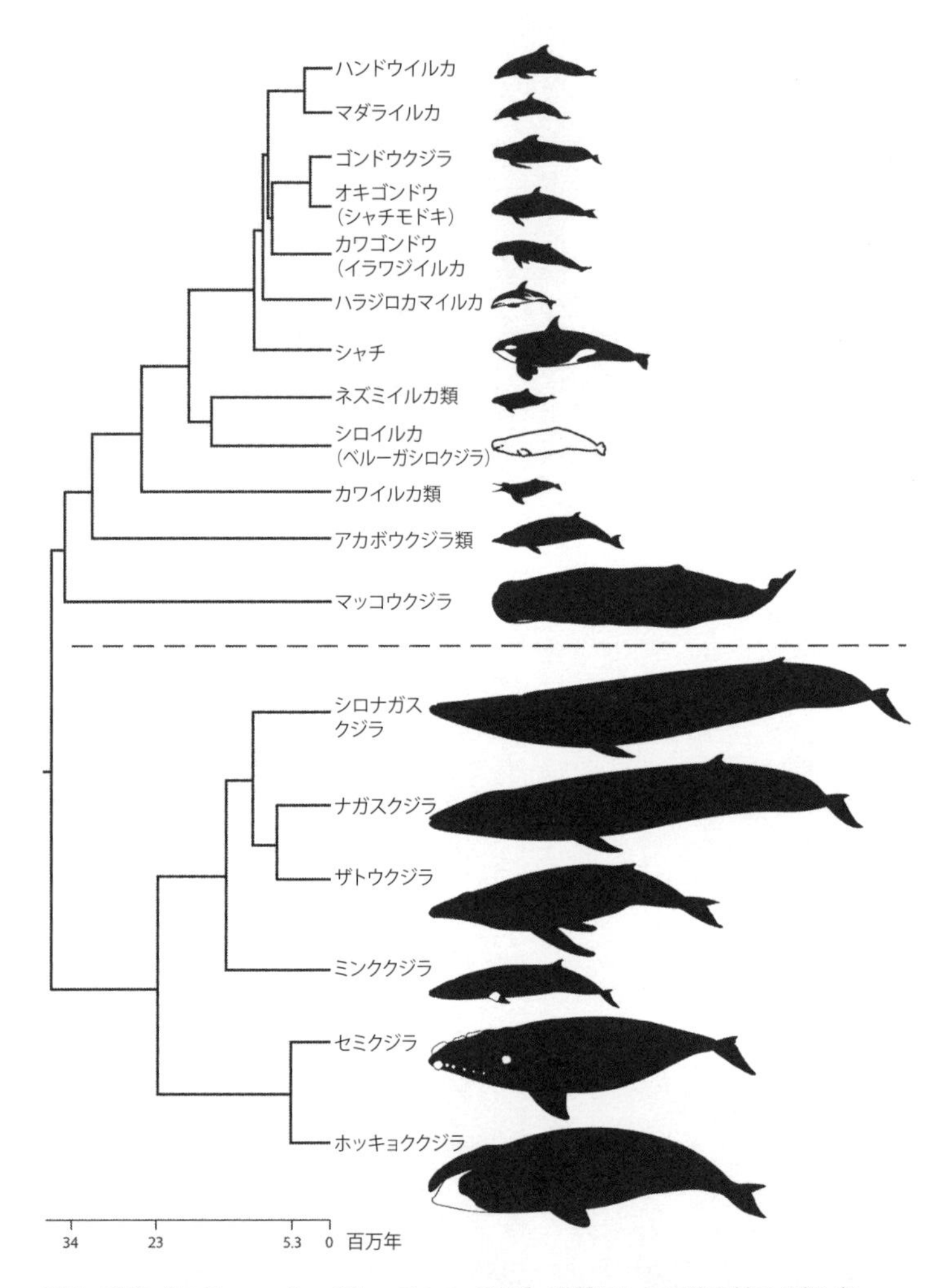

図6　論文（McGowen, Spaulding, Gatesy, 2009）を基にした現代の鯨の分類（Emese Kzár, 2013）。ダーウィンの『種の起源』（1859年）以前に動物の系統樹を描いた者はいなかった。イシュメールは14種の鯨の名を挙げ、他にもあると述べていた。現代の分類学では80種以上のクジラ目生物が挙げられている。

いだされるであろうか？　否である。鯨ひげによってグリーンランド鯨を分類することが不可能であることはすでに見たとおりである。たとえ各種の鯨類（レヴィヤタン）の内臓にもぐりこんでいったところで、すでにあげた外見上の差異では、どんな方法がのこるか？　鯨の巨体をまるごととらえて、その体の大きさにしたがって分類していくよりほかに方法はないのである。Ⓨ》

一九世紀の大西洋両岸の科学者は、ヒゲクジラとハクジラの骨格に明確な差異がいくつあることを知るようになっていた。メルヴィル所蔵の『ザ・ペニー・サイクロペディア』には、ヒゲクジラの骨格と頭蓋骨の図が、マッコウクジラのそれと数ページしか離れていないところに載っていた。最も明白な違いは、マッコウクジラの頭蓋骨はボウルのような窪みをもつのに対し、ヒゲクジラの頭蓋はアーチのかかった柱が突き出している点だ。というわけで、この件に関しては、イシュメールは当時の科学的見解を反映してはいない。ハクジラの骨格は当時の「分類屋」にも一般庶民にもわかる、明らかな違いがあった（図7参照）。

ナヴォイチックは私に、マッコウクジラの頭蓋骨を見分ける特徴を他に三つ教えてくれた。他のハクジラたちだけでなく、〔近縁の〕オガワマッコウ、コマッコウ（いずれもコマッコウ属（*Kogia*））ともはっきり異なるという。ただ、告白すると、私は彼の話を全て理解できたわけではない。彼の教える力は素晴らしく、おまけに、私たちの目の前にはまさにその頭蓋骨が丸ごと置かれていたにもかかわらずだ。分類学業界に対するメルヴィルの苛立ちもよくわかる。まして、『種の起源』出版以前の、それぞれの種は不変であり、神の意図によって完璧に構想されたものだと考えられていた時代におい

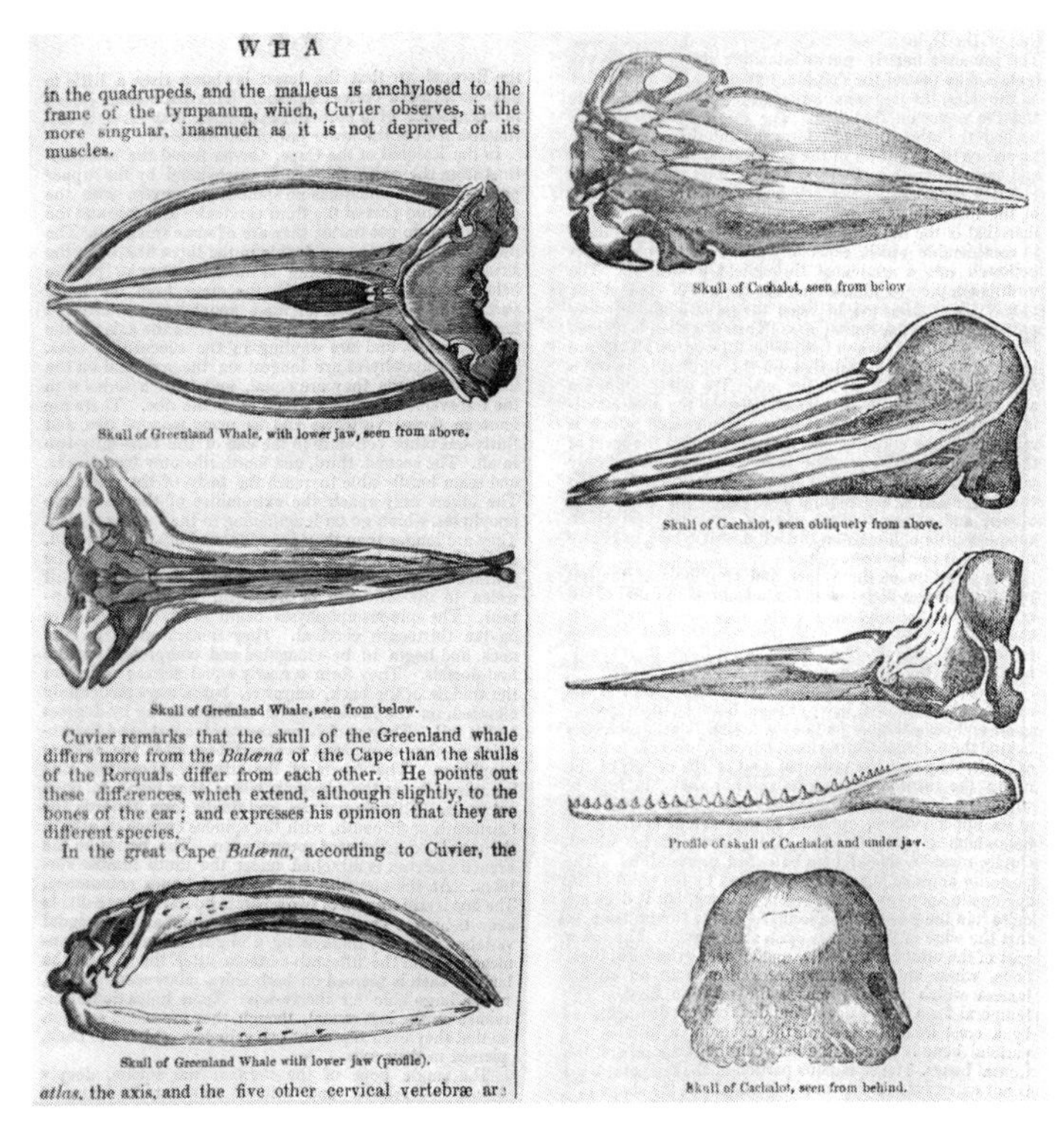
WHA

in the quadrupeds, and the malleus is anchylosed to the frame of the tympanum, which, Cuvier observes, is the more singular, inasmuch as it is not deprived of its muscles.

Skull of Greenland Whale, with lower jaw, seen from above.

Skull of Greenland Whale, seen from below.

Cuvier remarks that the skull of the Greenland whale differs more from the *Balæna* of the Cape than the skulls of the Rorquals differ from each other. He points out these differences, which extend, although slightly, to the bones of the ear; and expresses his opinion that they are different species.

In the great Cape *Balæna*, according to Cuvier, the

Skull of Greenland Whale with lower jaw (profile).

atlas, the axis, and the five other cervical vertebræ are

Skull of Cachalot, seen from below

Skull of Cachalot, seen obliquely from above.

Profile of skull of Cachalot and under jaw.

Skull of Cachalot, seen from behind.

図7　メルヴィルが見たヒゲクジラ（左）とマッコウクジラ（右）の頭蓋骨。彼が所蔵していた『ザ・ペニー・サイクロペディア』の「Whale〔鯨〕」の項に、数ページ離れて掲載されていたもの。

ては。イシュメールのような教養あるキリスト教徒の水夫に対しては、鯨の分類法への懐疑心を大目に見るべきだ、というのが私の主張である。

今日の科学者は、新たな情報に基づき分類法の改良を重ねている。細菌からシロイルカまで、種というものはつねに進化しており、その道筋は確固たるものでも一本限りのものでもない。これがダーウィンの説の要点の一つだった。どこまでが一つの亜種、あるいは種なのかという判断を巡って議論が起きるのは、単に偉そうな科学者が論争やなわばり争いをしているからではない（もちろん、その側面もありうるが）。科学者はむしろ、変化と進化がどれほど大きく、そして速く起きているのかの判断を下そうとしているのだ。どこまでが一つの生物種なのかと線引きをすることは、種の保全のためにも重大な意味を持つ。線引きができれば、狩猟や漁に関する規制を定めることができ、絶滅危惧種や侵入種に対する手立てをいつ、どのようにとるかを決められるからだ。とはいえ、こうした規制の枠組みや、保全目的での線引きの必要性については、メルヴィルの時代には実質的にほとんど知られていなかった。

メルヴィル、キュヴィエ、リンネ、そしてアリストテレスにとっては、動物の命名と体系化という行為はそもそも、生命の多様性を学ぶことを一番の目的としていた。ナヴォイチックのような生物学者に尋ねてみれば、それは今でも変わらない。科学的な命名法は有用であり、私たちが互いに同じ生物の話をしていると確認できるのも学名のおかげだ（一方、一般名は同じ国の中でもあまりに大きな地域差がある〔例：カワハギには日本各地でアオモチ、ギマ、ハゲ、シンバなどの異なる呼び名がある〕）。私がこの本で新しい動物の名前を出すたびに、リンネ式二名法の学名〔マッコウクジラの場合は「*Physeter* *macrocephalus*」〕を併記するのもそのためだ。自分自身をちょっと賢く真面目に見せたいがためでもある。イシュメールは「鯨学」の章でこんな見栄っぱりの性分をからかい、マッコウクジラの〔フランス語名は「cachalot」、ドイツ語名は「Pottsfich」（正しくはPottfisch）だと語った後に〕《長大語名は「Macrocephalus」だ》とリンネ式の学名に触れている。この「*macrocephalus*」という種名は、ギリシャ語でずばり「大頭」という意味だ。マッコウクジラ（特に雄）の頭部は体長の三分の一を占めることもあるから、うまく特徴をとらえた名前だ。ただ、動物学の世界の学名は今なお、ほぼ専門家の間でしか通じない特殊言語のままといえる。[*20]

イシュメールによる鯨の「書誌学的分類法」

生物の分類は、特に万人が興味をそそられる話題というわけではない（必要な分野ではあるが）。ロブ・ナヴォイチックがそう認識している通り、『白鯨』のイシュメールは自身の講釈に洒落気とユーモアを加えるべきだと知っていた。まずはごく簡潔に、「実用可能な」鯨の分類法を選んだ後、イシュメールは本の出版で使われる紙のサイズ（判型）を基にした「書誌学的分類法」での系統分類を始める。図書館や書店の棚で今よりはるかに多様な判型の本を目にしていた一九世紀の読者には、このジョークは今よりもっとわかりやすかったことだろう。最大のものは《二つ折り判（Folio）鯨》だ（図書館の「大型本」コーナーを思い浮かべてほしい）。彼は脚注で、次に大きい判型は四つ折り判（Quatro）なのだが、形が二つ折り判とは違って正方形に近いため、ここでは使えないと説明している。そこで、中小サイズの長方形の鯨本として、《八つ折り判（Octavo）》と《一二折り判（Duodecimo）》を取り上げている。

鯨という、多種多様な形態を持つ野生動物を文章（テキスト）として読み進めていくことで、そこにはありとあらゆるレイヤーの思考も重なっていく。認知、解釈、そして神学的探求について。神学については、神の著した「自然という書物」を読み解こうという試みの中で言及されることも多かった。作家であり、外科医であり、牧師の敬虔な息子であるグッドが、自らの一般向け科学書を『自然という書物』と題したのはそれゆえだ。ルイ・アガシーも、独自のやり方でキリスト教と文筆の両面から分類の統合に取り組んだ。アガシーとグールドは、全ての動物は「我々が『自然』と呼ぶ壮大な総体の一部として実現された、神の意図」の表れだと教えた。両者は、人間の最高の形態にのみ授けられた学問、自然史を探求する者は、学徒が文学作品に向けるのと同じ姿勢で研究に向き合うべきだと書いている。まずは「自分自身を著者の神的創造性に親しませていく」ための努力からだ。これはつまり、神の過去の作品や歩み、洪水と洪水の間に存在した、現在では化石と化した過去の世界、氷河時代、火山の噴火を理解することである。人類の最終、最新、最高形態を理解するために。[*21]

分類学、そして陸（おか）博物学者に対して船乗り的、大衆的な冷笑の限りを尽くすイシュメールだが、一九世紀の水夫の知識に対しては、その概要をかなり正確に、当時の実態を反映する形で「鯨学」の章に示している。彼が綴る名称や記述は、船乗りたちの航海日誌や、水夫である著述家、専門の博物学者の双方が出版した作品に記されていたものに忠実だ。実のところ、イシュメールによる解説の構成は、鯨の種類の調査についていえば、彼の引用したどの文献よりも（当時出版されていたほとんどの情報源と比べてもかなり）網羅的で、本格的で、整っている。イシュメールの分類学はもちろん、進化の樹の枝を理解するという意味では役に立たないが、登場する動物の当時の一般名や、現役の水夫が持っていた知識の記録としてはかなり正確なのだ。[*22]

章末の図8（84−85頁）に、イシュメールが「鯨学」で言及していたと思われる鯨の一覧を現在の知識と比較しながら簡単に示した。より詳細な説明を以下に載せる。メルヴィルが正確さを欲しながらも、（特に、読者を飽きさせず、話に起伏をつけるために）講釈中に少々の擬人観的ユーモア、派手さ、詩情を差し挟むイシュメールにはお構いなしだったことは評価しつつ。

「二つ折り判鯨」その一：マッコウクジラ

当時はもはや、マッコウクジラ（sperm whale）の頭部に詰まった鯨脳油（spermaceti oil）が精液（sperm）の類だとは誰も考えていなかった。イシュメールはその点をはっきりさせている。「sperm whale」の呼称は《不合理》だった。[*23]

イシュメールの語る『白鯨』のストーリーには、白鯨「モービィ・ディック」を地球最高の巨大生物と位置づけることが役立っている。イシュメールは、マッコウクジラは《疑いなく、地球最大の生息者である》と説明する。外科医ビールもまさに同じ主張をしていた。ここからは、たとえ捕鯨船生活を経験していても、「マッコウクジラよりも大きい」シロナガスクジラ（*Balaenoptera musculus*）に対しては、誰もがその体の全長を把握できるほど近づくことができたわけではなかったことが推測される。

ただし、ドクター・ベネットは体長一〇〇フィート〔約三〇メートル〕を超えるヒゲクジラ類のことを知っており、その知識は正しかった〔実際に体長三〇メートルを超えるシロナガスクジラが見つかっている〕。*24

「二つ折り判鯨」その二：セミクジラ

『白鯨』執筆中のメルヴィルは、北半球と南半球のセミクジラ類の違いについて続く議論のことも、北極地方のセミクジラ（しばしば「グリーンランド鯨」と呼ばれた）が独立した種であるという話も知っていた。後者の件については鯨捕りと博物学者が既に合意に至っており、ホッキョククジラ（*Balaena mysticetus*）は実はセミクジラとは別種なのだと決着がついていた。ホッキョククジラ〔bowhead whale：「湾曲した頭の鯨」〕はその名の通り、おでこにかけての起伏がセミクジラよりも大きい。ひげ板はセミクジラのものよりも長い。また、セミクジラ類の頭部とは対照的に、ホッキョククジラの皮膚はつるりとしており、カロシティ〔こぶ状の隆起。第15章で後述〕や、ヒッチハイカーたる無脊椎動物〔フジツボなど〕とは無縁だ。ホッキョククジラは北極圏からカナダの北端部沿岸にのみ生息する。

さて、ホッキョククジラが別系統と判断された後、セミクジラ類を三つの種に分類するまでには『白鯨』の時代から一世紀以上かかることとなった（その案自体は一八五〇年代から既に芽生えていたが）。今日、主にDNA分析により、生物学者はこの三種が世界各地の海を泳いでいるとの見解にほぼ完全同意している。すなわち、タイセイヨウセミクジラ〔North Atlantic right whale：「北大西洋のセミクジラ」〕、セミクジラ〔North Pacific right whale：「北太平洋のセミクジラ」〕(*Eubalaena japonica*)、ミナミセミクジラ(*Eubalaena australis*) である。これら三種は現在、地理的にも遺伝学的にも交わりがない[*25] (図9参照)。

メルヴィルが一八四〇年代に捕鯨船で働いていた頃、鯨捕りたちはイシュメールの言うように、ホッキョククジラとセミクジラ類をひとくくりに呼んでいた。「right whale」、「black whale」、「true whale」、あるいは単に「the whale」など。セミクジラ類は動きが遅く、沿岸部に生息し、鯨油をたっぷりと蓄えていたため、獲物として追うのに「ふさわしい (right) 鯨」と呼ばれていたのだ。実に、この鯨たちこそ商業用の捕獲 (沿岸部ではなく沖合での遠洋捕鯨) が初めて行われた鯨だった。一五〇〇年代、ひょっとするとそれ以前に、北大西洋の両岸でバスク人がこうした遠洋捕鯨を始めていた。近海での局地的なセミクジラ捕獲はさらに何世紀も前からヨーロッパで行われており (ひょっとすると北米でも)、バスク人、そしておそらくは他の様々な民族が捕鯨をしていた[*26]。

イシュメールはセミクジラ類を複数の種に分割しようとの提案の一切を直ちに退ける。《英国人の呼ぶ「グリーンランド鯨」と米国人の呼ぶ「セミ鯨」の間に差異が見出されると主張する者もいる。だが、両者はその重大な特徴において正確な一致を示す。》こうしてイシュメールは同時代の科学者に批判のひと突きをお見舞いする。もしかすると、それは特に英国人博物学者のジョン・エドワード・グレイに向けてのものだったかもしれない。大英博物館の動物学部門の学芸員長だったグレイは、生物種、とりわけヒゲクジラ類を細分化することで悪名高かった。《自然史の一部の分野がぞっとするほど複雑になったのは、最も決定性に欠ける差異に基づく、果てしない細分化によるものだ[*27]。》

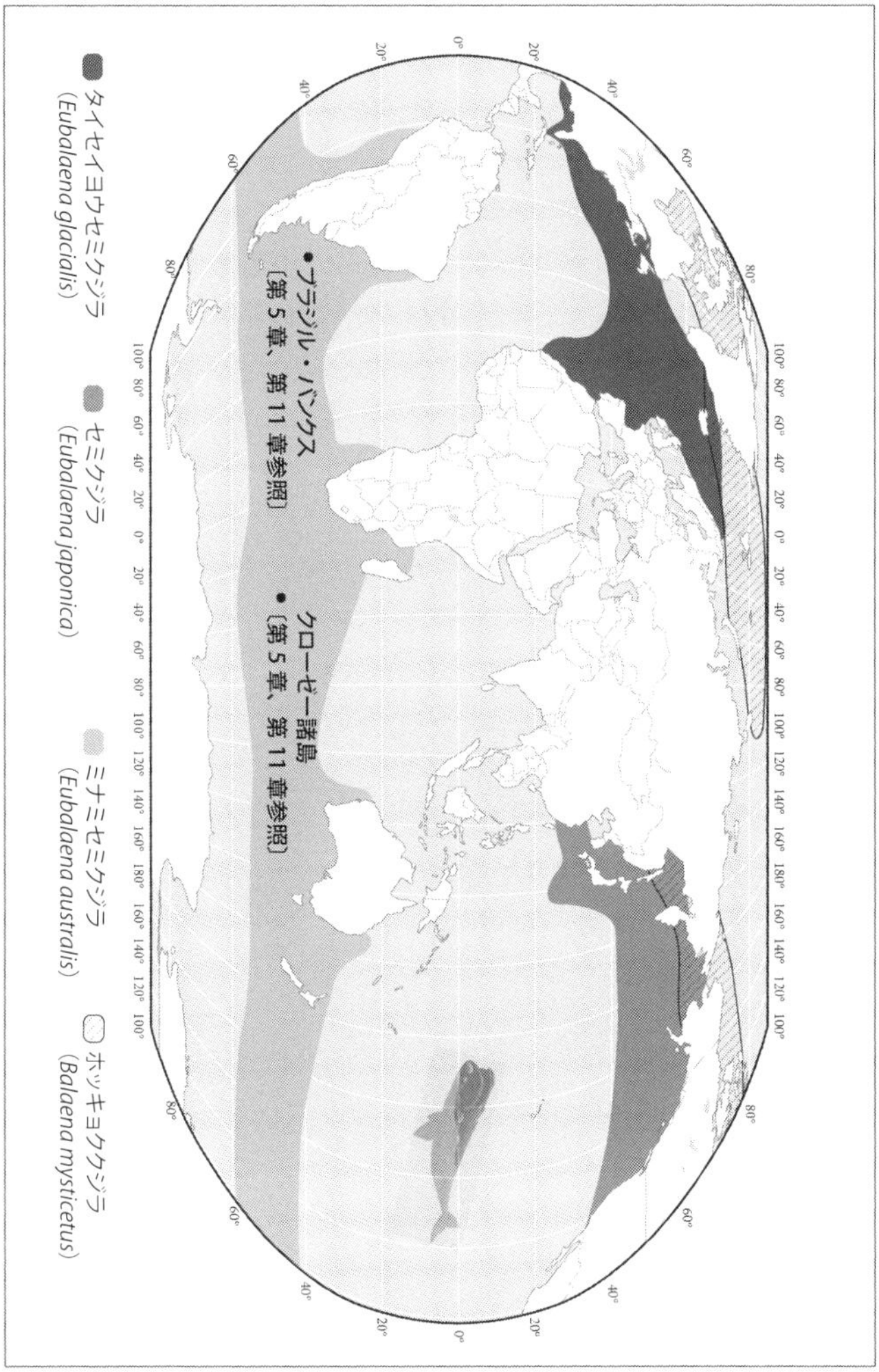

●ブラジル・バンクス
〔第5章、第11章参照〕

クローゼー諸島
●〔第5章、第11章参照〕

タイセイヨウセミクジラ
(*Eubalaena glacialis*)

セミクジラ
(*Eubalaena japonica*)

ミナミセミクジラ
(*Eubalaena australis*)

ホッキョククジラ
(*Balaena mysticetus*)

図9　セミクジラ類とホッキョククジラの既知の分布域。おそらく過去にはずっと広範囲だったと思われる。

「二つ折り判鯨」その三〜六：ナガスクジラ

「鯨学」でのイシュメールの分類からは、ヒゲクジラ類を観察し、命名する上での難しさが見てとれる。今日でさえ、船のデッキに立つ人が遠くからヒゲクジラを見てそれがどの種かを特定するのは難しい。イシュメールの言う《背びれ鯨（Fin-Back）》、《背丸め鯨（Hump Back）》、《剃刀背鯨（Razor-back）》、《硫黄腹鯨（Sulphur Bottom）》はナガスクジラ科（Balaenopteridae）に属する鯨たちで、現在ではまとめて「ロークァル（rorqual）」と呼ばれる。この「rorqual」という呼称は、ノルウェー語で畝（うね）を表す言葉〔諸説ある〕から来ている。ナガスクジラ科の鯨は皆、顎の下の皮膚にひだがあるからだ。採餌の際、ペリカンのように大きく口を開けられるようになっている。イシュメールはこれらの鯨を「捕獲不可能な鯨」〔第81章「ピークォッド号、処女号にあう」〕と称した。ナガスクジラ類はどれも柱のように高く潮を吹き上げ、その様子は互いによく似ている。あまりに素早く泳ぎ去り、あまりに姿を捉えにくい。仮に銛を打ち込むことができたとしても、その体を鯨捕りたちが引き上げられることは皆無に近かった。ナガスクジラ類を追うのは時間の無駄だった。イシュメールは作中で後に、このことを暗喩として用いている。デリックという名の不運な船長が、仕留めることのできない鯨を追跡する様を見て、イシュメールはこう言うのだ。《おお！　友よ、世にナガス鯨のたぐいはおおく、デリックのたぐいもまたおおし。Ⓨ》〔第81章「ピークォッド号、処女号にあう」[*28]〕

一九世紀中期の書き手たち、船乗りたちも、イシュメールの「二つ折り判鯨」に出てくるのと同じ一般名を使っていた。背びれ鯨、背丸め鯨、硫黄腹鯨。剃刀鯨の名が使われることはやや少なかった。これらナガスクジラ類についてのイシュメールの描写は、現代の記述や呼称に照らしても正確だ。現在、ナガスクジラ科が八つの種に細分されているのに対し、イシュメールはそれらをわずか四種にまとめていたという違いこそあるが。現在「フィン・ウェイル（fin whale：ヒレ鯨）」と呼ばれるナガスクジラ（*Balaenoptera physalus*）は、イシュメールによる「背びれ鯨」の説明通り、著しく尖った背びれを持ち（彼が言うほどの高さには達しないが）、高くまっすぐに潮吹きを行う。「背丸め鯨」ことザトウクジラ（*Megaptera novaeangliae*）も、イシュメールの言う通り、他の鯨より大きなこぶを背中に持ち〔潜水時に背中を丸める様子にちなんだ名とも〕、頻繁にブリーチング〔体を水上に出し、水面に叩きつける〕をして立派なヒレで水を打ったり、潜水時に尾びれ全体を水面に突き出したりする（また、ザトウクジラは他のナガスクジラ類より同定や捕獲がしやすい。潮吹きが他の種より短く頻繁で、胸びれが並外れて大きく長いため見分けがつく）。イシュメールのいう「硫黄腹鯨」は私たちが知るところのシロナガスクジラで、実際に「硫黄色の腹」をしていることも多い。この腹部を覆う黄色が実は珪藻（微小な藻類）の膜によるものだということを、科学者が一九二〇年代に見出している。[*29]

さて、「剃刀腹鯨」は正体を突き止めるのが難しい。イシュメールいわく、この鯨は背中しか見せず、「長く鋭い稜線」のみを水面に浮かび上がらせる。それらしき様子があるのはイワシクジラ（*Balaenoptera borealis*）で、他の種ほど潜水時に背中を丸めない。また、下に潜る時もめったに尾びれの先を水面に出さないようだ。[*30]

しかし、メルヴィルの時代には、様々な鯨捕りがこうした名前全てを実際に使っていた。彼らはわずかな時間で捉えた特徴を基に鯨を呼び分けており、おそらくは重複や取り違えもあったことだろう。例えば、ニタリクジラ（*Balaenoptera edeni*）、それよりもずっと小さなミンククジラ（*Balaenoptera acutorostrata*）、あるいはコククジラ（*Eschrichtius robustus*）（背中の隆起がさらに大きい）を目にした時でさえ、先述の呼び名を使っていたかもしれない。これらのヒゲクジラは互いに様々な点で似通っており、野生で、とりわけ離れた距離から見かけた時には紛らわしい。ザトウクジラを除いて、鯨捕りたちはナガスクジラ類の隣に船を並べることはほとんどなかった。イシュメールはこれら「鯨ひげクジラ」に「いくつかの種類」があることを認めている。*31

「八つ折り判鯨」：中型のハクジラ

イシュメールが《黒鯨（Black Fish）》と端的に呼ぶのはゴンドウクジラ属（*Globicephala*）で、現代でも「ブラックフィッシュ（blackfish）」と呼ばれている。紛らわしいことに、同じ名前がシャチ（*Orcinus orca*）、シャチモドキ（オキゴンドウ：*Pseudorca crassidens*）、カズハゴンドウ（*Peponocephala electra*）などにも使われることがある。ゴンドウクジラ属を「blackfish」とする一般名は、大西洋の東西の沿岸でも、洋上でもよく知られていた。イシュメールによる正確な説明の通り、鯨捕りたちはしばしばこれらの鯨を銛打ちの練習として捕獲し、マッコウクジラよりも少量ではあるが鯨油を得ていた。〔第1章で手記を引用した〕ジェイムズ・オズボーンは、チャールズ・W・モーガン号での航海中にしばしばこの鯨たちのことを記し、日記に一頭の絵を描いている。ディーン・C・ライトも、海獣たちの絵のペー

図10　中型のハクジラ類の挿絵。
左、右：フレデリック・ベネット『世界捕鯨航海記』（1840年）
中央：ウィリアム・スコーズビー・ジュニア『北極地帯の報告』（1820年）

ジに大きく「blackfish」を描いている[*32]（図3最上部）。

ゴンドウクジラの上向きの口を、イシュメールは悪魔のような「メフィストフェレス的な笑み」と言い表す。「ハイエナ鯨」という呼称はそれに合わせた彼の創作のようだ。ドクター・ベネットの本でメルヴィルが見た図では、このにやりとした口元が強調されている（図10）。今日、中型・小型のハクジラが持つこの顔貌は「人懐こい笑み（friendly smile）」と擬人的に称されることが多い。

《グランパス（grampus）》、《キラー（killer）》、《スラッシャー（thrasher）》など、イシュメールの八つ折り判鯨についていた一九世紀の一般名は、さながら世界各地でのロブスターやザリガニの呼称のように、流動的で地域差があったようだ。「grampus」は当時、中型のハクジラのうちゴンドウクジラとは判断し難いものを指す、かなり流動的な名だったようだ。同じ名前で呼ばれることのあったシャチ（killer whale）は、一部で「thrasher」とも呼ばれた。より小型で明るい灰色のハナゴンドウにもグランパスの名が使われ、一八一二年にはキュヴィエによって「*Grampus griseus*」の学名がつけられた。歴史学者のマイケル・ダイヤー〔ニューベッドフォード捕鯨博物館学芸員〕が当時の航海日誌を調べた中で、「grampus」と付記された絵はたった一つしか見つかっておらず、その絵はむしろアカボウクジラ類（オウギハクジラ属［*Mesoplodon*］、もしくはアカボウクジラ［*Ziphius cavirostris*］）のようだった。貿易商であり、後に自身の名を冠した捕鯨船を所有したチャールズ・W・モーガンは、一八三〇年にニューベッドフォードで鯨の自然史の講演をした際、シャチはグランパスの一つの型に過ぎない「小さな鯨」だと説明している。とはいえ、当時の船乗りや書き手の中には、聖職者だったチーヴァーのように、「grampus」、「killer」、「thrasher」の三つの名をしっかりと区別していた者もいる。ただ、歴史的に万人の間での統一見解はなかった。[*33]

「一二折り判鯨」：イルカ

メルヴィルの時代の科学文献にも、イルカを指す上で「ドルフィン（dolphin）」という名が今日と同じように使われることは時折あった。だが、「dolphin」は近年まで、現在ドラド（dorado：黄金）やマヒマヒ（mahi-mahi：強い）と呼ばれる魚、シイラ（*Coryphaena hippurus*）を指すために使われることのほうが多かった（図11）。

また、当時の米国の鯨捕りが「ポーパス（porpoise）」というときには、現在様々な一般名で呼び分けられている分類群（smaller porpoise、coastal porpoise、blunt-nosed porpoise、larger dolphin、pelagic dolphin、long-snouted dolphin）のいずれかに当たる種を指していた。イシュメールはそれらの名を互いに入れ替えて使う。混乱しそうだ（学名を使ってくれればよかったのに！）。

図11　オリヴァー・ゴールドスミス『地球の歴史、および生命ある自然（*A History of the Earth, and Animated Nature*）』の図（1807年）。
マヒマヒ〔上から4番め〕に「Dolphin」と記されていることに注目。この図は『白鯨』第55章「怪異なる鯨の絵について」でイシュメールが鯨とイッカクの描写を揶揄していたものでもある。

〔「dolphin」についても同様で、〕『白鯨』第55章「怪異なる鯨の絵について」で、製本屋の商標として用いられた「錨に絡みつくドルフィン」の図について語る時には、海棲哺乳類であるイルカの話をしている。一方、第61章「スタッブ、鯨をあげる」で、インド洋の豊饒の海域が《ポーパス、ドルフィン、トビウオ、その他の活気ある連中Ⓨ》でいっぱいだと述べる場面では、「ドルフィン・フィッシュ（dolphin fish）」こと、シイラのことを指している。シイラはトビウオを捕食することが知られ、鮮やかな虹色の鱗を持つことから航海日誌にもよく記録されていた。*34

世界各地で見られ、船の舳先の下で波に乗って泳ぐ大型の遠洋性イルカの中でも特によく知られているのがハンドウイルカ（バンドウイルカとも）属（*Tursiops*）のイルカだ。他にも数種が船首波で波乗りをする。これらのイルカは皆、イシュメールの言う《バンザイイルカ（huzza dolphin）》に当てはまるかもしれない。*35

イシュメールは、船首に集まるイルカの波乗りに鯨捕りが胸躍らせ、抗いがたい魅力を感じていたことに気づいていた。イルカの荒っぽい遊びと思われる波乗り行動に、鯨捕りたちは「万歳（huzza）！」の叫びを発さずにはいられない。もちろん、今でもその感覚が古びることはない。洋上で手すりから身を乗り出し、船の舳先ですいすいとターンやジャンプを繰り返すイルカたちを見るのは魅惑的な体験だ。ただ、イシュメールはこの軽快な話をさっと切り上げ、イルカからは良質の油と美味なる肉がとれるとの説明に移る。この先、『白鯨』第65章「美食としての鯨」との関連の中で再びこの話題を取り上げるが、そこでわかるのは、イルカ食がわずか一世紀そこらのうちに、米国の大部分の文化の中ではペットの犬や猫を殺して食べるのと同類の行為とみなされるようになった過程である。

〔イシュメールが続いて挙げる〕《アルジェリアポーパス（Algerine Porpoise）》という名は、当時の鯨捕りの二、三の日誌に出てくる。これも、やや大型のイルカの種にすぎないのだろうか？　メルヴィルはこの名を自身の洋上生活で知って覚えていた可能性がある。というのも、彼が発表している鯨の資料はどれもこの名には言及していないからだ。当時、アルジェリアから来た荒くれ者の海賊たちがしばしば物語の題材になっており、イシュメールは少なくともこの点を揶揄している〔「アルジェリアポーパス——海賊。極めて凶暴[36]」〕。

「一二折り判」として他に挙げられているのは、「イッカククジラ（Narwhale）」〔イッカク（narwhal）〕。実際は「八つ折り判」に入れられている〕と「コナクチイルカ（Mealy-mouthed Porpoise）」、別名「セミ鯨イルカ（Right Whale Porpoise）」〔現在のセミイルカに相当〕だ。これらは当時もよく知られており、識別も易しかった。ゴールドスミスの『動物誌』の悪名高きイッカク（図11〔上から二番め〕）は別として、メルヴィルはこれら小型のハクジラの正確な図や説明文を目にしていた（図10）。イッカクはまた、船員室での冗談や、イッカクが鯨の本を読むという暗喩★の種にもなっている。

船首楼（フォクスル）での呼び名

イシュメールは他にも多数の鯨の呼び名を知っており、その中には今の読者にも馴染みのものもある。メルヴィルの蔵書から採られたものもあれば、個人的にはパンチを効かせるための創作ではないかと思うものもある。それらの研究の完成は今後の匠の手に委ね〔「鯨学」終わりのイシュメールの口調にならった表現か〕、ここでは一例を挙げるにとどめよう。環境史〔人間と自然の関わりを研究する学問〕の研究者たちの一部は、「ヤセ鯨（Scragg Whale）」という名（少なくとも米国北東部のニューイングランド地方では一七二〇年代に使われていたという）がタイセイヨウコククジラを指していたのではないかと論じている。大西洋のコククジラはこの頃に、おそらくは人間の捕鯨により絶滅したようである[*37]〔一七四〇年代以降、目撃例が途絶えている〕。

メルヴィルはなぜ「鯨学」の章を入れたのか？

『白鯨』は、強迫観念に取り憑かれた強権的な船長が巨大な伝説の鯨を仕留めようとする小説だ。メルヴィルはなぜ、そこにこうした鯨やイルカの説明を入れようと考えたのだろう？　もし、編集者が「鯨学」の章を割愛するようメルヴィルを説得していたら、ストーリーにどんな変化が起きていただろうか。

「鯨学」は『白鯨』の中でイシュメールが初めて自然史を論じる章であり、脚注がつく初めての章であり、それまで伝統的な形の語り手として自己の体験を語ってきたイシュメールの存在が初めて薄れ、変化するように感じられる章である。彼はもはや間抜けな新米水夫ではなく、捕鯨の世界を生き抜き、鯨のことを研究してきた、今やその分野に一家言ある研究家となっている。「鯨学」でイシュメールは事実に基づく素材を組み合わせ、人間と鯨の関係性についての雄大なストーリーを紡ぎ始める。物語の卓越性を高めるのは、ひとえにその信頼性である。イシュメールは、海に出て自らの手で鯨を仕留めてきた者のみが、この話を適切に語ることができるのだと宣言する。また、語り手は米国人でなければならない。英仏の捕鯨は気取った紳士たちのお遊びだからだ。かの地の科学者は薄暗いヨーロッパの自宅で骨やひげ板の複雑な問題を論じる一方、太平洋から帰還した自国の医師の話にはきちんと耳を傾けない。イシュメールは「鯨学」を論じる中で、このマッコウクジラの壮大な真の物語を語るべき者は、米国の鯨捕りであるこの自分しかいないのだと熱弁をふるう。

イシュメールも認めるように、鯨の分類学の草案を作り上げる「鯨学」の試みは未完に終わっているが、この失敗は海の生き物が根本的にはその全貌を見通せない存在であることも浮き彫りにする。この不可知性が、彼の語るストーリーの重要性と緊張感を高めている。それでも、イシュメールはこの章でマッコウクジラこそが地球の動物の中で最大の存在、大いなる連鎖の最上位であると確信を持

★牙が変形してできたツノは左寄りに偏って生えており、イッカクが政治パンフレットを読むことがあれば、ページを押さえておくのに便利なのではないか、とイシュメールは述べている。

って論じ、王の中の王、モービィ・ディックを持ち上げ続ける。

二一世紀の読者にとっての「鯨学」の最大の意義は、次のような点にあるかもしれない。もし、この章がイシュメールを一人の登場人物、自然哲学者として位置づけるものであり、その探検と生存劇がダーウィンの進化理論を予見するものになっているとしたらどうだろう？　ダーウィンは世界に対する私たちの見方を一変させた人物だ。「鯨学」でイシュメールはアガシーの考えを好み、マッコウクジラをあらゆる鯨の上に、そして人間をあらゆる動物の上に置く、生き物の不変の鎖の概念を好んだ。しかし、小説の結末では人間はもはや王座にいない。イシュメールは自身の話を語る中で、ポスト・ダーウィン時代の語り手へと変化していったのだろうか？

「鯨学」の少し後、第36章「後甲板」で、エイハブ船長は部下である一等航海士のスターバックに対して憤怒をぶつける。結局のところ、神は人類を万物の長に選びはしなかったのかもしれないという現実に対する怒りだ。マッコウクジラという動物は、神の目には人間と同等なのかもしれない、それどころか人間以上に好まれているのではないだろうか。あるいは、そもそも神などいないのだとしたら？　道徳など持たずに生存と生殖のために格闘する生物種を形づくってきた、運命でこそないが、漸進的で、予測可能で、時に無作為で、かつ急速な環境条件の変化。そこにあるのは、アガシーの思い描いた進歩主義でも階層構造でもない、ダーウィンの描く生命の樹だ。ダーウィンは『種の起源』を、人間を万物の中心の地位から引きずり下ろして締めくくる。

《かくして、自然の戦いから、飢饉と死から、我々の考えつきうる最も崇高な物事、すなわち高等動物の創出が、直接の結果として導かれるのである。この生命観には壮麗なものがある。生命が最初はわずかな、あるいはたった一つのものに、そのいくつかの力とともに吹き込まれたという見方、そして地球が不動の重力法則に従って周回を続けてきた間、かくも単純な始まりから、極めて美しく極めて驚くべき種類が進化してきたのであり、今も進化しつつあるという見方である。[*38]》

もしエイハブがたった一頭のマッコウクジラに勝利できず、復讐を果たせなければ（その鯨が仇の代理となる個体であれ、仇そのものであれ）、それは人類にとっていかなる意味を持つだろうか？

新たな千年紀を目前に控えた二〇〇〇年、現代米国の環境保護主義の始まりからは三〇年が経っていたが、人間の活動による気候変動についての世間での議論はまだあまり行われていなかった。この年、作家であり研究家のエリック・ウィルソンが短い随筆を発表した。その文章はあまり人々の記憶に残っていないが、このような宣言がある。《メルヴィルは単にアマチュア鯨学者だったのみならず、説得力があり、革新的な生物学研究家でもあった。のちにダーウィンが提示し、最も聖像破壊（大切にされているものや定着しているものを破壊すること）的な概念群に、それらが活字となるよりも一〇年近く前から直観的に（実証的にではなかったにしても）気づいていたのである。それは、科学者ダーウィンによる生物の大いなる鎖の歴史的解体の予兆であった。[*39]》

II. 黒鯨（Black Fish）	Black Fish	*Phocæna sp.*〔*Phocæna* 属の一種〕	ゴンドウクジラ（pilot whale または blackfish）	*Globicephala spp.*（Traill, 1809）〔*Globicephala* 属の複数種〕
III. イッカク鯨（Narwhale）	Narwhal	*Monodon monocerus*	イッカク（narwhal）	*Monodon monoceros*, Linneaeus, 1758
IV. キラー（Killer）	Killer, Grampus	*Phocæna orca*	シャチ（killer whale または orca）	*Orcinus orca*（Linnaeus, 1758）
V. スラッシャー（Thrasher）	Thrasher, Killer	〔ベネットによる言及なし．ただし，Hamilton（1843）では「Killer」と同義とされた．Cheever（1850）では別種とされた〕		
一二折り版鯨（Duodecimoes）				
I. バンザイイルカ（Huzza Popoise/Huzza Dolphin）	Porpoise, Common Dolphin Spinner Dolphin	*Delphinus delphis*	マイルカ（short-beaked common dolphin） ハンドウイルカ（common bottlenose dolphin） ハシナガイルカ（spinner dolphin） などの複数またはいずれか	*Delphinus delphis*, Linnaeus, 1758 *Tursiops truncatus*（Montagu, 1821） *Stenella longirostris*（Gray, 1828） などの複数またはいずれか
II. アルジェリアポーパス（Algerine Porpoise）	〔これも「Ocean Dolphin」とされていた種の一つか?〕	〔ベネットによる言及なし．Murphy（1912）ではアカボウクジラ類の一種として記録〕		
III. コナクチイルカ（Mealy-mouthed Porpoise）	Right Whale Porpoise〔セミ鯨イルカ〕	*Delphinus peronii*	シロハラセミイルカ（Southern right whale dolphin）または セミイルカ（Northern right whale dolphin）	*Lissodelphis spp.*（Lacépède, 1804）〔*Lissodelphis* 属の複数種〕

図8　イシュメールの「鯨学」に登場する鯨の種。現代の学名の後のカッコは、その種が当初の命名後に別の属に再分類されたことを示す。詳細は巻末の「図の引用元と補足」を参照のこと。

メルヴィルによる呼称	19世紀の水夫や博物学者が用いた一般名	19世紀の学名（Bennett（1840）による）	21世紀の一般名〔標準和名または日本語名（英名）の順〕	21世紀の学名
二つ折り版鯨（Folios）				
I. マッコウ鯨（Sperm Whale〔精液鯨〕）	Sperm, Spermaceti, Cachalot	*Physeter macrocephalus* *Catodon macrocephalus*	マッコウクジラ（sperm whale）	*Physeter macrocephalus*, Linnaeus, 1758
II. セミ鯨（Right Whale〔獲物として「ふさわしい鯨」〕）	Right, Black, True, Greenland など	*Balæna mysticetus*（一般名：Greenland） *Balæna australis*（一般名：Cape Whale または Southern Right Whale）	タイセイヨウセミクジラ（North Atlantic right whale） セミクジラ（North Pacific right whale） ミナミセミクジラ（southern right whale） ホッキョククジラ（bowhead whale）	*Eubalaena glacialis*, Müller, 1776 *Eubalaena japonica*, Lacépède, 1818 *Eubalaena australis*, Desmoulins, 1822 *Balaena mysticetus*, Linnaeus, 1758
III. 背びれ鯨（Fin-Back）	Fin-back	［ベネットは一般名を挙げたのみで学名は記していない］	例：ナガスクジラ（fin whale）	*Balaenoptera physalus*（Linnaeus, 1758）
IV. 背丸め鯨（Hump Back）	Humpback	*Balæna gibbosa*	ザトウクジラ（humpback whale）	*Megaptera novaeangliae*（Borowski, 1781）
V. 剃刀背鯨（Razorback）	Razor-back	*Rorqualis borealis*	例：イワシクジラ（sei whale）	*Balaenoptera borealis*, Lesson, 1828
VI. 硫黄腹鯨（Sulphur Bottom）	Sulphur Bottom	［ベネットはイワシクジラ〔「V. 剃刀背鯨」の一種と考えられる〕とひとまとめに考えていたようである］	例：シロナガスクジラ（blue whale）	*Balaenoptera musculus*（Linnaeus, 1758）
八つ折り版鯨（Octavos）				
I. グランパス（Grampus）	Grampus, Killer	例：*Phocæna orca*	例：ハナゴンドウ（Risso's dolphin），アカボウクジラ類（beaked whale）の双方またはいずれかなど	*Grampus griseus*（G. Cuvier, 1812），*Mesoplodon spp.*〔*Mesoplodon* 属の複数種〕, *Ziphius cavirostris*, G. Cuvier, 1823 の複数またはいずれかなど

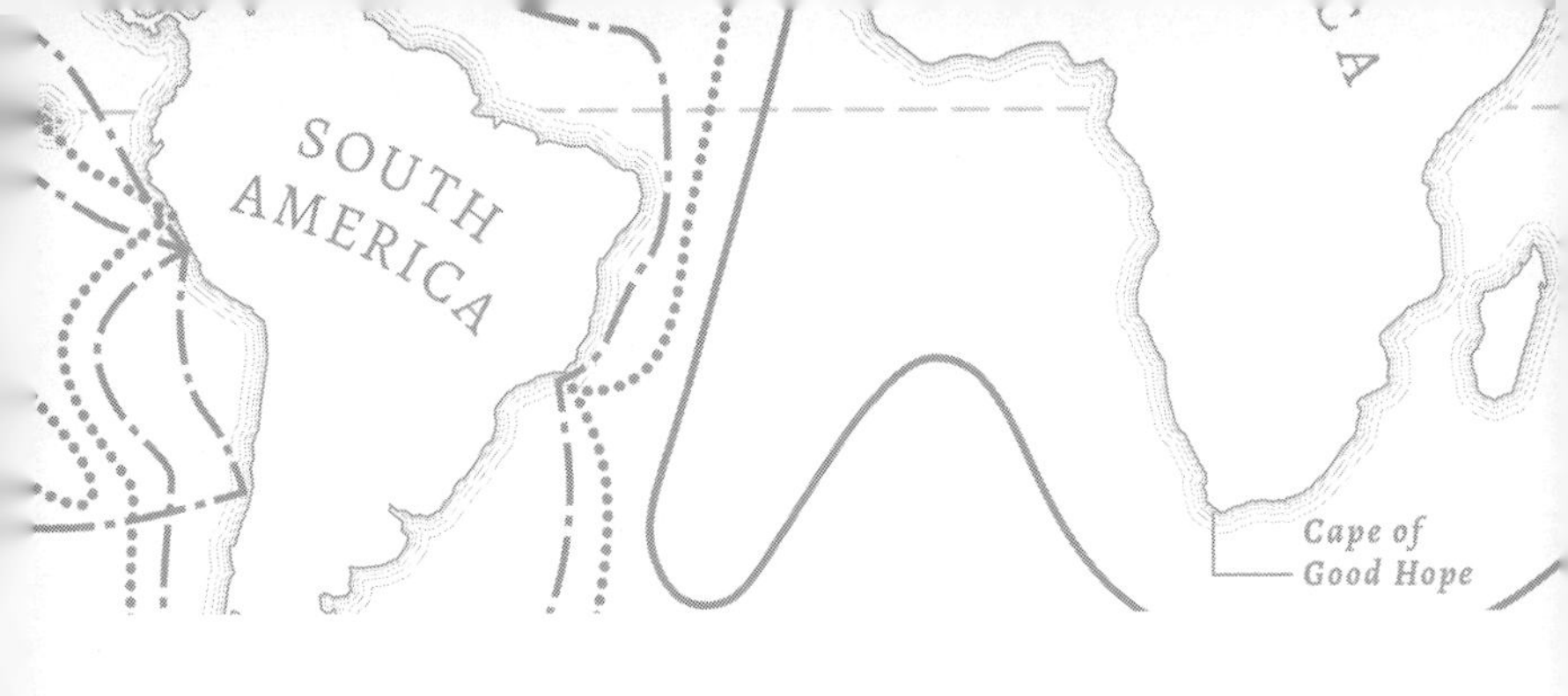

第4章　白い鯨と自然神学

おぬしらのうちのだれにせよ、このわしに、眉間にしわのよった、あごのまがった白い頭の鯨を見つけてくれた者には――（…）右舷の尾びれに三つ穴のあいた白い鯨を（…）――この一オンス金貨を進ぜよう！Ⓨ

エイハブ船長（第36章「後甲板」）

一八三四年二月一九日、外科医ビールがロンドンの書机でマッコウクジラの研究に勤しみ、鳥類・植物学者のトーマス・ナトールが大陸間探検隊の一員として太平洋に乗り出すべく（彼はハーヴァード大学を辞職し自らの決意を示していた）フィラデルフィアで準備を進めていたその時、ラルフ・ワルドー・エマーソンは馬車に乗ってボストンを移動していた。エマーソンはのちに日記にこう記している。

《馬車で乗り合わせた水夫が、「白い鯨」と呼ぶある老いたマッコウクジラの話をしてくれた。鯨捕りたちに「オールド・トム」の名で長年知られたこの鯨は、自分に攻めかかってきた捕鯨ボート群に突撃し、顎で粉々にしてしまった。男たちはおおかた船外に飛び出して、引き上げてもらえるのを待ったとか。彼曰く、ニューベッドフォードで彼を雇うという船が見つかり、そこから最終的に、ウィンズロー号だかエセックス号だか〔いずれも捕鯨船〕でパイタ岬〔ペルー〕沖まで連れて行かれたとか。彼は嵐のことを事細かに語ってくれたが充分に聞き取れなかった。聞こえたのは「海全体が羽根みたいに真っ白だった」ことだけだ。[*1]》

エマーソンはこの時、自分が後に米文学で最も有名な動物となる存在の着想源を記録しているとは気づいていなかったことだろう。

『白鯨』に着想を与えた二大冒険譚

エマーソンが馬車で乗り合わせたこの船乗りは、次の二つの逸話を撚り合わせて一つのストーリーを紡ぎあげていたようだ。メルヴィルも後に『白鯨』で同様のことをしている。

捕鯨船エセックス号は一八二〇年にマッコウクジラから二度の襲撃を受け、太平洋東部赤道域に沈んだことで有名だった。数少ない生還者の一人、一等航海士のオーウェン・チェイスは、後に捕鯨船ウィンズロー号の船長になった。彼が船長となるのはこれが初めてで、エセックス号の惨事の直後に船の指揮を任されたのだった。チェイスはウィンズロー号で再び太平洋に向かった。しかし、エセックス号を沈めたのが果たして白い鯨だったのか、ウィンズロー号の船上にあったチェイスが『白鯨』のエイハブ船長のごとく、エセックス号を襲った特定の一頭の鯨を追い求めていたのか、あるいは、彼自身がそもそも一頭の鯨でも仕留めることがあったのか、どの記録も示唆してはいない。ウィンズロー号で太平洋に向かい、ナンタケットに帰還したチェイスの航海の収支は黒字で、エセックス号に比べると平穏なものだったようだ。これが一つめの話である。

エマーソンが出会った水夫の話の元になったであろう二つめの逸話は、「オールド・トム」の名がついていたと思われる白い鯨についてのものだ。イシュメールが第45章「宣誓供述書」で説明するように、彼は小舟に乗り込んだ鯨捕りたちを追い返し、彼らと体当たりでぶつかった、名前のついたマッコウクジラの話をいくつか聞いていた。エマーソンが先の日記を書いてから五年後、作家で冒険家のジェレミア・レイノルズが「モカ・ディック、あるいは太平洋の白鯨」を発表した。これは、アルビノ〔先天性の色素欠乏〕、あるいは少なくとも全身の傷によって体が白く見える、好戦的なマッコウクジラについての話だ。レイノルズはこの作品（一部もしくは全体が創作だろう）を雑誌『ニッカーボッカー』に発表した。モカ・ディックは体長七〇フィート〔約二〇メートル〕の雄鯨だという。レイノルズはこう書いている。《加齢、あるいはおそらく先天性の奇形によって、エチオピアのアルビノの例に見られるような、稀な影響がもたらされていた――**彼は羊毛のように真っ白だったのだ！**》また、一八九二年に『シカゴ・デイリー・トリビューン』に掲載された記事の筆者は、五頭の「悪しき鯨たち」が知られる中で、モカ・ディックは間違いなく実在した個体であり、二〇年近くの間に十数艘の捕鯨ボートの沈没、三隻の捕鯨船の損傷、三〇人は下らぬ水夫の死を招いたと主張している。レイノルズの物語の「モカ・ディック」は最終的にチリ沖で殺されるが、先述の記事の筆者の主張では、一八五九年にスウェーデンの捕鯨船が、老い、満身創痍で、視力を失いかけたモカ・ディック（体は白くなかったが、長く白い傷跡があったという）をブラジル沖で捕獲したという。[*2]

ところで、「モカ（Mocha）」というのはチリ沖にある島〔モチャ島〕の名前だ。当時賑わっていた鯨の漁場に近い。「ディック」は、今や古びた「リチャード」の愛称だ。メルヴィルが自作の白鯨になぜ「モービィ」の呼称を選んだかについては諸説あり、確かなことを知る人はいない。[*3]

『白鯨／モービィ・ディック』の執筆前、メルヴィルが「モカ・ディック」の物語を読んでいたか、少なくともその伝承版の一つを船首楼（フォクスル）で耳にしていた可能性は高い。ひょっとすると海上でチェイスの息子に出会っていたかもしれない。その後、メルヴィルはオーウェン・チェイスがエセックス号の沈没について出版した手記を読み、『白鯨』完成前には自分でも一冊を手に入れていた。『白鯨』では、イシュメールが冒頭の「抜粋」でオーウェン・チェイスの文章を引用し、その後、第45章「宣誓供述書」でエセックス号の話を《鯨捕りである私が実地で経験した、あるいは信頼できるものとして見聞きした》出来事の一つとして語り直している。この章でイシュメールは、鯨捕りたちが鯨の各個体を身体的特徴によって実際に見分けられたこと、水夫たちが白い鯨を見たり殺したりしていたことを証言しようとした。《大海に知れ渡る》名前のついた四頭の《有名な鯨》を列挙する中で、イシュメールは「ニュージーランド・トム」（「あらゆる船舶にとっての脅威」だったという）と「ティモール・ジャック」（「氷山のように傷だらけだった」）を挙げている。これらはいずれもドクター・ベネットの自然史でメルヴィルが目にしていた、名前のついた鯨の個体だ。ベネットは「ニュージーランド・トム」を「白いこぶによって明確に識別できた」と書いている。*4

自然神学

馬車で乗り合わせた船乗りから「オールド・トム」についての話を初めて耳にした一八三四年二月、エマーソンが服を何重にも着込んでいたことは想像に難くない。というのも、一八三〇年代のニューイングランド地域は今以上に凍てつく寒さで、ボストンの平均気温は現在より二度〔華氏で四度近く〕も低かったからだ。それを遡ること二ヵ月前、エマーソンはボストンの自然史博物館で「自然史の用途（The Uses of Natural History）」と題した講演をしている。ここで彼は、自身に人生を変える衝撃をもたらした、直前のヨーロッパへの旅について説明している。彼はこの旅の中で、パリ植物園にある巨大な自然史資料館を見て回った。「自然史の用途」の講演で、エマーソンは自然史の研究が人類に明白な経済的利点をもたらすのはもちろんだが、それ以上に、神の創る自然界を研究することは、各人が精神と身体を向上させる一つの道なのだと説いている。彼曰く、自然科学について知ることで、自然界の中にある真実と〔神の〕構想（design）を《見つめることから湧き上がる楽しみ》も得ることができるという。*5

エマーソンの思想は、この講演や、超越論者としての自身の立場を明らかにした一八三六年の『自然論』に示されているように、現代では広く「自然神学」の一部と定義されるものだ。聖書の教えを生物学・地質学的な知識の発展の中に織り込んでいこうとする試みである。後の時代には、生物変移説〔生物の種は不変ではなく、連続的に変化してきたものだという考え方〕を取り上げた一八四四年の『創造の自然史の痕跡（*The Vestiges of the Natural History of Creation*）』（英国のロバート・チェンバース著）や、その後のダーウィンの『種の起源』など、信仰面での激しい反発を招きながらもベストセラーとなった書籍の数々が刊行されているが、それ以前には宗教的教義と自然界の驚異を綿密に調査することの間に人々の葛藤や公的な議論が生じることは稀だった。エマーソンやアガシーらにとって、少なくとも一七〇〇年代初頭のニュートンの時代に戻り★、神が構想した自然のしくみを探究するという姿勢に立ち返ることは、創造主の神的創造性、神の慈悲を祝福する方法だった。メルヴィルの生きた一九世紀中盤、科学とキリスト教信仰の間に文化的な戦争はなかった。ダーウィンが全てを揺るがす前のこの時代、エマーソンとアガシーは米国の自然神学の先頭に立つ代弁者だった[*6]。

メルヴィルは一八五一年に、彼自身の自然神学を基に、それを海に向けて『白鯨』を書き上げた。畏敬の念を呼び起こす壮大な神の創造物の数々を讃えるべく、イシュメールはマッコウクジラにまつわる万事への探究心とともに海をゆく。神と神の創造物に対して怒りを抱くのは、エイハブ船長という堕天使だ。

★ニュートンは聖書研究にも取り組み、自身が発見した物理法則は万物の創造主によるものだと著書に記している。

メルヴィル研究者のジェニファー・ベイカーはかつて、メルヴィルが行った科学面での調査は《彼がその後経験する畏敬、驚愕、驚嘆を方向づけるもの》であったと書いている。科学的知見に触れたことにより、読者の心を正確な記述によって動かそうとする麗しき試みが生まれたのだという。メルヴィルはダーウィンの『ビーグル号航海記』を少なくとも一部分は読んでいたことが知られている。彼は『白鯨』執筆中にこの本を所持しており、「抜粋」の章に引用している。科学面の綿密な探求は、フレデリック・ベネットやウィリアム・スコーズビー・ジュニアの著書など、他の蔵書にも向けられた。ピークォッド号が南太平洋へと航海を進める中、イシュメールは自身の経験に基づく実証力と、人知を超越した現象への観察力を混ぜ合わせ始める。神による海洋世界の美と恐怖を崇拝するためだ。アガシーが氷河に向けた姿勢とまさに同じく、両者のアプローチを組み合わせ、イシュメールが「宣誓供述書」の章で大海の《純正なる驚異》と称するものを注意深く、恭しく記述するのだ。[*7]

言い換えると、メルヴィルは海洋生物学、海洋学、航海術と船上生活についてできる限り正確に書き綴ったのち、それを丸ごとフィクションの暮らしに仕上げて、霊魂や意義に満ちたそのエキスをすくい上げたのだ。ただし、(大方において) 提示される事実が彼の知る海洋世界からかけ離れてはいない範囲で。例えば、二つの章を対にするという先述の組み合わせの一つを例に見てみよう。イシュメールは、巨大な雄のマッコウクジラ、モービィ・ディックの皮膚の白っぽさとはどんなものかをつぶさに語った後〔第41章「モービィ・ディック」〕、第42章「鯨の白さ」でその色合いの象徴性と広い意味合いについてあらゆる側面から探求する。

『白鯨』が刊行された一八五一年、人は自身の科学的視点と詩情を両立させることができた。宗教心さえも。イシュメールは間違いなくそうだ。一方、それらの絡み合う結び目に囚われてしまったのがエイハブ船長だった。

白（っぽ）い皮膚とこぶの持ち主

イシュメールは「鯨の白さ」の章の終わりに、モービィ・ディックを「アルビノの鯨」と称しているが、これは現代の定義による「アルビノ」とは違っていた。イシュメールはこの鯨の全身が白いとは表現しておらず、目がピンク、もしくは赤だとも言及していない。体色について、「モービィ・ディック」の章ではこのように説明している。

《この怪物を他のマッコウ鯨から区別するものは、その常軌を逸した巨体にあるというより、すでにどこかでのべたことだが——そのしわだらけの雪白の額とピラミッドのように高くそびえるこぶにあったからである。（…）その体躯の他の部分も、おなじ経帷子の白一色におおわれており、それがそのまま縞をなし、斑点をつけ、大理石模様にかざられていたので、最終的に、白鯨という異名をとったのであるが、白昼に濃紺の海を銀河のような乳白色に泡だつ航跡を黄金色にきらめかせながらすべってゆくあざやかな雄姿を目撃したほどの者は、その命名の適切さに首肯せざるをえないであろう。[*8]Ⓨ》

アルビニズム〔先天性のメラニン色素欠乏症、アルビノ性〕は潜性遺伝する性質だ。つまり、両親が同じ遺伝子変異を一つずつ子に受け渡す〔変異が二つ揃う〕ことで初めてこの特性が生じる。アルビニズムの類人猿、オットセイ、鯨、あるいは人はメラニン色素〔黒色素〕を持たず、赤い瞳色を示す。一方、生物個体は〔アルビニズムではなく〕「リューシズム（leucism：色素の供給不足による白変症状）」になることもある。リューシズムの場合、ある程度の量の色素を作ることはできるので、目にはいくぶん黒さがある〔ホワイトタイガーなど。黒の縞模様も維持される〕。また、体のいくつかの箇所だけでメラニン色素が欠乏する「限局性白斑症（piebaldism）」になることもある。メルヴィルが作り出した架空の鯨は、全身が白いわけではなく、まだら模様になっているようだ。これは皮膚の色素欠乏によるものかもしれないが、雄のマッコウクジラとして生き延びてきたことの結果も大きく関わっているかもしれない。[*9]

第68章「毛布」で、イシュメールはマッコウクジラの生物学的解剖を始める。彼の説明では、鯨の肌は複数の層からなり、分厚い脂肪の層の上に薄い透けるような表層が重なっていると語られる。歳を重ねた雄の鯨は、その皮膚に若い個体よりも多くの傷を持つとイシュメールは説明する。《おそらく、他の鯨との交戦的な接触によってできたものだろう。》それらが蓄積され、透明層の下の層に《紛れもない彫り込みとして刻まれる。》この脂肪層は温暖、寒冷いずれの気候でも絶好の断熱性を発揮するという。イシュメールのこうした説明のほとんどは、現代までにその正しさが証明されている。ただ、皮膚と脂肪層についての知識は、彼の時代からはるかに進んでいる。[*10]

外科医ビールの『マッコウクジラの自然史』の第1章は「マッコウクジラの外形と特異な性質」と

題されている。メルヴィルはこの箇所に下線を引いた。《マッコウクジラの皮膚は、ほかのあらゆるクジラ類動物と同じく、鱗がなく、なめらかで、しかし時折、老いた鯨においては、皺が寄り、しばしば側面に線状の痕があり、尖った物体に擦りつけられたかのような外観を示す。》[*11]

私は、現代の海洋哺乳類研究者がビールを片手にマッコウクジラの皮膚の色は灰色か茶色かと議論する姿を目にしてきた。ハル・ホワイトヘッドら、論文を世に出している専門家の立場は「灰色」寄りだ。〔一九世紀の〕ドクター・ベネットは「鈍い黒」、外科医ビールは、マッコウクジラの体色は暗く、黒といってもよく、次第に腹の近くが色あせて銀色を帯びてくると言いつつ、こう書き添えている。《しかしながら、異なる個体間では濃淡に顕著な違いがあり、一部には白斑さえある。老いた「雄牛」、成熟した雄個体は鯨捕りたちにこう呼ばれているが、これらはおおむね、上顎前方部分の真上に灰色の箇所を有し、それゆえ「灰色頭の」と呼ばれている。》とはいえ、体の大きな雄の方が「つむじ」の色が薄い傾向はあるかもしれないが、小さめの雄や雌もそうなることはある。一九七〇年代初頭、アリフレート・ベルズィンというロシア人生物学者（商業捕鯨船上での研究経験があった）はマッコウクジラの様々な体色の違いを調べた中で、日本近海で捕獲された雄全体の一八％が「やや白みがかった」体色だったことを発見した（図12参照）。メルヴィルも、マッコウクジラにはしばしば口の周りや内側に白い裂け目があること、腹には時折白いまだら模様があることを目にしていたかもしれない。性成熟後の雌は、白くたこのできた背びれを持つことがある。そして、雌雄を問わず、皮膚が剝がれかけている時には体全体が白く見えることもある[*12]（カラー図版3参照）。

もちろん、歳を重ねたマッコウクジラが皆（部分的に、あるいはほぼ全体に）白いわけではないが、メルヴィルの「老い、孤独で、ほぼ全身が白い雄のマッコウクジラ」というキャラクター造形は、荒唐無稽というよりはむしろ現実味のあるものだ。

ただ、全身、あるいはほぼ全身が白いマッコウクジラの存在確率を計算するのは難しい。これは他のどんな色素異常、どの野生の海棲動物種についてもいえる。現在、モカ・ディックなる個体にまつわる事実として主張された逸話の裏づけをとる上でできることは少ないが、それよりも最近の記録で、白いマッコウクジラを目撃した、また、他に約二〇種の鯨でやはり白い個体を見つけたというものはある。マーサズ・ヴァインヤード島出身の米先住民の鯨捕り、エイモス・スモーリーは、一九〇二年、ニューベッドフォードの捕鯨船プラティナ号に乗船中、南大西洋沖で白いマッコウクジラを仕留めたという。一九五〇年代と六〇年代には、ロシアと日本の鯨捕りたちが北太平洋遠洋と南極海で六頭の白いマッコウクジラを捕獲した。雄も雌もおり、目の色は通常のものと赤いものがいた。一九六一年には、スコットランドの鯨捕りらが南極沖で六〇フィート〔約一八メートル〕近くの白い雄のマッコウクジラを捕獲して船上に引き揚げ、写真に収めている。一九九〇年代後半、作家で冒険家のティム・セヴェリンはインドネシア島嶼部の住民による白いマッコウクジラの目撃談を複数記録した。ただし、セヴェリン自身は実物を見ていない。

一九九五年、アゾレス諸島〔大西洋中央部〕沖でフリップ・ニックリン〔写真家〕が全身真っ白の子どものマッコウクジラを撮影している。もしかすると、これは前年に同じ海域で映像に収められた大型の白い雄個体がもうけた仔だったかもしれない。ニックリンの見立てでは、この仔鯨は雌だったという。その翌年には水口(みなくち)博也〔写真家、ジャーナリスト〕がやはり同じ水域で白い成体を撮影している

図12　捕鯨船カリフォルニア号でのマッコウクジラの解体（1903年）。足場の上から鋤を使って解体を行っている。白い下顎と開口部、頭部の白い傷に注目。傷はイカ、シャチ、他のマッコウクジラ個体によるものか。

が、これは先の仔鯨が成長したものと見て間違いなさそうだった。以来、アゾレス諸島沖ではこの白いマッコウクジラが二〇一六年まで写真に収められている[*13]（カラー図版5、6参照）。

イシュメールは第68章「毛布」で、鯨の「皮」とはいったい何なのかという疑問を巡り、朗らかな哲学的葛藤を繰り広げる。表面の薄い層だけだろうか、それとも、その下の厚い脂身の層も皮の一部に含まれるのだろうか？　彼は硬くなったマッコウクジラの皮膚の表層から作った「アイジングラス（isinglass：ゼラチンの薄いシート）」のようなしおりを持っており、その様子を語っている。

ニューベッドフォード捕鯨博物館で海運史の学芸員を務めるマイケル・ダイヤーは私と旧知の仲だ（知り合ってから二〇年の間にその髪は眩しい白に変わった）。彼はある時、往時の水夫たちが持ち帰った鯨の皮を数枚取り出して見せてくれた。色合いは黒から明るい茶色まで様々で、手触りや見た目は葉脈のない木の葉、あるいはむしろ、乾いた海藻というほうが近かったかもしれない。うち一枚はしわだらけだった。臭いは全くなかった。本のしおりにできるほど丈夫なのは間違いなく、イシュメールの言う通りに「硬くもろい」。光にかざすと透け、しかし、イシュメールや他の観察者たちが記したように「透明」ではなかった。一八四〇年にドクター・ベネットはこう説明している。《その上皮（epidermis）、あるいは表皮（scarf-skin）は極度に壊れやすい。「ゴールドビーターズ・スキン（goldbeater's skin）」〔牛の腸の外膜を加工したもの。金箔の箔打ち（goldbeating）などに使われる〕として知られる膜よりも薄いのだ。透明で、薄い茶色をしており、鯨の死後は容易に体から剝がれる。》捕鯨博物館で見た破片は文字を透かし読むには透明度が低すぎたが、鯨から剝がしたばかりの皮はドクター・ベネットの記述通りほぼ透明で、実際に文字を透かし読める。メルヴィルはこの比喩〔表層を通じて本質を透か

firm, close-grained b
from eight or ten t … inches in thickness.
Now, however
skin as being of th
these are no argu … against such a presump
raise any other dens … enveloping
blubber; and the ou … most envelop
dense, what can that … the skin? True, from the unmarred
the whale, you may sc … off with your hand an infinitely thin, transparent
substance, somewhat re … bling the thinnest shreds of ising
almost as flexible and sof … atin; that is, previous to … ng dr
not only contracts and thick … but … es rather hard and brit
several such dried bits, which … ks in my whale-boo
transparent, as I said before; and … laid upon the printed page.
305

図13　ペトリ皿に入れたマッコウクジラの皮膚を、『白鯨』第68章「毛布」の《印刷されたページの上に乗せて（laid upon the printed page）》の一節が印刷されたページの上に乗せて。

し読む」の魅力に抗えず、作中で用いている*14（図13参照）。

後に、マッコウクジラが木造船の船体に穴を開けるという逸話の真実味を高めるため（第76章「破城槌」）、イシュメールはマッコウクジラの額の皮膚がいかに頑丈かを説明している。この部分に当たった銛は跳ね返されるばかりだ、と。この部分、具体的には頭部の皮膚の乳頭下層〔表皮の下にある真皮の、乳頭層に続く二層めの構造〕には、実に鯨の尾に迫る厚みと密度がある。この頭部の頑丈な皮膚は、潜水時の水の抵抗を減らすのにも役立っているかもしれない*15。

マッコウクジラの体からは絶えず皮膚が剥がれ落ちているのだが（寄生虫や付着性の生物を防ぐのにある程度役立っているのではないかと思われる）、イシュメールが説明するように、彼らの体の傷は生涯にわたって残る。メルヴィルや当時の博物学者はその傷を大型のイカの吸盤や触腕と結びつけて考えることはなかったが、鯨を研究する現代の生物学者は、イカから受ける傷害がマッコウクジラの傷跡の「ヒエログリフ」の大部分を占めているのを知っている。また、マッコウクジラには「鍬の痕（rake mark）」と呼ばれる掻き傷もあるが、これにはかつて鯨捕りや博物学者も気づいており、他個体の歯、とりわけ〔配偶者を巡る〕競争相手の雄個体によるものではないかと認識していた。他の数種の鯨類、特にハナゴンドウは同種個体との交戦によって似た傷跡が蓄積していくことで知られている。今日の生物学者は、ネズミイルカからシロナガスクジラまで、大部分（全てとは言わないまでも）の鯨類にはサメやシャチによる傷跡があることを発見してきた。人間の傷跡とまさに同じで（エイハブ船長の顔にある古傷もそうだ）、鯨の傷口を覆うように再生する組織は白いままだ。

鯨の表層の下にあるのは脂身だ（図14）。メルヴィルはこの層が体温調節の役割を果たすものであると理解していた。《彼の体をくるむこの心地よい覆いゆえに》とイシュメールは言う。《鯨はあらゆる天候、あらゆる海域、時期、潮においても自身を快適に保つことができるのだ》〔第68章「毛布」〕。ただ、イシュメールの表現は現在の理解に比べるとやや単純化されすぎている。ヒゲクジラ類の脂身はハクジラ類のそれと比べると厚い傾向があるが、脂身の厚みは鯨の体温調節を助ける唯一の要素ではない。また、鯨はエネルギー需要や見つかる餌の量などに応じ、脂身を食料や水の貯蔵庫としても使う。そのため、脂身の厚みは回遊や海水温などにより、年間周期を通して変動する。こうした生態の細部はメルヴィルの時代には知られていなかった。鯨捕りたちは例えば、雌のマッコウクジラの脂身の厚みは四・五インチ〔約一一センチメートル〕超になることもあるとは知っていたが、同じ鯨がその脂肪をエネルギー源に三ヵ月も生き延びられるとは知らなかった。脂身が鯨を保温するのは確かだ

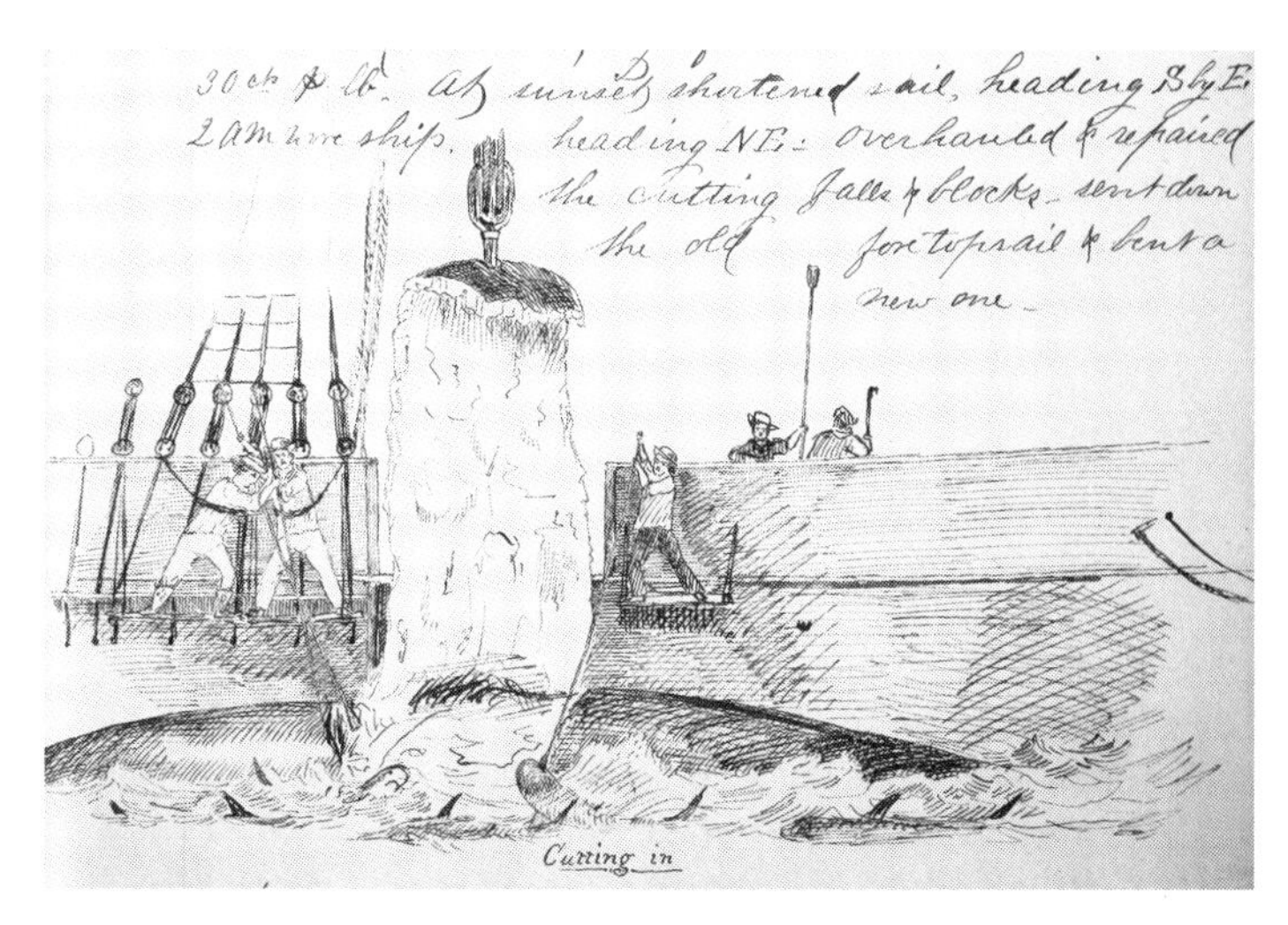

図14 脂身切り。日誌に描かれたマッコウクジラの解体の様子。クララ・ベル号に乗船していたロバート・ウィアーによる絵（1857年）。鯨捕りたちがサメを銛で突いて追い払っているのに注目。

が、イシュメールがほのめかすような、冷たい空気を取り入れるということはない。実のところ、鯨は自分の脂身のせいでオーバーヒートを起こしてしまうこともあるのだ。マッコウクジラは温度の高い海域にいる時や激しい活動の最中、体を冷やすために薄い尾の先端や胸鰭に大量の血液を送り込む。浜に打ち上げられた鯨の死因として最も多いのも、実は熱による消耗だ。周りの水がなくなってしまうと、鯨は体の熱を発散できないのだ。[*16]

『白鯨』でイシュメールが自然史や鯨の解剖学について解説する章の大部分は、外科医ビールやドクター・ベネットの記述的な情報よりもはるかに上を行き、エマーソンの深い思索の努力に近づいていた。メルヴィル研究者のジェニファー・ベイカーの調査では、イシュメールはしばしば、神の創造物である海洋生物の一つから学んだ「ありのままの驚異」

との関連から、自分たちの人生をどのように評価することができるか検討し、章を締めくくっている。エマーソンは講演の中で「大いなる自然全体が、人間の精神をかたどった姿、象徴である」と宣伝している。エイハブ船長はこの考え方を〔切断した〕マッコウクジラの頭部に向けた独白で反復している〔第70章「スフィンクス」〕。《おお自然よ、そしておお人間の魂よ！　おぬしらの間に結ばれた類似点はどれほど筆舌を超えたところにあることか！　最も小さな原子でさえ、物質の中でかすかにうごめき存在するのではなく、その巧みな複写を精神の中に有するものなのだ。[*17]》

するとイシュメールが、我々人間が自分自身の一定の体内温度を保つことで、鯨の脂身の層から何を学びうるかという話を持ち出し、生物学的な「毛布」の章を締めくくる。《ああ人よ！　鯨を称え、その姿を汝の手本とせよ！[*18]》イシュメールが鯨を文字通りにも抽象的にも解体し始めるなか、この発言は小説内で初めて、鯨に対する自身の分析があの「存在の大いなる鎖」を揺るがすのではないかとほのめかすものにもなっている。ひょっとすると、鯨は人と等しい、あるいはそれ以上の序列にあるのでは？

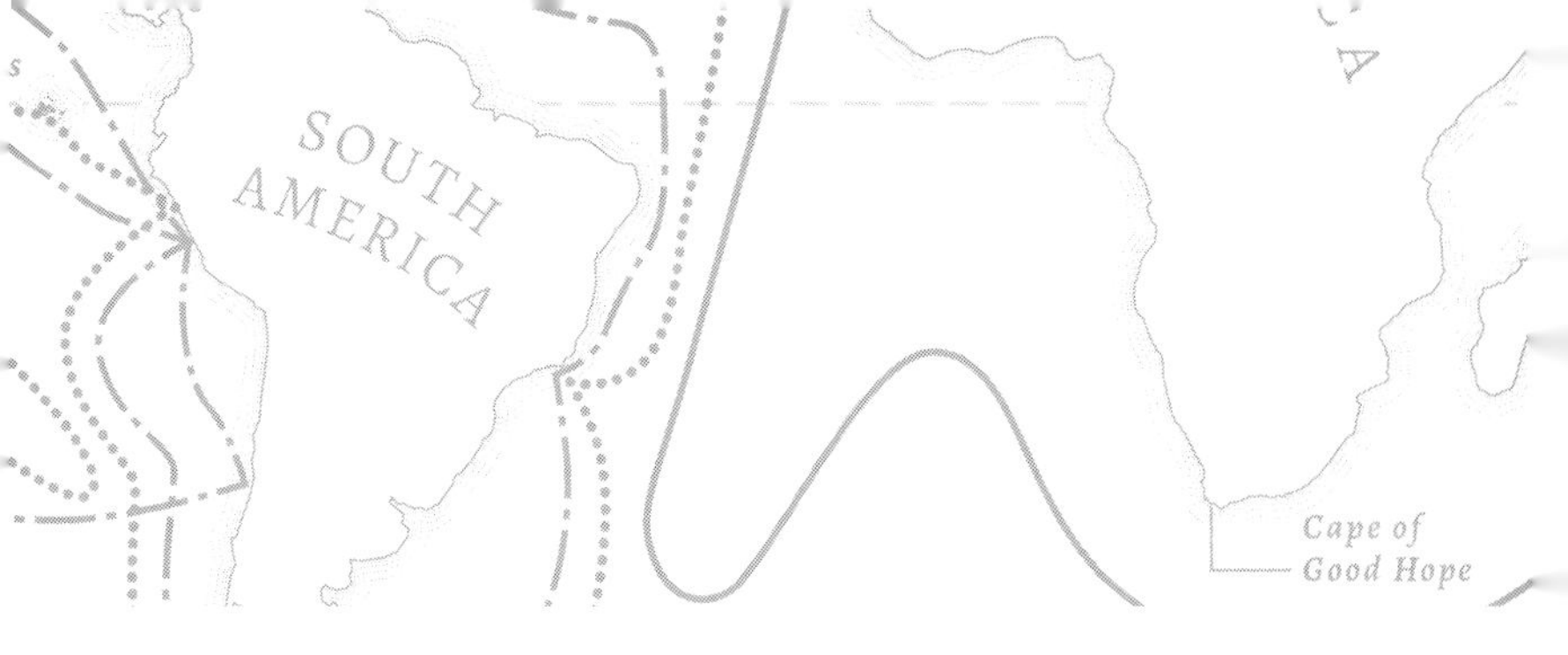

第5章　鯨の回遊

エイハブは四つの大洋の海図をひろげ、迷路のようにこみいった大小の潮の流れをあれこれ詮索して、その魂の偏執狂的目的の達成をより確実たらしめるべく奮励努力していたのである。Ⓨ

イシュメール（第44章「海図」）

チャールズ・W・モーガン号を維持管理するミスティック・シーポート博物館は、南太平洋のとある海図（航海用の地図）を保有している。『白鯨』を理解する上での希少な宝であるこの紙の海図は、一七〇年以上の古さで、六フィート〔約一・八メートル〕近くの幅があり、屋根裏部屋のようなにおいがする。おそらく何十年も人に触れられることはなかったのだろう、真ん中で固く折りたたまれたその海図は保管中に傷み、左右の端に本一冊の幅ほどもある茶色い染みの帯が広がっている。水痕や変色痕が斑点状に散らばり、こちらが裂け、あちらがちぎれ、様々な時点で当て紙や補修が施された跡がある。後の時代の補修布によって一部隠れてしまっているのは、一八二五年のロンドンでJ・W・ノリー〔数学者、海図製作者〕がこの海図を印刷したという下部の添え書きだ。しかし、この海図は実際には改訂版のようで、赤道付近に並んだ四つの小さな点の横に「諸島、一八三二年に目撃」と印刷されていることからもそれが窺える。*1

このノリー作の海図には、水深と海岸線に加え、読み込むのに何日もかかる情報と誤情報が載っている。特に、もはや古びた地名や、製作者ノリーの率直な姿勢は目を引く。太平洋の島々は、人の居住できる地の中で西洋の水夫たちが最後に海図に記した場所だ。この海図でパプアニューギニアの南沿岸地域はただ空白のままになっている。エクアドル沖には美しく印刷された長いひげ飾りつきの文字でこう注意書きがある。《ホール船長、クルーゼンシュテルン船長〔エストニア出身、ロシア海軍提督〕らにより、ガラパゴス諸島は本海図の配置よりもさらに東に一四から三〇マイル長いと言われている。》

ミスティック・シーポート博物館の学芸員たちは、この海図についてわずかなことしか知らない。ある朝、館内の書庫の管理者が資料の山の中から偶然に引っ張り出したのがこの海図だった。博物館には全く同じ版の海図がもう一つあるほか、やはり同一のものが数部、世界各地のコレクションの一部として保存されている。それなのに、まさにこの一枚が特別なのは、少なくとも二回の捕鯨航海で実際にとられた航路が今も紙面に残っているからだ。捕鯨船コモドール・モリス〔モリス提督〕号は、アクシュネット号やチャールズ・W・モーガン号と同じ大きさで、同じ一八四一年に建造されて南太平洋へと出航した。コモドール・モリス号が二回、それぞれ四年がかりで行った捕鯨航海の日誌が、この海図に記された航路の線に合致している。二つの航海日誌の片方はルイス・H・ローレンス船長が、もう一方は無名の当直士官が保管していた。今は両方、ウッズホールに近いファルマス歴史保存協会で保存されている。海図が使われていた当時は、二四時間かそこらに一度、この縮尺の海図に船舶の現在位置を記し、点同士を直線でつないで船の辿った場所を記録するのが一般的な慣習だった。コモドール・モリス号の士官はディバイダ〔二股の脚の先に針がついた製図器具。割りコンパス〕を使ってその距離を測った。鋼鉄製の針先によって空いた穴が今も紙の上に見える。鉛筆で、そしてペンで、様々なメモ、訂正、点、点線、直線、略図、丸、四角、助言、さらには二、三の日付までが記されている。船長と船員たちは時折、海図の小さな島々や岩に「正(correct)」や「誤(incorrect)」と書き添えたり、バツ印をつけたり、自分で独自のものを描き加えたりした。[*2]

この古びた巻物、その美、細部、解釈の余地、歴史を備えた海図はまさに、メルヴィルが「海図」の章で描く通り、しわが寄り、込み入り、しばしば表情を読み取れない、白黒入り混じったマッコウクジラの(あるいは、狂気のエイハブ船長その人の)額のイメージを呼び起こすように感じられる。それよりもなお特筆すべきは、航路を記した線と水夫たちのメモの上に、船長が鯨の尾の絵をいくつか描いていることだ。これらは鯨の目撃例に対応している。コモドール・モリス号が出航したのはケープコッド〔コッド岬。マサチューセッツ州東端の半島〕の付け根にあるウッズホールという地だが、ここはいみじくも、一八七〇年代から米国の海洋生物学、漁業研究、海洋学の中心になっていった。ルイ・アガシーの主導で近郊に設立された臨海研究施設がその始まりだった。

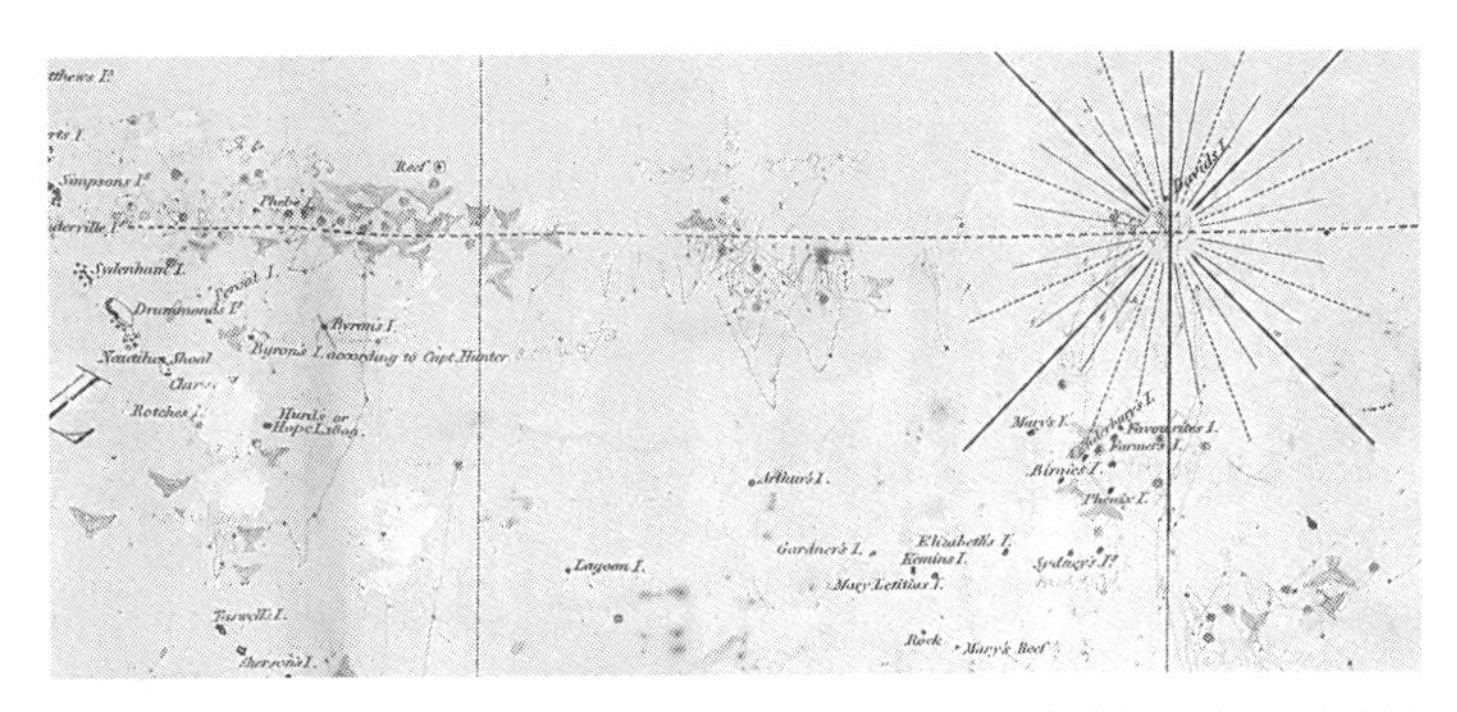

図15　描き込みの入ったノリー海図南太平洋版の拡大図。鯨の尾をかたどった印と捕鯨船コモドール・モリス号の1852年の航路が描き込まれている。フェニックス諸島の真上にある羅針図〔方位を示す図形〕は赤道と西経170度線の交差点に置かれている。

コモドール・モリス号の一八四九～五三年の航海を指揮したローレンス船長は乗組員たちを鞭打ち、船上で多様な暴力を行使し、様々な島で延べ一ダースを超える船員たちの脱走を目にした。だが、彼は鯨の追跡にかけては模範的な船長だった。特に、どこでいつ鯨を目撃したかという点においては念入りかつ定量的で、航海日誌と海図にその記録を逐一残していた。彼は自分の日誌に「我々がいつ鯨を見たか　どこで鯨を見たか　等々」と題した欄も設けている。

ローレンス船長が海図に鉛筆で描いた点と鯨の尾の印は、ニュージーランド北東沖の小さな島々の周りに集中している。一八五一年のある数日間、彼らがここで鯨を捕らえるのをチャールズ・W・モーガン号が目撃している。ローレンス船長はまた、現在ではキリバス共和国（日付変更線の東西数千キロメートルにわたって島々が点在する）の広大な海域の一部となっている領域にも、赤道に沿ってぎっしりとクジラの尾の印を描いている。鉛筆書きの印の集まりのうち最大のものは、赤道直下を取り巻くように二十数個もの尾が記されている。船長はそれらを、迷路のように入り組んだ航路にぴたりと沿って、そして線の間に入り込むように描いている。航路はあちこちへ向かい、通過地を示す点もあまりに多く、まるで船長が冗談で描いたかのようだ。航路が鯨の尾の印を絡めとる鳥の巣のようになっている（図15）。

『白鯨』終幕の場所はどこか？

この貴重な海図で鯨の尾がいくつも描き込まれている太平洋赤道直下の海域は、一九世紀中盤の米国の捕鯨船にとっての最大のマッコウクジラ漁場の一つだった。ここを含む広大な捕鯨海域〔と時期の組み合わせ〕を、イシュメールは《赤道上シーズン（Season-on-the-Line）》と呼ぶ。ただ彼は、エイハブ船長が赤道上のどこであの白鯨と最後の再会を果たしたか、その詳細な経度を示すことはない。

エイハブ船長が赤道太平洋東部、西経一二〇度あたりでモービィ・ディックと出会ったと想像するのは悪くない考えだ。一八二〇年一一月に実際に起きた捕鯨船エセックス号の沈没では、赤道から南に四〇マイル〔約六四キロメートル〕ほど、西経一一九度付近で雄のマッコウクジラが船体に突進して穴を開け、船を沈めた。メルヴィル自身もこの海域を航海したことがあり、一部の鯨捕りたちにはこの経度が「赤道上（on-the-line）」漁場の始まりだと認識されていた。ここは、当時「沖合漁場（Offshore Grounds）」と呼ばれていた領域の西側に当たる。『白鯨』の物語が終幕に向かう中、一等航海士のスターバックは予定の進路が日本近海から東に向かうものだと言っている。その後、エイハブ船長はしばらく東南東に進むようにと指令を出している。[*3]

とはいえ、メルヴィルは太平洋がとても広いことを知っていた。最も東西の幅が広いこの海域を横断するには当時何ヵ月もかかった。もし赤道に沿って航海したければ、船長は日本から出航して最短のルートをとり、その後おそらく、赤道に沿ってひたすら東へ進んだことだろう。イシュメールが「専門用語」だという《赤道上シーズン》の語句そのものは当時のどの文献からも見つけがたいが、コモドール・モリス号の歴代の船長たちにとって「赤道上漁場」はエセックス号沈没の場所よりもずっと西側、現代のキリバス海域内の赤道太平洋中西部を指していた。[*4]

というわけで、エイハブ船長とピークォッド号の終焉の場については太平洋の赤道沿いのどの場所であるとも論じることができる。ただ、私はメルヴィルが読んだ当時の情報、一九世紀中盤のマッコウクジラの豊富な分布、日本海域からのピークォッド号の進路、そして小説内で明かされる時間経過に基づき、白鯨との邂逅はキリバス海域近くではないかと想像する。

エイハブ船長が追ったもの

ピークォッド号が北大西洋を外洋に向かって進んでいる時、イシュメールは読者がこんな話を飲み込めるようお膳立てをする。一頭の、体の大部分が白い獰猛なマッコウクジラが存在しえた、そして実際に存在したこと。また、マッコウクジラたち（白いもの、名前のついたもの、それ以外も）が鯨捕り、捕鯨ボート、捕鯨船を倒しえた、そして実際に倒したこと。読者にそう理解させることで、イシュメールは自身の語る与太話を裏打ちする。

第44章「海図」で彼が目指すのは、小説のプロットの最も信じ難い要素といえそうな部分を読者が受け入れてくれるよう地盤を固めることだ。この要素は、彼のストーリーが持つ緊迫感をもたらす本質にもなっている。自身の指揮する一隻の船に乗り、固い決意を持った一人の男が、めったに水面に現れず、かつ地球上の全ての海を隅々まで行き来しうる、たった一頭の動物を追い詰めることができる……イシュメールはそう語るのだ。[*5]

イシュメールは「海図」の章でその可能性を説明し、弁護する。その場面は、船長室で海図の巻物を前に頭を悩ませるエイハブ船長の姿から始まる。

《ところで、巨鯨（レヴィヤタン）の習性に通暁していない者にとっては、この惑星の広漠たる海に孤高に生きる一頭の生き物を探索するのは無謀にちかい無益な仕事に思えることだろうが、エイハブにとっては、そうではなかった。エイハブは大小の潮の流れを熟知していたので、その知識によってマッコウ鯨のえさの流動状況を予測して、ある特定の緯度において特定のマッコウ鯨を捕捉するのに最適のシーズンを想定したうえで、あれこれの漁場で自分の獲物に遭遇するのに最適の日をほぼ確実な精度をもって合理的に推定しうると信じていた。（…）全捕鯨船の航海日誌を入念に参照することができるなら、マッコウ鯨の回遊性がニシンの回遊性やツバメの渡りに匹敵する不動性を有することが発見できると信じていた。[*6]Ⓨ》

ピークォッド号は凍りつくようなクリスマスの日にナンタケットを出発する。この描写には詩的な味わいがあるとともに、メルヴィルにとっての自伝的な結びつきもある。米国の鯨捕りが冬に出航するのは、他のどの時期に出航するのとも変わらないごく普通のことだった。一八四〇年のクリスマスの日、若きメルヴィルがニューベッドフォードでアクシュネット号への乗船契約書にサインした時、それまでのわずか数週間のうちに同じ港から八隻もの捕鯨船が太平洋に向けて出航していた。アクシュネット号を取り仕切るヴァレンタイン・ピーズ・ジュニア船長は、乗組員と共に一月三日に航海へ乗り出した。彼にはおそらく他の船長と同じ狙いがあったのだろう。南半球が冬になる前、そして進路に逆らう海流がさほど強くないと報告されている時期にホーン岬沖に到達すること。この計画でもなお、彼の船には南に数ヵ月船を巡らせる余裕があった。場合によっては食料補給のためにアゾレス諸島かカーボベルデ諸島〔いずれも大西洋中央部〕に立ち寄り、追加の人員を雇うこともできるかもしれない。そして、大西洋で少々捕鯨をしてから太平洋に向かうのだ。

現在では、アクシュネット号の乗組員が大西洋で少なくとも数頭のマッコウクジラを捕らえたことが知られている。ピーズ船長が〔太平洋に出る前に〕リオデジャネイロから故郷に向けて鯨油の樽をいくつか発送していたからだ。だが、大西洋のマッコウクジラとセミクジラ類の個体数は一八二〇年代当時も既に激減しており、それは南米大陸の南西沖にも及んでいた。そのため、航海の収支が黒字になる可能性を最大に高めるには、費用をかけてはるばるその先の南太平洋沖まで船を進めることになるのだった。*7

『白鯨』作中では、ニューイングランド地方の冬から離れたピークォッド号がメキシコ湾流を横切り南東に向かう。〔アクシュネット号のように〕ホーン岬回りで〔西向きに〕進む代わりに、エイハブ船長はアフリカ最南端の喜望峰を回り込んで〔東向きに〕船を進め、続いて、インド洋とインドネシアを通って日本近海を目指す。大陸南端の岬が並ぶ、はるか南方地域の卓越風〔最も頻繁に現れる風向きの風〕は西から東に吹く。ピークォッド号は最も逆風を受けにくい経路をとったのだ。ホーン岬は水夫たちにとても恐れられていたが、その一因は、ここを「回航する」試み、すなわち、大西洋からこのはるか南の半島に沿ってぐるりと船を進めようとする行為が、凍てつく（しかも進路と逆向きの）風と海流の中の航海に他ならないからだった。地峡横断鉄道〔パナマ地峡鉄道〕の完成は一八五〇年代、その後のパナマ運河の完成は一九一四年で、それまでは太平洋行きの航路の多くでホーン岬回りが避けられないこともしばしばだったが、この岬はどの水夫にとっても、最悪かつもっとも予測がきかない海域の代表例だった。ホーン岬回りの航海は、過酷を極める自然のさなかでの重労働を経て得られる船乗りの勲章だったのだ。エマーソンはある随筆で、水夫が嵐の中でどれほど恐れ知らずの存在かを語っているが、メルヴィルはその余白にこんな書き込みをしていた。《ホーン岬を平船員として切り抜けた者からすると、いったいこれは何を言っているのやら。[*8]》

ピークォッド号の船主たちは、自分たちが所有するこの捕鯨船の航海期間はナンタケットを出てから三年ほどと見込んでいた。目的地に着くのに一年、捕鯨に一年、戻るのに一年前後。ピーレグ船長とビルダッド船長〔いずれもピークォッド号の共同船主〕は、船が《荒れ狂う二つの岬のいずれをも越えて》〔第22章「メリー・クリスマス」〕いくことを期待していた。二人はエイハブ船長が世界一周の舵をとることを計画していた。喜望峰を通るのは最も一般的な進路というわけではなかったが、米国の鯨捕りたちが普段からこの航路を進むことがあったのは確かで、約二五％の捕鯨船は喜望峰回りだった。オーストラリアの南にあるニュージーランドに向かう代わりに、日本の海域まで向かうという舵取りはさらに稀だったが、それも前例がないわけではなかった。[*9]

エイハブは太平洋で翌冬までに、つまり「赤道上シーズン」までに白鯨モービィ・ディックに対面するつもりでいる。イシュメールはこの予想される対決の時期、すなわちマッコウクジラ漁の最盛期は、一月に始まると述べる。ピークォッド号が現地に着くまでの猶予は一年ほどだ。

イシュメールの説明では、エイハブはインド洋のセーシェル諸島付近など、過去にモービィ・ディックが目撃された場所に合わせて喜望峰回りの東向き航路を選んだ。ひょっとすると、メルヴィルがそちらに船を送り出すことにしたのは、『白鯨』のストーリーを「モカ・ディック」から遠ざけ、自身の経験した旅に直結しないまっさらな創作を生み出すためだったのかもしれない。彼は最新作の『白いジャケツ』でちょうどホーン岬について書いたばかりだった。より荒れ、より凍てつく海を求める文学的軍拡競争の中で、見たところどの他の水夫作家も通過儀礼のようにこの岬のことを描写しており、メルヴィルもその例外ではなかった。

また、喜望峰経由での航海という設定は、読者にある程度多様な光景や新鮮な異国の海域を示すことにもなり、加えて、エイハブ船長が昇る太陽と白鯨を追いかけながら地球の自転とともに船を進めるという趣も演出された。

イシュメールが「海図」で説明する内容――航海術のこと、地理のこと、鯨の回遊のこと――は、一九世紀中盤の鯨捕りの知識と慣習をよく反映している。現在の研究は彼らの論理と経験の一部を裏づけてはいるが、残りの側面は未知もしくは未証明だ。特にマッコウクジラの回遊について確かめられていることは少ない。例えば、マッコウクジラがいつも決まった（ゆえに予測可能な）近道、檣頭に立つ船乗りの視界いっぱいの幅を持つ「脈目（vein：血管、鉱脈、縞）」を通って回遊するというイシュメールの認識はフィクションの範疇に置いておくのが無難だが、これはメルヴィルが手持ちの鯨文書から得た知識であり、彼が小説のためにこしらえた全くの創作ではないのだ。[*10]

米国初の海洋学者

一八三九年、海軍大尉のマシュー・フォンテーン・モーリーは艦艇に乗船するため、テネシー州の実家を出てニューヨークに向かっていた。彼はオハイオ州で女性に馬車の席を譲り、御者と共に屋根の上に座ることを選んだ。真夜中にアパラチア山脈を登っている時にこの馬車が転倒し、モーリーの右脚は生涯不自由になった。治療は苦しいものだった。この経験が彼のキャリアを永久に変えた。そして、海洋学の歴史をも（モーリーは事故に関わった馬、あるいは御者への復讐の追跡劇を〔鯨を恨んだ『白鯨』のエイハブ船長のように〕始めはしなかったが、示談金は受け取った）。

事故の前、モーリーは海上での前途洋々たるキャリアに恵まれていた。その始まりは、海軍士官候補生として乗船した合衆国艦艇ヴィンセンス号での世界一周航海だ。次いでモーリーは航海士として一八三一年に海軍船でホーン岬を回り、帰国後、ホーン岬を乗り切るための最適な航路と時期についての研究を発表していた。事故後は陸上の軍務のみを行うこととなったモーリーは、のちに米海軍天文台および水路局（Naval Observatory and Hydrographic Office）となるワシントンＤＣの機関〔海図装置本部〕の最高責任者に任命された。彼と部下たちは海軍の航海装置、クロノメーター〔航海用の精密な時計〕、海図の監督を行った。[*11]

『白鯨』作中では、モーリーはイシュメールが「海図」の章に添えた脚注に登場する。

《これが書かれた後、ワシントン国立観測所のモーリー大尉により一八五一年四月一六日に発表された公告において、喜ばしいことに同様の記述〔鯨が魚や鳥のように予測可能な季節性回遊を行うこと〕がなされている。その告示文によると、まさにそのようなことを示す海図が完成の途上にあるようで、その部分図が同じ告示に掲載されている。》

イシュメールはこの地図の詳細について、モーリーの記述を直接引用している。[*12]

モーリーは自らの部局の役割を広げ、風と海流に着目した深海海図の作成も行うようになった。この海図では鯨の分布にも注目している。モーリーと部下たちはこれらの調査を全て、水夫の航海日誌や、航海の抜粋データである「撮要日誌（アブログ）（abstract log）」というものを収集して行った。日誌を提供した船長たちは、その見返りとしてモーリーの海図を無料で受け取った。例えば、ニューベッドフォードのある上級大尉はピーズ船長が記したアクシュネット号の日誌を受け取り、それを基に撮要日誌を書いてモーリーに送った（図16）。イシュメールが「海図」の章で次のように述べているのも、素晴らしく正確な描写だ。《定期的に〔エイハブ船長は〕傍に積んでいる古い日誌の山に当たる。そこには様々な船の様々な過去の航海で、マッコウ鯨が捕獲されたり、目撃されたりした時期と場所が書き留

められているのだ。[*13]》

モーリーがこの政府機関の責任者になったのは、米国の商船が急速に増えていた時代だった。海運に関わる船舶と男たちの数は、一八一五年から六〇年の間に四〇〇％増えた。この急成長の大部分は捕鯨船によるもので、総トン数と人員数の両面で寄与は絶大だった。最盛期の一八四〇年代には、米国の捕鯨船は七三五隻ほどが稼働していた。一方この時期、陸軍と海軍は歳入超過となっており、余った資金が科学研究活動へと流入して、米国の科学者と政治・経済部門の間に関係が結ばれ始めていた。これが、後に米国地質調査所（ＵＳＧＳ）や米国海洋大気庁（ＮＯＡＡ）へと発展する政府機関の発足にもつながった。[*14]

組織的、経済的な援助の下、一八四七年から六〇年の間にモーリーの部署は数十もの海図を作製した。それらは六シリーズに分かれており、航跡図、貿易風図、パイロットチャート〔気象や潮流の情報を示す海図〕、海水温図、嵐と雨の図、そして、鯨の情報を記した海図のシリーズがあった。この最後のシリーズは、セミクジラ類とマッコウクジラの分布を示した二つの世界海図と、これらの鯨の出現時期を取り上げた地域別の四つのグラフからなる（図17）。発行時期から考えると、メルヴィルが自分でこれらの海図の一つでも目にすることはなかったと見て間違いないだろう。彼はニューヨーク・ヘラルド紙などの新聞で「回報（circular）」と呼ばれる告示を読んだのではないだろうか。イシュメールが「海図」の章の脚注で触れ、メルヴィルが告示でその話題を読んだであろうグラフ式の鯨海図は、巨大な方眼紙か地震計の記録図のような見た目をしている。[*15]

モーリーの海図によれば、マッコウクジラは温かい海域の赤道沿いでの報告例が断然多く、一方、

Commander, bound from Latt 30 57 S Long 46 02 W to Santa 1841

WINDS. Latter Part.	REMARKS.
Fresh N	Pleasant thro the day
Light W	squally " " "
" NW	
Fresh "	[illegible]
Calm	
Moderate WSW	squally
" "	Fine weather thro the day Latter heavy squall
Fresh W	" " " "
" WSW	squally
Moderate SW	Bad sea.
Fresh "	Fine weather thro the day
" WNW	" " " " "
" NW	Latter squally saw Sperm Whales
" SW by W	squally
heavy gale SSW	Hard squall Barometer fell below 29?.
Fresh NW	heavy squalls of rain " Stood 28.50
" SSE	" " " " "
Moderate SW	" "
Strong SE	squally with rain
Fresh WNW	Fine weather thro the day
Moderate NW	" " " "
" "	" " " "
Fresh W	" " " "
Moderate W by S	" " " "
" W	thick heavy weather saw Staten Land bearing S dist. 2 leagues
" NW	heavy squall
Fresh "	Diego Ramirez bearing NNE dist. 3 leagues
Moderate NNW	heavy squall of wind & rain
" W	
Light SE	squalls of rain thick weather

日誌の最初の2ページ。船がホーン岬を回って太平洋に出た際（1841年）の記録。

71

ABSTRACT LOG of the Ship Acushnet Valentine Pease

Date.	Latitude, at noon.	Longitude, at noon.	Currents. (Knots per hour.)	Variation observed.	Ther. 9 A. M. Air.	Water.	WINDS. First Part.	Middle Part.
1841								
March 22	30.57 S	46.02 W	—				Light N	Light N
23	32.18 "	46.03 "	—				Fine NW	Fine W
24	33.40 "	46.02 "	—				Calms	Light NW
25	35.38 "	45.47 "	—				Moderate NW	Moderate "
26	36.30 "	46.26 "	—				" SSE	Calm
27	38.47 "	47.15 "	—				Fine NNW	Fresh NNW
28	39.53 "	47.15 "	—				" WSW	Moderate WSW
29	40.30 "	47.02 "	—				Fresh SW	Fresh SW
30	40.30 "	47.56 "	—				" NW	" NW
31	40.28 "	48.50 "	—				" SW	" SW
April 1	41.58 "	48.13 "	—				" "	" "
2	43.39 "	49.40 "	—				" W	" W
3	44.18 "	50.42 "	—				Moderate S	Light NW
4	45.21 "	50.32 "	—				Fresh SW by W	Fresh SW by W
5	45.45 "	50.22 "	—				" SW	heavy gale SSW
6	45.50 "	51.16 "	—				" S	Fresh S
7	47.04 "	52.37 "	—				" WNW	" WNW
8	46.05 "	53.13 "	—				" SSW	" SSW
9	46.11 "	54.25 "	—				" SW	all round E
10	46.53 "	56.00 "	—				Strong SW by S	Moderate SW by S
11	48.02 "	59.23 "	—				Fresh NW	Fresh NW
12	49.02 "	62.30 "	—				Moderate "	" "
13	50.34 "	63.15 "	—				Light "	Light "
14	52.35 "	64.34 "	—				Fresh W by S	Fresh W by S
15	54.53 "	63.50 "	—				Moderate W	Moderate W
16	56.06 "	65.03 "	—				Light NW	" NW
17	56.40 "	68.36 "	—				Fresh "	Fresh "
18	57.00 "	71.28 "	—	✓			Light NE	Light NE
19	57.36 "	71.14 "	—	✓			heavy gale W by S	more moderate
20	58.10 "	73.40 "	—	✓			Fresh W	Fresh NNW

図16　メルヴィルが最初に乗った捕鯨船、アクシュネット号の記録を抜粋した撮要

セミクジラ類はチリ沖など、もっと南の、かつ海岸寄りの領域で目撃されることがより多かった。利用できた日誌の数やその他の制約から、モーリーの鯨海図に科学面での不足があったことは確かだ。だが、集団でのデータ収集が実現していく道のりの初期において、これらの海図はとてつもなく大きな数歩となった。かつて海上での情報は私的に保管されることが多く、他人の目に触れることは稀だった。鯨の尾びれが描き込まれたあの太平洋の海図の情報が、コモドール・モリス号の船長たちの占有物だったように。モーリーはそうした情報を統合し、普及させたのだ。

科学界におけるモーリーの研究の功罪については議論がなされてきたが、歴史研究者のグラハム・バーネットはモーリーが《おそらく一九世紀に唯一最多の叙勲を受けた米国人学識者》であり、諸外国で広く認知され、敬意を受けた科学者だったと記している。モーリーの研究はまた、自然神学の伝統の中で敬虔な立場を保ってもおり、時に同時代の科学者にとって心穏やかとはいえない域に至ることもあった。一八五五年、モーリーは『海の自然地理学（*The Physical Geography of the Sea*）』を出版した。この本は人々に多大な影響を与えて人気を集め、現在の私たちが海洋学と呼ぶ分野全体に米国で初めて焦点を当てた一作と見なされることも多い。彼はこの本で「宇宙の壮大な機構」について書いている。神が自ら機械仕掛けの宇宙を創ったというその概念はアイザック・ニュートンが普及させたものだが、モーリーはこれを海洋へと広げた。つまり、地球全体の気象や海中の生命についても、同じ考えが当てはまるに違いないというのだ。例えば、モーリーは海の塩分について考える際、自身の実験や水夫たちの報告とともに、聖書を事実確認の情報源とした。海流についての理論が発展する中、その動きを司る法則を見出そうとした彼はこう綴っている。《よって、疑いようもなくそれら〔海流〕は、

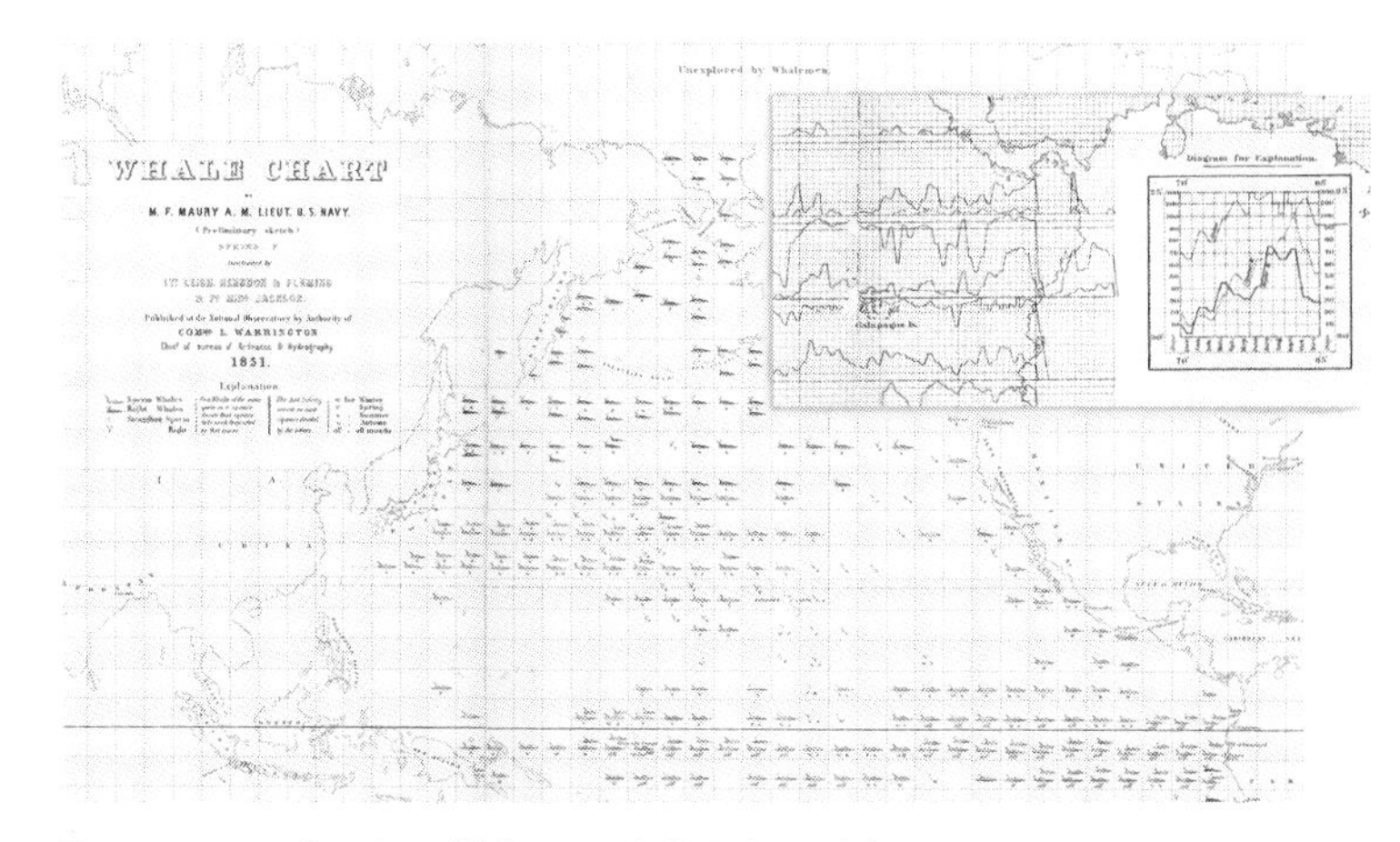

図17　モーリーらによる「鯨海図」の部分図（1851年）。マシュー・フォンテーン・モーリーとその同僚らが製作した、世界各地の捕鯨漁場を示した海図。鯨捕りたちが報告したマッコウクジラ（明るい灰色）とセミクジラ類（暗い灰色）の目撃例を記している。モーリーは他にグラフ形式での部分図を4種類作製しており、『白鯨』の「海図」の章ではイシュメールがそれに言及している。本図ではその一例（シリーズF、第3図）を右上に重ねて示す。各グラフはマッコウクジラとセミクジラ類の過去の目撃記録を位置と月ごとに数値化している。

秩序を維持し神の手仕事のあらゆる分野を特徴づける調和を保つのである。》[*16]

一八五〇年に海洋探査を行ったテイニー（Taney）号の任務への資金の割り当てを決めたのはモーリー大尉だった。このスクーナー〔帆船の一種〕は海洋探査そのものを主目的とした初めての合衆国艦艇で、任務には深海での測深実施も含まれていた。『白鯨』作中でイシュメールは鯨海図についての告示を引用しているが、同じ公告文の中で、モーリーは次の二点の両方に触れている。一つはセミクジラ類の間に種の違いがある可能性、もう一つは、捕鯨船の船主たちに対し、乗組員が海深を毎日記録できるよう、保有する全ての船に麻紐と屑鉄を装備するようにとの勧めだ。モーリーはこう書いている。《私は鯨捕り諸君が、その多くが私の研究に関して表明する大いなる理性的関心により、穏やかなる凪の中で深海の測深をしてくれることと確信している。[*17]》

米国初の探検航海を率いた指揮官

さて、こうしてモーリーは「海図」の章でメルヴィルに影響を与えてはいたが、最大の参照先というわけではなかった。モーリーについての先述の脚注も、後に加筆したものというのが実際のようだ。メルヴィルはこの章の素材の多くを、別の海軍将校、チャールズ・ウィルクスの語った報告の記録を読むことで得ていた。ウィルクスは米国による後の探検の礎となった一八三八年から四二年の合衆国探検遠征隊の隊長だった。

ほぼどの証言からもいえるのは、ウィルクスはどう贔屓目に見ても非常に有能で、功績があり、尊大ないけず野郎だったということだ。ウィルクスとその上官らが探検を計画していた際、自身も強情さと無縁ではなかったモーリー大尉さえもが、この遠征への一切の関与から手を引いている。モーリーの前に海図装置本部の監督者を務めていたのがウィルクスだった。[*18]

ウィルクスの下、合衆国探検遠征隊（US Exploring Expedition、略称US Ex. Ex.）は海岸線を調査し、科学的、人類学的な情報を集め、新進気鋭の帝国たるアメリカ合衆国の威力を見せつけた。四年にわたる地球一周の旅には、六隻の船舶、三五〇名の船員と将校、そして「サイエンティフィク（scientific）」と呼ばれた専任の博物学者六人が参加した。標本収集技術と海洋学・生物学のデータ収集を発展させる動機、基盤、資金供給が揃ったのは、この後の米国史の大半に当てはまる通り、軍事面および商業面の関心からだった。遠征隊は六〇〇〇点もの自然史資料・標本を持ち帰り、それらは後にワシントンDCのスミソニアン協会〔一八四六年設立。スミソニアン博物館の運営団体〕の中核をなすコレクションとなった（ジョン・ジェイムズ・オーデュボンはその管理を申し出ている）。ウィルクスは南極が大陸であることを初めて立証した人物だと言われている。

この遠征から帰国した時、ウィルクスは職権濫用のかどで軍法会議にかけられた。彼は人を酷使する激しい気性の持ち主で、そのことが、彼がエイハブ船長のモデルであるとの説につながった。ウィルクスは全五巻にわたる渾身の体験記、『合衆国探検遠征隊の物語（*Narrative of the United States Exploring Expedition*）』を一八四四年に出版した。これには図表集がついており、ウィルクスは一八〇〇点もの海図の製作を監督した。ほとんどは南太平洋の海図で、それらを前にすると、私の愛しいコモドール・モリス号の海図はすっかり時代遅れのものとして霞んでしまう。[*19]

メルヴィルはウィルクスの手記の全巻を一八四七年に購入している。その最終章は「海流と捕鯨」と題されており、『白鯨』では冒頭の「抜粋」で引用されているほか、第44章「海図」と第１０５章「鯨の大きさは縮小するか？」の直接の下敷きにもなっている。ウィルクスは「海流と捕鯨」の章の冒頭に、捕鯨の行われていた漁場を影で染めた見開きの海図を載せた。どの海域にも、海流を示す線が様々な向きで走っている（図18）。本文の書き出しはこうだ。

《海流と捕鯨という、見たところあまりに相異なる題材がともに一つの章をなすとは、一見奇妙なことと感じられるかもしれない。しかしながら、我々は本章の結びに至るまでに、大いなる鯨類動物らに適切な食餌を運び流れる、海の大いなる海流の進路こそが、鯨が習性によって向かう場所のみならず、頻繁に出現することが知られる季節をも決定していることを申し分なく立証できるものと信じる。[20]》

メルヴィルが海流についての着想を得たのはまさにここからだった。探検航海の始めから、ウィルクス率いる遠征隊は海流を測定し、追跡しようとしていた。彼らの調査は、フィジー付近で難破した捕鯨船から流れ出た樽の漂流方向の記録にまで及んだ。遠征隊は定期的に深海の測深、そして水面と水面下での海水温測定を行った。ウィルクスは海流と渦を海図に記し、地球規模での海水循環についての理論を提唱した。水温、海流、貿易風、海底の地形、海岸線の作用を結びつけた彼の発想は、海洋物理学についての以後の知識の予兆となるものだった。後に湧昇流〔貿易風や海底火山の作用により、深層の海水が表層に湧き上がってくる〕、下降流と呼ばれるようになる現象の認識もその一つだ。『白鯨』のエイハブ船長は海流を参考にマッコウクジラの食料の動きを追跡しようとするが、これはウィルクスが海流に運ばれるクラゲや小型のイカの流れを基にマッコウクジラの動きを理論化したのとまさに同じだ。ただし、彼が参考にした生物は実際にはマッコウクジラの食料の大した部分を占めているわけではない。[21]

マッコウクジラの食料の大部分を占めるのは深海性の〔大型の〕イカというバイオマス〔有機資源〕なのだが、その動きを追跡するデータや調査手法は今なお存在しない。そのため現在、マッコウクジ

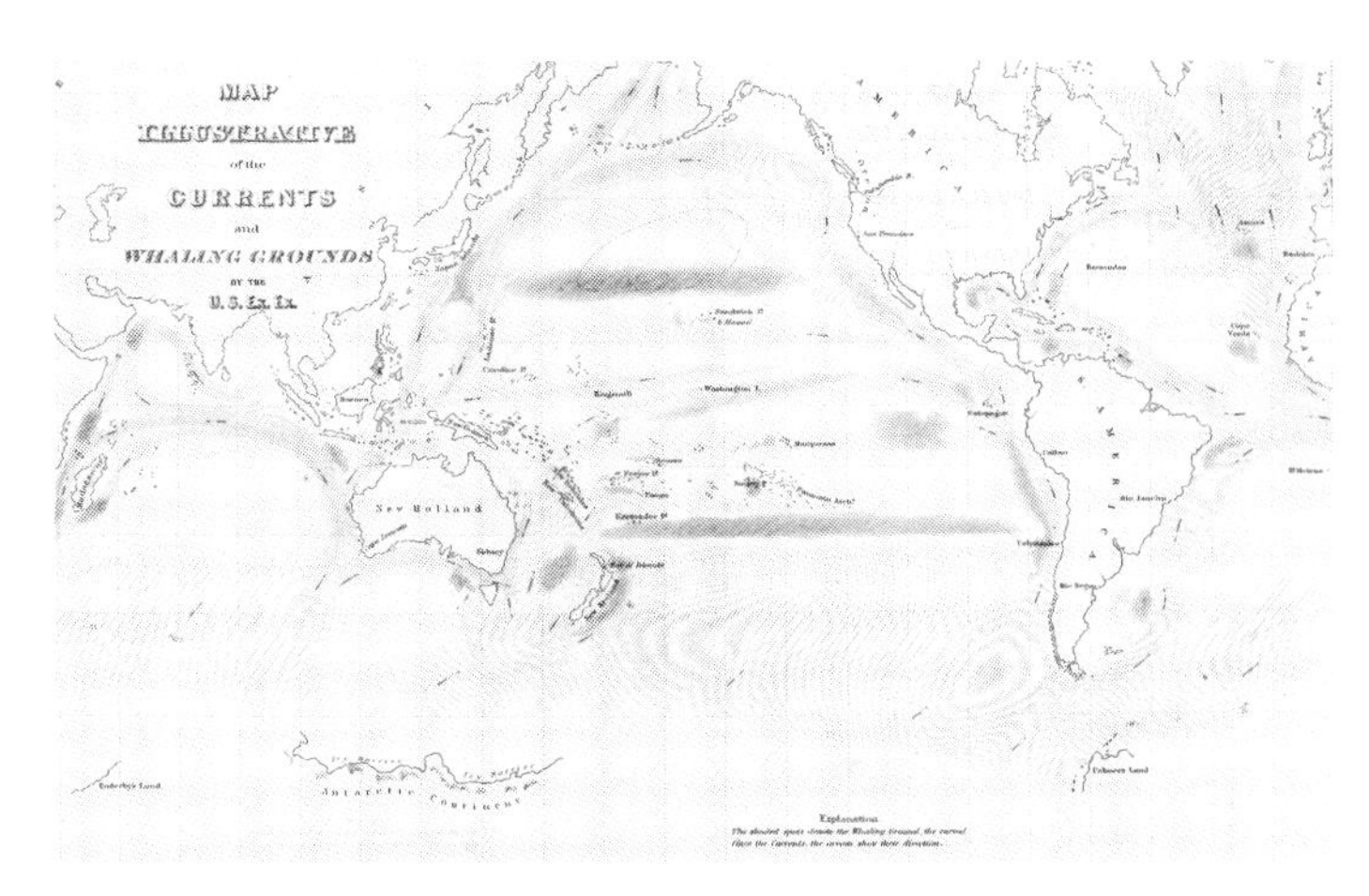

図18　「合衆国探検遠征隊による海流と捕鯨漁場の図解（Map Illustrative of the Currents and Whaling Grounds of the U.S. Ex. Ex.）」（1845年）部分
図色の濃い領域が捕鯨の漁場、線と矢印が海流とその向きを示している。

ラを研究する生物学者は、クジラの動きを予測する上で植物プランクトンの密度、海中の地形の多様性、豊かな実りを生む湧昇流系といった因子のほうにより着目している。[*22]

メルヴィルは自らが『白鯨』に求めるものをウィルクスから選り集め、モーリーからはそれほどでもなかった。だが、彼はウィルクス、モーリー両者の研究を使うことで、たった一頭のマッコウクジラを世界中の海の中から見つけ出すというエイハブ船長の追求劇の信ぴょう性を築き上げた。

世界捕鯨史プロジェクト

ティム・スミスは、話す前には一旦止まって考える、という行為を真に実行している稀な人々の一人だ。彼は北カリフォルニアにある職場の椅子に背をもたれかけ、こう話す。「私の業界にいる人のほとんどは、二〇世紀の商業捕鯨以前に何が起きていたのかについて、ごくわずかの理解しか持っていません。私たちが今日立っている場所にたどり着くまでの過程を説明するには、二〇〇年〔分の歴史の理解〕を要するのです[*23]」。

スミスは「世界捕鯨史プロジェクト」を率いる。当初はウッズホールで始まったこの取り組みでは、スミスと鯨類の専門家であるランドール・リーヴズを共同リーダーとするチームによって、捕鯨日誌から直接収集された鯨の分布と季節のデータのデジタル化が進められてきた。彼らはモーリーが一八五〇年代に編纂したマッコウクジラとセミクジラ類のデータを、一九二〇年代にチャールズ・タウンセンドという名の米国の博物学者がまとめたデータと合わせて再統合した。タウンセンドはザトウクジラなど、他の種の情報もデータに含めている。続いてスミスらは「海洋生物センサス（Census of Marine Life：海洋生物の全個体数調査）」〔二〇〇〇年から一〇年にわたり、八ヵ国以上の研究者が参加して行われた国際プロジェクト〕から得られた独自のデータもこれに追加した。数年間の取り組みを経た後の二〇一二年、スミスらは一七八〇年から一九二〇年までの鯨の目撃場所を以前よりはるかに正確に記録・可視化した、全く新しい地図・海図集を発表した[*24]（カラー図版7）。

これら諸々の取り組みへのスミスの関与は、一九七〇年代に米国海洋大気庁（ＮＯＡＡ）で働いていた時に遡る。彼は当時、国際捕鯨委員会（ＩＷＣ）が捕鯨管理における決定をより情報に基づいた形で行えるよう、鯨の個体数に関して知られている情報についてＩＷＣへの助言を行っていた。ここから当然の成り行きとして、世界にはかつてどれだけの鯨がいたのかとの話題にまつわる疑問が生まれてきた。スミスは古い航海日誌、そしてモーリーの行った研究の海へと飛び込んだ。

スミスは皮肉にもこう説明する。様々な意味で、今の私たちが鯨の分布状況について知ることは一八〇〇年代よりも少ない。当時は米国の捕鯨船があちこちに出ていた。現在では特筆すべきわずかな例外を除いて、大規模な商業捕鯨は過去のものとなっている。二一世紀において、鯨の頭数の世界規模での調査結果を得るのは難しい。ホエールウォッチングの船や、例えば南アフリカ沖などの海域での空中からの調査によって、特定の地域の素晴らしい記録は得られている。ここ数十年では、目覚ましい発展を続け、短期間の潜水や生態の情報を伝える軽量の標識（タグ）を科学者が海棲動物に取りつけることでも記録が集まっている。だが、現代の深海の記録については、なおわずかだ。

ヒゲクジラ類の多くの種（例えばザトウクジラやコククジラ）の回遊パターンは現在かなりよく知られている。その理解の基礎を築いたのは間違いなく米先住民で、その後、メルヴィルの時代の鯨捕りもそれに続いた。ただし、マッコウクジラの動きとなると話は別だ。イシュメールは『白鯨』第88章「学校（schools）と学校の教師たち（schoolmasters）」〔英語の「school」は魚や鯨の群れのことも指す〕で、マッコウクジラは水温と食料に関連する、予測可能な季節性の回遊を行うのではないかと示唆している。とはいえ、当時はそのような知識は得られていなかった。そして……現在でもその状況は全く変わらない。

「今でもマッコウクジラの動きについてはよくわかっていないのです」とスミスは説明する。一八〇〇年代、北緯六〇度以北の北太平洋と南緯六〇度以南の南極海での鯨捕りたちによるマッコウクジラの報告例は稀だったが、二〇世紀の捕鯨船がマッコウクジラを捕獲していたのはまさにそれらの海域だった。マッコウクジラが移動したのだろうか、それとも、こうしたデータは主に人々が捕鯨に出ていた場所についての情報を伝えているだけなのだろうか？

一九世紀の水夫は、マッコウクジラが一年の大半の間、性別や年齢層に応じて移動することを把握していた。鯨捕りは体の大きさを基に鯨の性別を見分けることができた。雌の方がはるかに小さいからだ。鯨捕りはまた、家族や年齢層ごとに鯨がとる行動も観察していた。コモドール・モリス号のローレンス船長は、赤道周辺で「雌鯨（cows）と仔鯨（calves）」からなる群れを目撃するたびに自分の日誌に書き込んでいた。当時から海洋生物学者は性成熟済みの雄と雌の間に行動範囲の違いがあることを確認していた。海中で生殖する他のどの哺乳類のつがいよりも、マッコウクジラの雌雄を隔てる距離は大きい。雌と若年個体は熱帯や温暖気候の水域で終始暮らす。現代の専門家は、これらの個体の移動は居場所を定めない放浪型である可能性が高いと考えている。食料の量や、自らの属する群れ集団の伝統に基づく流浪の旅だ。雌と若年個体の作る群は当時も現在も、人間による捕鯨の影響から回復している途上だ。[*25]

そして、雄のマッコウクジラがどのように、そしてなぜ、世界中の海を移動して回るのかについては、さらによくわかっていない。メルヴィルが自らの創作による老いた雄、モービィ・ディックを孤独で何万マイルも移動できる存在として描いたことは正しかった。年を重ねた雄のマッコウクジラは年齢が上がるほど極地に近い高緯度の海域で過ごすようになり、その後ごく稀に、赤道付近の餌場へと下ってきて、繁殖域へと入る。先述の雌の集団が点在する中、年かさの雄たちはほんの短時間だけ雌の元を訪れる。時にそれを何度も繰り返すことはあるが、それも一度につきわずか数時間の話であることが多い。おそらくは交配のためだと考えられている。モービィ・ディックと違わず、老雄の動きは極めて個別的だ。彼らは、イシュメールが主張するようなハーレムの主のごとき振る舞いはしない。この発想はメルヴィルが集めた鯨文書、そしておそらく自身の海上での経験から得たものだろう。[*26]

「面白い話ですよ。マッコウクジラは全ての鯨を保護する上でのシンボルなのに、私たちの知らないことが最も多い鯨なのですから。しかも、今日でも人々にとって全容を知ろうという関心が一番薄い鯨なのです」

今日、マッコウクジラがどう回遊するかを真に理解する上で必要な類の大規模調査に着手する経済的、政治的動機を持つ組織や機関はない。一九二〇年代から三〇年代には科学者が南極海に出かけ、ノルウェーの捕鯨船の船長たちからデータの記録紙を集めた。一九二五年には英国の海洋学者がウィリアム・スコーズビー号と名づけた新しい船を進水させ、当時の他の生態学者が鳥や魚に標識（バンドや傷）をつける体系的な計画を進めていたのと同じ形で、鯨に標識札を打ち込む急務に取り組んだ。この時、鯨への標識はナガスクジラについての知識を得るのに役立ったが、計画は長くは続かなかった。[*27]

困難の一因に、マッコウクジラがとりわけ追跡の難しい鯨だということがある。あまりに深く、あまりに長く潜水するので、個体を数えて識別するのが難しいのだ。今日においても標識に使える器具は限られている。内蔵電池の寿命と、マッコウクジラによってさらされる高水圧環境が理由だ。ドミニカ共和国やニュージーランド沖で活動する研究者は吸盤つきのデータロガーを使用したこともあるが、大抵は数時間しかもたなかった。ただ、技術は急速に向上してもいる。例えば、カリフォルニア湾［メキシコ北西部。南北方向に長く伸びた入り海］で研究を行う科学者は、「アドヴァンスト・ダイヴ・

ビヘイヴィア（ADB）」というタグをマッコウクジラに取りつけ、それは一ヵ月以上脱落しなかった。[*28]

私が『白鯨』の「海図」の章についての考えと、エイハブの追跡劇の実現可能性をスミスに尋ねると、彼は間を置いた。スミスは『白鯨』をよく知っていた。彼は椅子に背をもたれた。「エイハブが一頭の鯨を追っていて、相手を再び見つけることを望んでいたという発想は、同じ個体に複数回の攻撃を行ったという話によって裏打ちされていると思います。人々は鯨たちが銛の一投を逃れて生き延びられることを知っていました。故に、ある鯨が長きにわたって同一個体として認識されたのですが、そのたった一頭の鯨を海で探すことができるという発想は……完全に創作だと私は思いますね」。

スミスの調査チームが作製した地図集からは、鯨ハンターたちが赤道沿いで通年捕鯨をしていたことが窺える。一月や二月にとりわけ盛んだったわけではなさそうだ。ということは、「赤道上（on-the-line）」漁場には一年の間に特定のシーズンはなかったのだろうか？

「なしです。旬らしい旬があったようには見えません」とスミスは言う。「これが問題の一つでした。この、季節性の変化についての話が出回っていたのは事実です。魚や鳥のように、マッコウクジラは予測可能な回遊をするのだと。私たちはその分析をしてみました。季節性の分布について、データは実際には何を示してくるのか、と。わかったのは、マッコウクジラが特定の時期のうちに赤道を離れると示す根拠は乏しいということです。そうした行動をとるのは大抵が雌と若年個体の群れでした。特定の時期に赤道を離れていたのは、鯨捕りの側なのです。でも、これではマッコウクジラの生活史の複雑さに嵌まり込むばかりです。今もなお私たちの知ることがどれほど少ないかという話にもつながります」。

メルヴィルに対しては、モーリーが一八五一年に発したあの「鯨捕りたちへの告示文」で、赤道沿いでマッコウクジラが一年のどの時期に目撃されているかを示す表を掲載していた。その表は季節による変化を示してはいるが、赤道周辺では日付変更線の西側まで、年間を通じてマッコウクジラが存在していることも示唆していた。エイハブ船長が白鯨に出会う日が「赤道上シーズン」の一月と特に定められているのは、彼の時代においても、現代の知識から考えても、事実というより創作の要素が強いようだ。*29

二〇一七年夏、CIRCE（Conservation, Information and Research on Cetaceans：鯨類の保全、情報、研究）というスペインの団体がある報告を行った。彼らは一九九八年に、それまでに少なくとも一三年間以上ジブラルタル海峡に回帰し続けていた一頭のマッコウクジラを確認したのだという。彼らはアマニータ（Amanita）と名づけた雌のマッコウクジラの特徴的な尾びれの傷跡を写真に納めていた。観察者は、尾びれの片側に均等に並んだ三つのかすり傷でこの雌を見分けている。尾びれの中央にある小さなV字型の切れ込みの少し下の位置だ。*30

第6章　風

この陸の世界と同じく、あたま〔船首〕の風は後ろの風よりもはるかに強く（ピタゴラスの格言★を決して破らなければ、だが）……

イシュメール（第1章「まぼろし」より、放屁に関するジョーク*1）

「海図」の章で、メルヴィルは風のことをあまり書いていない。当時の読者は風が航海と不可分だとわかっていたのだ。人類が海を渡り海岸線に沿って移動する船旅の歴史において、風はごく最近まで航路の始まりであり、終わりであり、移動中の全てであった。今日では、風は近代海運や空の旅に多少の影響を与えはするが、一般の消費者や旅行者に目立った存在感を示すことは稀だ。沖合の島にフェリーで通う生活でもしていない限り、ハリケーン未満の強風は普通、ただの迷惑な存在にすぎないか、エチケット袋の出番となるのがせいぜいである。メルヴィルの描いた一九世紀中盤やそれ以前の数千年間、風が船乗りや旅人の命に影響を与えていたのとは大違いだ。モーリーとウィルクスは鯨の数や回遊の研究よりも、風にまつわる調査、理論化、航海計画にはるかに長い時間を費やした。

エイハブ船長率いるピークォッド号の動力は風のみだ。この船にエンジンはない。『白鯨』の登場人物は誰一人、海上で推進エンジンつきの船舶に出会わない。民間航空機と水中写真の開発以前に、私たち人間と海との関係に最大の影響を与えたのは船舶用エンジンの開発だけかもしれない。

メルヴィルは一八三九年にリヴァプールへ向かう最初の航海に出ているが、当時、蒸気船による大西洋横断が始まっていたことは広く知られており、メルヴィルも既に書物を通じて蒸気船のことを知っていた。ルイ・アガシーは蒸気船に乗って大西洋を渡り、一八四六年にボストン港に到着した。メルヴィルも三回目にして最後の大西洋横断を終える一八五六年までの間に洋上蒸気船でスコットランドを訪れている。メルヴィルの時代、捕鯨船は港を出入りする際に蒸気船の助けを借りることこそ多かったが、海洋を横断する貨物船や捕鯨船そのものに蒸気エンジンを搭載できるようになったのは一九世紀終盤になってからだ。貨物船や捕鯨船がエンジンを搭載したところで、コストに見合ったり、安全だったりすることは稀だった。大海原のど真ん中を蛇行するのに必要な量の石炭を確保するのも、船内に保管するのであれ、探してくるのであれ、輸送計画の上で現実的ではなかった。

★ピタゴラスはそら豆を食さないことを自らとその弟子たちに課していた。その形を不吉としたほか、腹にガスが溜まることなども理由だったという。

アクシュネット号のような捕鯨船の船体は、水上部分がバスタブのような形に作られている。そのため、歴史家たちはずっと、この船はちゃぷちゃぷと不恰好に進んだのだろうと想定していた。そんな中、二〇一四年夏に米国のとある木造捕鯨船の航海性能を確かめる試験が行われた。あのチャールズ・W・モーガン号だ。学芸員、保険業者、博物館の運営陣（皆、博物館の最も重要な収蔵品を危険な場所に送り出すことに恐れおののいていた）が手に汗握って見守る中、船は一九二一年以来初めての航海、ニューイングランド地方南部を巡るひと夏の旅に出た（カラー図版1参照）。帆に風を受けた船は、誰が予想したよりもはるかに速く、そしてはるかに高い操作性で進んだ。とはいえ、その機動性にもかかわらず、チャールズ・W・モーガン号は他の多くの横帆船〔船の中心線（前後軸）に直行する向きに帆を張った船〕と同様、どれだけ好条件の時でも風に対して六〇度以内の向きで進むことはできなかった。つまり、もし捕鯨船の船長が西に向かいたい時に風が真西から来ていたら、船をそちらに直進させることはできなかったということだ。ピークォッド号のような船を目指す方角に向かって進ませるには、まずはおよそ北北西、続いておよそ南南西、そしてまた北北西、南南西と、ジグザグの進路をとらなければならなかったのだ。

コモドール・モリス号のローレンス船長は一八四九年九月、往路でアゾレス諸島のフローレス島〔ポルトガル沖〕に向かう間にどのように風力で船を進めたかを書き記している。

《一七日月曜日。序盤、東からの疾強風、曇天。船の進路を四時に変更した。六時の日没時、フローレスはおよそ東南東の方向、三〇マイル先に位置していた。中盤、午後二時まで北東進路を維持し、

進路を変更した。終盤、フローレスとコルヴォ〔島〕を南南西に見ながら北西に向かった。[*2]》

ローレンス船長は停泊地のフローレス島に直行したかったが、東からの風がある中ではそうできなかった。そのため、コモドール・モリス号をできる限り風の吹いてくる方角に近づけながら、北東に、そして今度は南南西にと、風の真向かいを充分に避けつつ、目的地に向かってジグザクに進路を戻す間もスピードを維持できるようにした。

三本のマストと、開いていないものも含め十数枚の帆を持つ大型船の航行は、ロープを引き、緩める作業を整然と行うたくさんの人員がいなければできない大仕事だ。特に、水平に伸びるずっしりとした帆桁(ヤード)から吊られたいくつもの帆を、ある角度から別の角度へ正確に切り替えなければならないとあっては。

ニューイングランド地方沖を回る航海に出たチャールズ・W・モーガン号の船員たちが、かつての鯨捕りの船乗りとしての真価を一層高く評価するようになるまで時間はかからなかった。リチャード・ヘンリー・デイナ・ジュニアなどの書き手が過去に書き残した議論や見解では、鯨捕りたちは船を管理するには軽率で怠惰な存在だとして不名誉な扱いを受けることが多かった。一方『白鯨』では、「弁護」の章でイシュメールが鯨捕りを船員であり航海者である存在として擁護している。鯨捕りは複雑な艤装を操って船を進め、ホーン岬の周辺を行き来し、しばしばその先へと船を進め、まだどの欧米人もきちんと海図に記していない新たな場所にも到達した。[*3]

エンジン登場以前の時代、どの方向にも自在に進めるわけではないという制約は他にも船舶に影響を及ぼしていた。とりわけ、捕鯨船には。例えば、一九世紀中盤の鯨捕りは甲板から安全な立ち位置で獲物に銛を打ち込めるとなったら大喜びしたことだろう。もし鯨がぴったり風上の方角に泳ぎ去ってしまえば、当時の大型船では相手に追いつけるほどの加速や素早い針路転換はできなかった。そのため、鯨捕りたちは大きなリスクを負いながらも小さな手漕ぎボートを海へと繰り出し、しばしばボートに専用の帆まで張って、銛で仕留められるだけの距離まで鯨に近づこうとしたのである。

『白鯨』のピークォッド号は、ナンタケットから出航するとすぐに向かい風に見舞われる。数々の不吉な予兆の一つだ。メルヴィルがこの演出を用いたのは、劇的な語りが初めて本格化する第23章「風下の岸」だ。メルヴィルはこの章で、白鯨を巡るこの小説が、かつて繰り出されてきた与太話よりもはるかに深層へとつながっていることを明確に宣言する。風下の岸（lee shore）というのは、船が風、海流、波、あるいはそれらの組み合わせに翻弄される海岸水域のことだ。船は浜や岩場を無事に避けられるほどの速度やスペースを保てないかもしれない――この皮肉な状況がメルヴィルの暗喩の下敷きとなる。私たちが港をいかに愛おしみ、いかに陸上での安全に価値を見出そうとも、船がひとたび航路に入り荒天の下に置かれれば、陸地は港であれ、海図や視界に上らない太平洋のど真ん中の岩場であれ、航海士たちの恐怖の源でしかなくなるのだ。メルヴィルが「風下の岸」の章を用いたのは、『白鯨』の中で大事にしている大テーマの一つを導入するためだ。そのテーマとは、研究者のハワード・ヴィンセントが的確に表現しているように、メルヴィル《得意の、十分に知られていない生命の象徴である海と、既知のもの、安定の象徴である陸の対立》だ。[*4]

航行中の船が抱えるこうした制約により、鯨捕りは各地で貿易風を見つける必要があった。貿易風というのは、地球の様々な領域に吹く穏やかで恒常的な風の帯で、季節により多少の変動はあるものの、驚くほど安定して同じ方向に吹き続ける。その存在は何世紀にもわたってよく知られてきた。コロンブスは貿易風と海流に乗り、カリブ海を四回往復した。大海を横断する帆船はみな貿易風を探す。私たちが自動車で〔インターチェンジまでわざわざ移動してから〕高速道路に乗るように、帆船の船長たちは貿易風という安定した風を利用するため、目的地への最短ルートから大きく外れたところまで船を進める。今日の船では往時ほど風に悩まされることはないが、現在の船乗りも燃料を節約するため船を海流に乗せる。海流は貿易風によって起きるものも多く、ゆえに貿易風の流れとしばしば一致する。

『白鯨』執筆当時、地球規模で吹く貿易風の中にはその位置や向きについての合意がまだ形成されていないものもいくつかあった。また、貿易風を生み出す気象学的、物理学的要因についても当時はまだ活発に議論が交わされている最中だった。モーリーは地球規模で吹く貿易風の地図を発行するのに貢献し、『海の自然地理学（*The Physical Geography of the Sea*）』でも要因を説明しようとしたが、その理論はもしかすると同書の中でも最も方向違いの話だったかもしれない。ただ、公平のために述べておくと、私たちがいま理解している知識は、科学者が何世紀ももがき進んでようやく全容が得られたものだ。地球規模での風の循環は、太陽の熱による気圧の移動と、地球の自転の速度と向きによる空気の移動（現在「コリオリの力」〔「転向力」とも〕と呼ばれるもの）によって引き起こされる[*5]（図19参照）。

さて、『白鯨』のイシュメールは貿易風の科学的要因のことはさほど気にかけていない。それよりも気にしているのは、暗喩としての貿易風の存在だ。その見方は、貿易風（とりわけその恒常性、安定

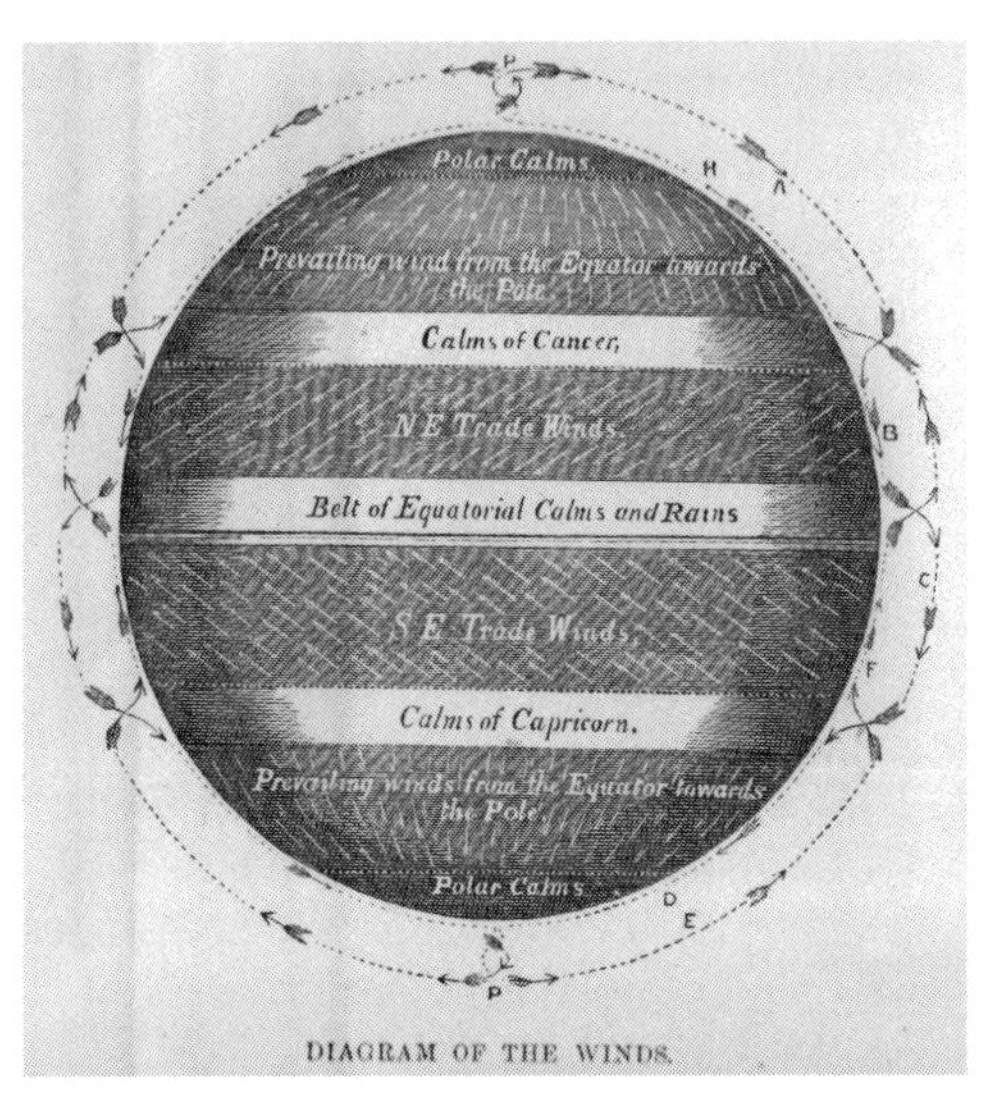

図19　モーリー著『海の自然地理学』（1855年、1880年）の図。
貿易風に対するモーリーの認識が図に表れている。

した力、そして不可視性）がいかにピークォッド号を前へ進めているかを語る彼の言葉に表れている。最後の捕獲劇が繰り広げられるクライマックスまでの間、イシュメールは風を運命や可能性を握る手、あるいは神のしるしとして用いる。モービィ・ディック追跡の第二日、後方からの追い風がピークォッド号を一気に白鯨の方へと運ぶ。《帆をぱんぱんに膨らませ、目に見えず抗いがたい腕で船を一気に前へと進めたあの風。それは、彼らをこの戦いの虜として離さなかった、あの見えざる使者の象徴と思われた》とイシュメールは語る。エイハブ船長はなおも逆風をはねのけてモービィ・ディックを仕留めようと試みる。ピークォッド号が進路を変えると、航海士スターバックは索具を巻き取りながら《彼は今や風に逆らって、開いたあぎとへと舵を切っているではないか》とつぶやく。《自分を疑ってしまう。彼に従うことで、私は我が神に背いているのではないだろうか。》彼らは逆風に向かって舵を切りながら神の意志に逆らっているのだとスターバックは考えている。[*6]

この風は一方で、エイハブ船長の口からひときわ感動的で力強い独白を引き出してもいる。追跡の最終日、エイハブ船長は脚を奪われたことの復讐へ自らをここまで激しく駆り立て続けてきたものは何なのか理解しようと試みる。彼は白鯨に対するのと同じく、この風にも人間的な特性を見立て、その度胸を論じ、相手が本当に神の創造物、神の使者なのかと問う。

《わしが風なら、かように不快でみじめな世界にはもはや吹くまい。どこか洞穴の中にひっそり這い込み、身を隠すだろうよ。とはいえ、ああ、この風というのは、なんと高貴で勇ましいものか！　風を征服できた者などかつていただろうか？　風が体を持ちさえすれば、征服することもできようが。しかし、生ける人間を最も立腹させ、激怒させるあらゆるものは、みな体を持たない。だが、それは物体としての体をのみ持たないのであって、行為者、使者としてのことではない。そこには最も特別で、最も巧妙で、ああ、最も悪意ある違いがあるのだ！　それでも、私は再び言う。いま誓う。この風にはどこかひたすらに輝かしく寛大なところがあると。少なくとも、この暖かな貿易風、強く揺るがぬ、たくましい柔和さをもって澄みきった天を吹き続ける風らには。はるか下々の海流がどれほどジグザグに曲がろうと、陸上で最も壮大なミシシッピの流れがどれほどすいすいと向きを変え、その行き着く先が不確かであろうと、この風らは己の通り道から逸れることはない。永遠の南北両極にかけて誓う！　この貿易風、わが良き船をまっすぐ押し、前に進めるのと同じこの貿易風、あるいはそれと似た何か、まったく不変の、全力で強力なものが、竜骨に支えられたわしの魂を押し進めるのだ！[*7]》

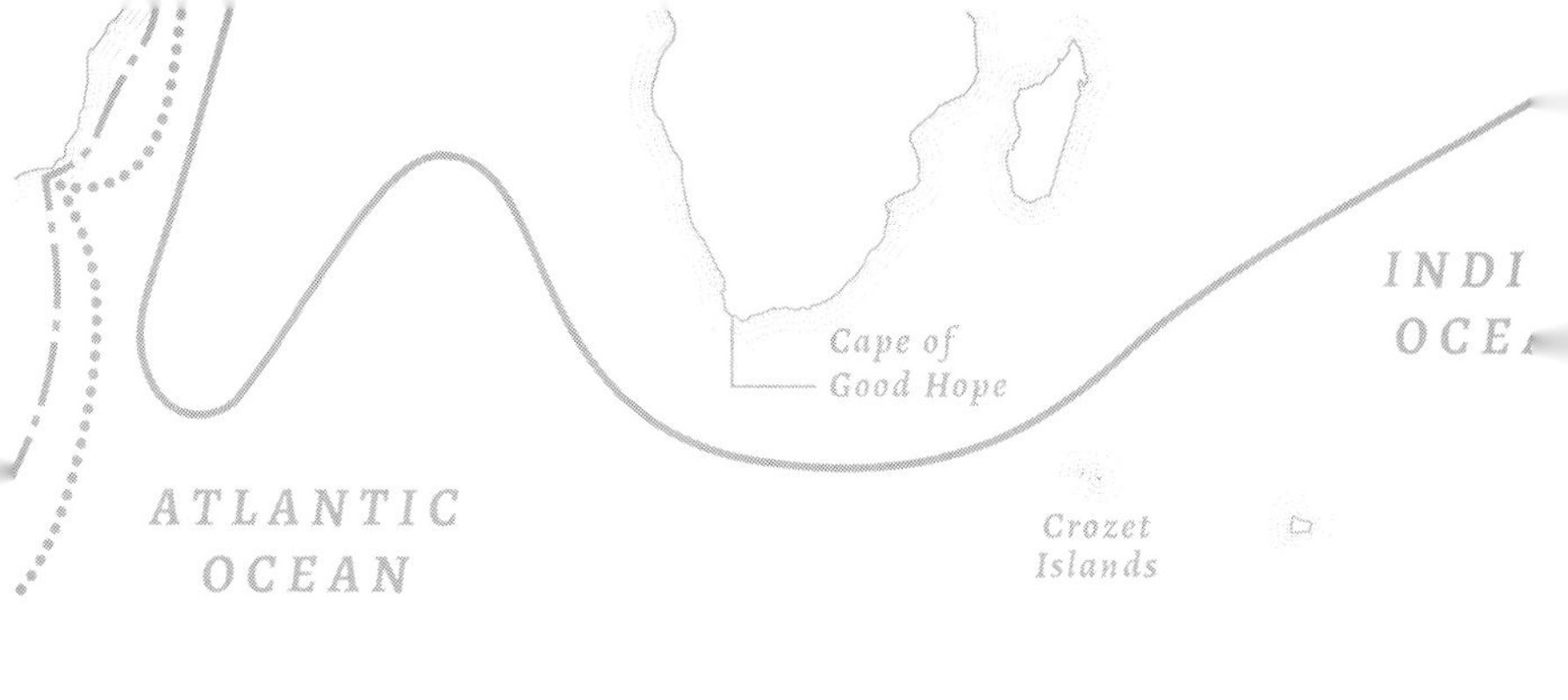

第7章　カモメ、鵜、アホウドリ

堂々たる、しみひとつない白さの羽根に包まれ、ローマ風の鉤鼻のような荘厳なくちばしを持つものを私は見た。（…）その言い表しがたい奇妙な目を通して、神を捉える秘密を垣間見たかのように思われた。

イシュメール（第42章「鯨の白さ」より）

ピークォッド号はケープコッドに近づく。イシュメールはエイハブ船長の狂った使命を既に提示し、その歴史的、鯨学的、海洋学的細部によってストーリーの現実味を裏打ちしている。ただ、第48章「初のボートおろし」で初めて生じたマッコウクジラ捕獲劇の気配はボートの転覆騒動で瞬く間に立ち消えとなる。続いて訪れる海洋生物との接近の場面は、鯨狩りとは随分と雰囲気が違う。海鳥との邂逅だ。

どんな英語圏文学においても、海鳥についての話を始める際にはサミュエル・テイラー・コールリッジの詩「老水夫行」（一七九八年）がつきものだ。この物語詩は水夫の口頭伝承との結びつきが深いことから『白鯨』には不可欠であり、イシュメールが幾度か言及している内容を理解する上でも重要な作品である。今日の私たちが「老水夫行」に込められた環境についてのメッセージをどう読み解くか。それは『白鯨』における同種のメッセージの読み解き方にも重なり、影響する。

コールリッジは「老水夫行」を過去の世紀のスコットランド民謡を思わせる詩体で綴っている。こうした民謡は口伝えで受け継がれていた。コールリッジはワーズワース、バイロン、キーツ、パーシーとマリーのシェリー夫妻らが属する英国の自然作家集団の一員だった。野外での経験や山海の荘厳さに歓喜する一方で暗鬱な霊的世界も信奉した、現在は英国ロマン派として知られる若き理想主義文学者の一団である。メルヴィルは英国ロマン派による海洋文学の舵取り術を様々な形で会得し、それを海洋生物学と時代航海もののリアリズムとで満たして独自の海物語の様式を作り出そうとした。[*1]

「老水夫行」は一貫して、ある惨事をただ一人生き延びた、名前の明かされない老いた水夫の視点から語られる。「長い灰色の顎ひげと鋭い眼光」を持つこの老人は、婚礼に向かう花婿付添人を呼び止める。この参列客は呪文にかかったかのように魅惑され、座らされ、老水夫の話を聞かされる。老水夫はまず、自分の乗った船がはるか南のホーン岬までどのように進んでいったかを語り始める。現地で息を飲むほどの氷山に阻まれ、乗組員たちは怯える。だが、やがてそこに――

At length did cross an Albatross,

Through the fog it came;
As if it had been a Christian soul,
We hailed it in God's name.*2

(はるか遠方より渡りくるはアホウドリ
霧を抜けて来たる
まるで基督者の魂のごとく
我らは神の名においてそれを迎う)

一週間以上にわたり、このアホウドリは船の後ろに付いて進む。船は今や追い風に押され、氷山の合間を縫って前進している。と、水夫は話を語る中でその記憶がもたらす恐怖に打たれ、聞き手である婚礼客は驚く。

老水夫よ、神があなたを救い給うことを！
あなたに取り憑く悪霊から！
なぜそのような顔をなさるのです？
——私の石弓で、［と老水夫は言う］
私は撃ったのだ、あのアホウドリを。

なぜこの海鳥を撃ったのか、彼は理由を語らない。船が赤道へ向かって北上する中、海とその精霊たちは皆、その不当な殺害への復讐を始める。貿易風に挟まれて無風となる赤道低圧帯において、水夫たちは渇きのために死にかける。

水、水、どこもかしこも
されど一滴たりとて飲み水はなし

水夫の仲間たちは、全ては彼のせいだと責め立て、死んだ鳥を彼の首に巻きつける。間もなく、二つの悪霊が船員たちに呪いをかける。今でいうゾンビになる呪いである。水夫はその苦しみを一人で味わうために残される。

ひとり、ひとり、ただただ一人
広い、広い海の上で一人

彼はうめく。自らの死を願う。祈るべきだとわかっているが、それができない。幾日もの後、とうとう彼は手すりの向こうに水蛇の姿を見る。水夫は突如、生きとし生けるものへの愛と美に打たれる。何をしているのか自分でもわからないまま、彼は水蛇たちに感謝の祈りを捧げていた。これが「老水夫行」のクライマックスだ。[*3]

水蛇に祈りを捧げた後、水夫の首にかけられていたアホウドリの死骸が落ち、海の中へと沈んでいく。良き精霊たちがその場を引き継ぎ、ゾンビとなった船員たちが船を動かして故郷へと急ぐ。母港が視界に入った時、突如何かが水面下から現れ、船体を打ち砕く。船は渦の中に飲み込まれ、手漕ぎボートに乗った二人の男が水夫を救出する。以後、老水夫は世を旅して歩き、彼の言葉を聞くべき者を探し回る宿命となる。

コールリッジが「老水夫行」でアホウドリとの出会いを惨事のきっかけとしたのには相応の理由があった。開水域〔湾や島、岩礁などのない開けた海〕を行く船乗りにとって、海鳥は他のどの動物とも別格の存在なのだ。これはエイハブ船長の時代でも現在でもそうだ。コモドール・モリス号のローレンス船長は、ホーン岬に向かって南下していた一八四九年の航海日誌にこう記している。《序盤、北西より心地よい強風、好天。（…）gonys〔アホウドリの当時の呼称「goneys」のことか〕とspeckled haglets〔ウミツバメ〕が初めて現れる。》数週間後、ホーン岬を回り終えたばかりのところではこうだ。《曇天、霧（…）一〇時頃、非常に緑色の水域に突入。多数の鳥が、進路を変えた船からさして遠くない距離にある陸の存在を示す。》慎重な航海士たちは、海鳥を船の現在地を知る助けとした。GPSの時代が訪れる前は特にそうだった。どの鳥の種が岸の近くに多く、どの種が開けた海の上に多いのかを航海士たちはわかっていた。彼らは鳥の飛んでいく向きも観察した。海鳥はまた、クジラの周りで目撃されることも多い。死骸をつついて食べている場合もあるし、クジラを引き寄せるのと同じプランクトンや小魚の集まりに、海鳥が寄ってきている場合もある。熟練の鯨捕りや漁師は、水面下の活動を示すしるしとして水上の鳥を探すことを知っていた。『白鯨』の終盤、第133章「追跡——第一日」では、エイハブ船長の捕鯨ボートに向かって飛んでくる海鳥の隊列を、銛打ちのタシュテーゴが目に留める。《鳥の視覚は人のものより鋭い。》海鳥は白鯨モービィ・ディックの浮上を警告しているのだ。[*4]

このような背景ゆえに、海鳥が数世紀にわたって船乗りや作家たちから特別な意味を与えられてきたのは納得がいく。イシュメールは、長い年月を青い海の上で孤独に過ごした末の鯨捕りたちがどんな水夫よりも迷信深くなっている様子を説明する。著者メルヴィルも、長年使われていた「鳥たちが溺れた水夫の魂をくわえている」という喩えの存在に気づいていた。コールリッジは「老水夫行」の一節《まるで基督者の魂のごとく》でこの迷信にはまっている。メルヴィルは初期作『タイピー』で、海鳥を戯れに殺した船長のことを書いている。乗組員たちは《船長の不信心に愕然》とし、ホーン岬を回る航海が長引いているのは《この害のない鳥に対する船長の冒涜的な殺戮》のせいだと考えた。[*5]

『白鯨』作中で、イシュメールは鳥を「カモメ（gulls）」、「海の鳥（sea-fowls）」、「海鳥（seabirds）」と総称している。さらに、そのうち四種類の海鳥については、当時の水夫たちの間で使われていた一般名で個別に呼び分けている。鵜（う）は「海の渡鴉（わたりがらす）（sea-ravens）」、グンカンドリは「空の鷹（sky-hawk）」や「海の鷹（sea-hawk）」、アホウドリは「ゴーニー（goneys）」。ヒメウミツバメはエイハブ船長に「マザー・ケアリーの鶏」〔本書第23章で詳述〕と呼ばれている。これらの鳥は皆、『白鯨』のドラマ性と流れを作り上げる上で意義ある役割を果たしている。ピークォッド号の航路を辿りながら進む本書の現時点では、カモメ、鵜、アホウドリについて論じていこう。

カモメと海鳥

勇敢なナンタケットの人々を「所有する土地のないカモメ」〔第14章「ナンターケット」〕になぞらえ、ピークォッド号が島を離れる際に「鳴いているカモメ」〔第22章「メリー・クリスマス」〕の描写を挟んだ後は、イシュメールが海上で「カモメ」を見たと言及することはない。これは偶然の産物かもしれないが、鳥類学的にはぴたり正確で気の利いた描写となっている。カモメ科（Laridae）の鳥は沿岸性で、陸地から十数マイル以内〔二〇キロメートル弱〕の範囲に留まることが多いのだ。現在、米国東海岸のカモメの数はメルヴィルの時代よりも増えている。卵や羽毛を狙うカモメ猟が減り、人間の投棄するゴミや、釣り船や漁船からの廃棄物が増えたことなどが要因だ。

『白鯨』ではこの後、イシュメールが様々な場面で水上の「白い海鳥」、「海鳥」、あるいは単に「鳥」の話をする。その多くは鯨の死骸に絡む話題だ。隙を狙っては鯨の肉をついばむ、メルヴィルが南半球で見ていたであろうそれらの鳥は、ミズナギドリ目（Procellariiformes）のいくつかの科に属するものだったかもしれない。ミズナギドリ目の鳥はいずれも遠洋性で、海を主な居場所とする真の「海鳥」だ。アホウドリ類、ウミツバメ類、ミズナギドリ類、クジラドリ類。現在では英語で「prions」と呼ばれるクジラドリ類は、当時の水夫には「whale-birds」と呼ばれていた。ドクター・ベネットは沖合の海鳥の同定を少々してはいたが、当時も現在と同様、沖合の鳥たちを対象とする鳥類学は難しい研究分野だった。目撃される個体の姿ははるか遠くにあり、羽毛の様子は互いに似通いつつも、同じ種内にさえ違いがある。メルヴィルはしばしば、海上のシーンにどの種ともつかない「海鳥」の描写をそっと添えている。画家が海の風景画の上空にV字型のシルエットを二、三描き込み、キャンバスに躍動感と多様性をもたらすのと同じように。[*6]

「海の渡鴉」、鵜

メルヴィルのいう「海の渡鴉」は、他の海鳥とは全く別の雰囲気を場にもたらす。文学において伝統的に陰鬱と死を想起させてきた鳥だ。メルヴィルは、第51章「潮吹きの霊」にこの鳥を配置している。ピークォッド号がアルバトロス号（本当の名はゴーニー号）〔いずれの名も「アホウドリ」の意〕に出会う直前の出来事だ。第23章「風下の岸」では船が港を離れたのを合図に物語がより深く危険なものへと転換するが、「潮吹きの霊」では鵜が現れたことが合図となって物語はより荒唐無稽で霊的な筋道へと向かう。海の状態は変化しつつある。船は大西洋を離れようとしている。船が東に舵を切り、喜望峰を回るために荒波へと向かう中、遠方に見える幽霊のように白い潮吹きがイシュメールたちを不吉に誘惑する。コールリッジの水蛇を思い出し、イシュメールは言う。《我々の前で、海の中で奇妙な物影が彼方此方に素早く行き来した。その間、我々の後ろでは得体の知れない海の渡鴉が黒々と群れ飛んだ。》[*7]

私はこの黒い「海の渡鴉」を鵜（ウ属：*Phalacrocorax*）の一種として読んでいる。世界各地で見られる、

THE CORMORANT.

"Not far from thence is seen a lake, the haunt
Of coots and of the fishing cormorant."

SOME persons, with Johnson, derive the name of this bird from "*Corvus Marinus*," or the Sea Crow. There is little resemblance to the crow, however, except in its colour. The cormorant is

図20　W・タイラー著『鳥、獣、魚、蛇、虫等の自然史（*The Natural History of Birds, Beasts, Fishes, Serpents, Insects, &c.*）』（1862年）の「The Cormorant〔鵜〕」の項。ラテン語の「*corvus marinus*」との関連に言及がある。『白鯨』でイシュメールが「海の渡鴉（sea-raven）」と呼ぶのもおそらくこの鳥。

暗い体色をしていて水に深く潜る鳥たちの仲間だ（図20）。「潮吹きの霊」の章ではこの鳥がピークォッド号の索具（リギン）に止まり《麻縄にしがみつく。》『白鯨』に多大な影響を与えた叙事詩『失楽園』（一六六七年）で、作者ジョン・ミルトンは悪魔（サタン）を鵜になぞらえている。悪魔は生命の木の枝に止まり、その不気味な姿をぼんやりと現し、《生きる者に死をもたらす策を考えながら》楽園を見下ろしている。英語で鵜を指す「cormorant」の語は、ラテン語で「海の渡鴉」を意味する「*corvus marinus*」からきているのではないかと思われる。水面から突き出す細い首は蛇のようだ。「潮吹きの霊」で、索具に止まるこの黒々とした海の渡鴉たちの姿にイシュメールが触れるのは、ピークォッド号が《あたかもこの海の巨大な潮流が良心であるかのような、そして、偉大な現世の真髄が、自らもたらした長き罪と厄災への苦悩と悔恨に包まれているかのような》ケープ岬沖の暗い海へと乗り出していく中でのことだ。船は苦しみに苛まれる海の中にある。そこは《罪あるものどもがあの鳥たち、この魚たちへと姿を変えた場所》だ。乗組員たちが白鯨の永遠の潮吹きだと信じるもの、《雪のように白い、（…）羽根のような噴水》が、はるか遠方に見える。*8

アホウドリ

次の《ピークォッド号がアルバトロス号に出会う》場面で、イシュメールの話は邪悪な予兆である先述の黒い鳥から、もっと有名な白い鳥のことに移る。ここで、「老水夫行」とメルヴィルの結びつきがにわかに読者の頭に迫ってくる。ピークォッド号が出会う船の名は、章題通りの「アルバトロス（Albatross：アホウドリ）号」ではなく「ゴーニー（Goney）号」、つまり、水夫たちの呼び名での「アホウドリ」である（現在では、北太平洋に生息する小型のアホウドリを指す一般名として「「gooney」または「goony」が」使われる）。ピークォッド号が出航してから初めて出会う捕鯨船だ。こちらに近づいてくる《幽霊のような外見》のこの船は《セイウチの骸骨のように色あせ》ており、それぞれのマストの上には、老いてわびしげな《ひげの伸びた》水夫たちが立っている。ピークォッド号の船底を追っていた魚の群れは泳ぎ去り、ゴーニー号の下へと不気味に居場所を移す。

「老水夫行」とまさに同じく、『白鯨』でも語り手イシュメールは惨事からの唯一の生存者であり、自身の身に起きたことを放浪者として語る。乗っていた船が沈むのを目撃した後で手漕ぎボートに救われるのも、船が水中の人間ならざる力によって打ち砕かれ、沈められるのも同じだ。船員仲間が皆死んだことも「老水夫行」と同じなら、その原因がおそらく、たった一個体の巨大な海洋動物の攻撃を受けながら積極的な対処をしなかったことにあるのも共通している。「老水夫行」では、老水夫の仲間は天使として空へと昇っていく。一方『白鯨』では、イシュメールの仲間は皆、海の底へと沈む。

　イシュメールがアホウドリと「老水夫行」に最も直接的に関わるのは、後にこの場面へとつながってくる第42章「鯨の白さ」の脚注だ。イシュメールはこの脚注で、過去の航海中に甲板でアホウドリを見たと語っている。別の船に乗って亜南極海域にいた時、甲板に出てきた彼は《堂々たる、しみひとつない白さの羽根に包まれたもの》を見つける。《ローマ風の鉤鼻のような荘厳なくちばし》をしたアホウドリだ。自分が《コールリッジの幽玄なる詩篇Ⓨ》を初めて読んだのはこの出来事があってからだ、とイシュメールはいう。彼はアホウドリに《その魔力を初めにもたらしたのはコールリッジではない。神の偉大な、おべっかを言わぬ桂冠詩人、すなわち自然である》と、意味ありげに述べている。つまり、その美、その崇高さはアホウドリという動物に生来備わったものだということだ。それでも、イシュメール自身がアホウドリを実際に見たことで《この詩と詩人の崇高な功績の輝きをなお高め》たのは確かだという[*9]。私自身が初航海でコンコーディア号の最上段帆桁（ロイヤルヤード）から見たマッコウクジラも、それとまさに同じものを私にもたらした。あのマッコウクジラとの邂逅が、小説『白鯨』とその作者の功績に輝きを添えたのだ。

　もしメルヴィル自身も南洋でアホウドリを見ていたなら（ほぼ確実にそうだろう）、それはワタリアホウドリの仲間（アホウドリ属：*Diomedea*）に属する種のどれかだろう。世界に二一種存在すると推定されるアホウドリの中でも、アホウドリ属の六種は群を抜いて体が大きい。アホウドリは野生で六〇歳まで生きることができる。ワタリアホウドリ（*Diomedea exulans*）の雄では、翼を広げた幅（翼開長）が一一・五フィート〔約三・五メートル〕に達したという信頼に足る記録がある。イシュメールは先述の脚注で、目撃したアホウドリに《果てしなく広がる大天使の翼》がついていたと書き表している。その鳥が自身の感情にもたらした作用を語った後、イシュメールはその白い羽毛の重要性を強調する。なぜなら、彼は《灰色のアホウドリ》には霊的な感動をおぼえなかったからだ。そちらはワタリアホウドリの幼鳥だったかもしれないし、他の種のアホウドリ（例えば、ススイロアホウドリ〔*Phoebetria fusca*〕）、もしくはアホウドリでさえなく、大型のウミツバメだったかもしれない。[*10]

ウィリアム・ワーズワースは、元は自分が「老水夫行」の着想をコールリッジに与えたのだと述べている。ジョージ・シェルヴォックの『大南海航路での世界一周航海（*A Voyage Round the World by the Way of the Great South Sea*）』（一七二六年）を読んだ後のことだという。この本では、《陰気な黒いアホウドリ》がホーン岬沖で数日間、シェルヴォックらの船を追ってきたことが綴られている。ある航海士は《その色から、それ〔黒いアホウドリ〕が何らかの凶兆なのではないかと想像した。》そこで航海士はアホウドリを撃ち落とした。天候が回復するよう願ってのことだったが、そうはならなかった。[*11]

現在の大多数の読者は「老水夫行」から白いワタリアホウドリを思い描くが、作中でコールリッジが実際に鳥の体色を述べている箇所はどこにもない。ワタリアホウドリは体の大部分が白いが、少なくとも翼にいくらかは灰色や黒が交じる。歳を重ねて換毛を繰り返すと、羽毛は白さを増す。イシュメールも、「老水夫行」のアホウドリは白いワタリアホウドリの巨鳥だと考えており、それが『白鯨』の物語と暗喩の狙いに適っている。よって、メルヴィルが小説の最後の場面に、白鯨が泳ぎ去る中、船に向かって降りてくる黒い鳥を配したのにも意図がない訳ではない。

コールリッジの極めて幻想的な「老水夫行」にほんの鳥渡ばかりのリアリズムを認めるとして、老水夫が自分の撃ち落としたアホウドリを再び手にするのは誇張と思われるし、朽ちてゆくその流浪の鳥の死骸を首から下げたまま二週間も甲板を歩き回るという点もやはり無理があると感じられる。アホウドリの翼は水夫の身長に迫るほど長いのだから。ナサニエル・ホーソーンも、英国でアホウドリの剥製を初めて見た際にその体の大きさを目の当たりにし、「老水夫行」を引き合いに出してその驚きを述べているほどだ。それもそのはず、そもそも「suspension〔宙ぶらりん、ぶら下がった〕」という語を使った「不信の自発的停止（the willing suspension of disbelief）」〔人が創作物を鑑賞する際、設定の非現実性や矛盾への疑いを抑え、作品世界を受け入れることを指す〕という言葉を作ったのはコールリッジその人であり、それはこの詩の創作過程について綴った中でのことなのだ。[*12]

『白鯨』第42章「鯨の白さ」で、イシュメールは先述の脚注（作中の脚注の中でも群を抜く長さである）を使ってなおも話を続ける。彼がかつて出会った例のアホウドリは、同じ船の鯨捕りたちが投げた漁具に引っかかったものだった。船長はこのアホウドリの首に短い書付を結びつける。《だが、その革製の札、人間に宛てるつもりでつけられた札が、天の楽園で外されたことを私は疑わない。翼を畳み、神の御名を呼び、崇める智天使たちのもとに、あの白い鳥が加わったときに！》。この挿話はメルヴィルのでっち上げではない。一九世紀の水夫は、実際にアホウドリを捕まえていたのだ。これは「老水夫行」の出版の前から行われていたことで、出版後も変わらなかった。例えば、鯨捕りであり画家でもあったジョン・F・マーティンという人物は、太平洋行きの三度目の航海に出た際、喜望峰に向かっていた一八四二年の日記にこう書いている。

《今朝、自分たちはドルフィン〔ここではマヒマヒ〔シイラ〕のこと〕用の釣り糸で、豚の脂身を餌に一羽のアホウドリを捕らえた。甲板に引っ張り上げるのはかなりの重労働だった。船の緯度・経度と、母港を出てからの日数を刻みつけた革の札を首に巻きつけて、放してやった。翼の端から端まで一二フィート〔約三・七メートル〕超あった。アホウドリが翼を動かす様子も見せずに、水面をかすめるように飛ぶのを見るのは見事な眺めだ。午後、仲間が一羽の頭を撃った。このアホウドリは船上に持ち込まれて、皮を剝いで翌日のご馳走になった。アホウドリは水かきのある足をしていて、「その足が」ご婦人方用のとても立派なレティキュール〔ハンドバッグ〕にもなる。[*13]》

他にも、当事者の手記や報告によって、水夫たちがアホウドリを銃や釣り針で捕らえていたことが示されている。二〇世紀になってもその事例はあった。食料目的での場合も時折あったが、それよりも、船上で鳥を狩り、釣り上げることを単に楽しんでいた場合の方が多かった。コールリッジの詩に触れた記録もいくつかある。アホウドリは嗅覚が敏感で、いつも三マイル〔約四・八キロメートル〕以上先から（ひょっとするとさらに遠くからでも）魚の匂いやクジラの屍臭を嗅ぎとれる。水夫たちはアホウドリを食べただけでなく、その足で財布や煙草入れを、毛皮で敷物を、くちばしで針入れや煙管の筒を作ることもした。メルヴィルの初期作『オムー』では、船員たちがアホウドリの羽根を使い、反乱の連判状を書くための巨大な羽根ペンを作っている。[*14]

イシュメールがかつて乗っていた商船や、先述のジョン・F・マーティンの捕鯨船でアホウドリを伝書鳩のように空へ放っていたのも、前例なくしてのことではない。例えば、一八四七年にはハイラム・ルーサーという船長がチリ沖でアホウドリを撃ち落として船に引き上げた際、その首に小瓶が結びつけられているのを見つけている。瓶には別の船長からの短い手紙が入っており、そこには《私はもう四ヵ月も鯨を見ていない》との不満が綴られていた。併せて記されていた船の位置と日付から、このアホウドリは一二日間で三一五〇海里〔約五八三四キロメートル〕以上の距離を飛んできたと推定された。[*15]

メルヴィルの鯨文書の数々では、南極海でアホウドリを捕獲したことへの言及がよくなされている。リチャード・ヘンリー・デイナ・ジュニアは『帆船航海記』で、釣り針で二羽のアホウドリを捕まえたと書いている。その二羽は《〔ホーン〕岬沖での時間のかなりの部分を私たちと共に過ごしてきた仲間だった》という。同書の改訂版で、デイナはこの場面にコールリッジへの言及を挟んだが、それでも、旅の道連れだった二羽を捕らえたことについての皮肉は示さなかった。ブラウンは喜望峰付近の海域で船員たちと翼開長一二フィート〔約三・七メートル〕のアホウドリを捕まえたことを記している。彼らは船名と日付を書きつけたものを結びつけ、アホウドリを放した。また、乗客として捕鯨船に乗り、帰国後に『捕鯨航海の出来事』（一八四一年）を出版した博物学者・評論家のフランシス・アリン・オルムステッドも、ホーン岬沖で七羽のアホウドリを捕らえたことを綴っている。オルムステッドは船員たちが《若いアホウドリ》を食べた様子を記しているが、これはおそらく小型の種の個体だろう。《素晴らしい「海のパイ」》の具として出されたその肉の味は仔牛肉のようだったという。もっとも、水夫たちの中には《この鳥には砂肝がない》からという理由で、食べようとしない者もいたという。[*16]

というわけで、当時の水夫の中には、アホウドリを不吉のしるしと見なし、特定の海鳥を殺したり食べたりするのを縁起が悪いことだと感じる人々がいたことは確かだが、その考えの浸透度はこれまで大袈裟に語られていた。アホウドリは特別な鳥としてさほど例外視されていたわけではなさそうだし、コールリッジの物語詩が海の人々に与えた影響もかなり限定的だったようだ。古典に親しみ、伝統的な教育を受けてきた文筆家の船乗りたちにとってさえも、それは同じだった。その一方、アホウドリはその驚くべき大きさと、どれほどの悪天候の中でもやすやすと滑空できる能力の持ち主として注目されていた。ただ、一九世紀にアホウドリを観察した人々の中には、この鳥の残飯漁りをするような振る舞いや、船上でよたよたと歩く間抜けな姿を目の当たりにした際に思わず落胆した者もいた。アホウドリの「ゴーニー」という呼び名も、愚か者を指す「goon」から来ている。水夫たちはこのアホウドリに残酷ないたずらを仕掛けることも多かった。例えば、船に乗っている犬と戦わせたり、紐の両端に一羽ずつのアホウドリをつないで、その片方だけに豚肉のかけらを与えたりした。[*17]

今日、アホウドリから最初に連想されるのは、哀愁と隣り合わせの同情をかき立てるイメージであることが多い。赤いプラスチックの薬莢、青い釣り糸、黄色いペットボトルの蓋が、こうしたゴミを食べ物と間違え、飲み込み、さらにはヒナたちに与えさえしてしまった何千羽ものアホウドリの巣や胃袋に詰まっている。メルヴィルが檣頭に立ってから一七五年ほどが経った今、国際自然保護連合（ＩＵＣＮ）のレッドリストでは、アホウドリのうち三種が「深刻な危機（Critically Endangered）」、六種が「危機（Endangered）」、別の六種が「危急（Vulnerable）」〔分類の訳語はＩＵＣＮによる〕に指定されている。他のほぼ全ての海鳥と同様、アホウドリも生息地の縮小と子育ての困難に苦しめられている。アホウドリが繁殖コロニーを形成する島嶼部で、移入哺乳類〔人間の活動により持ち込まれ、野生化した哺乳類。ネズミや猫など〕がヒナを捕食するようになったためだ。また、一九六〇〜七〇年代以降、アホウドリは延縄（はえなわ）漁の釣り針にかかって溺死してもいる。この問題は漁法や漁具の素材の調整によりある程度は改善しているようだが、それでも、二〇一三年の調査では毎年一〇万羽以上のアホウドリが延縄漁により死んでいると推定されている。[*18]

私自身の場合、アホウドリを最初に見たのはホーン岬沖でのことだ。渡りの性質を持つ黒褐色のマユグロアホウドリ（*Thalassarche melanophrys*）だった。彼らは時折、船のかなり近くまで滑空してくることもあったのだが、どの程度の大きさなのか把握するのは難しかった。それでも、私は畏敬の念に打たれた。『白鯨』で、ある動物を取り上げてはその栄光を声高に言い立てたメルヴィルだが、アホウドリについての描写は行き過ぎではないと思う。私の見たアホウドリは、ひらりと身を翻して垂直に海へと向かいながら、腹部の真っ白な羽毛を眩しく閃かせた。まるで風力発電の風車の羽根のように。私は船の後方で滑空するアホウドリを見つめていた。船の後ろでは、屋根瓦のようなくすんだ青色の高波がうねり続ける。その冷たさと強風にもかかわらず、アホウドリの翼は微動だにしなかった。

詩情とはこちらに近づいてきてくれるものなのだ。私がこれまでに見た写真や映像の中に、この経験を超えるものはまだない。

近年この巨鳥に対して行われた生物物理学研究のおかげで、彼らの崇高さはさらに際立つばかりだ。アホウドリは、翼を開いたまま固定するための特別な腱〔筋肉を骨につなぎとめる線維組織〕を進化させてきたという。現代の海洋レース用ヨットも、アホウドリの翼のように巨大で薄い帆を備えている。アホウドリは「ダイナミック・ソアリング（dynamic soaring：動的帆翔）」という飛翔法により上昇と下降を繰り返す。〔風下に向けて〕旋回しながら下降することにより、自分自身の動きの勢いと、水面近くの風の勾配を利用する方法だ。また、彼らは「スロープ・ソアリング（slope soaring：斜面帆翔）」という飛翔法も用いる。こちらでは、波のすぐ上をかすめることで、〔波の斜面に当たった風から生まれる〕かすかな上昇風を利用する。*19

「老水夫行」で、老水夫が結婚式の参列客に語る最後の言葉はこうだ。

彼は最もよく祈る　彼は最もよく愛す
大小ともに　あらゆるものを
なぜなら　我々を愛する神様が
すべてを創り　愛するからだ

図21　「老水夫行」の挿絵。アホウドリを天使になぞらえている。

二一世紀の読者にとって、「老水夫行」は動物の権利を尊重する明白な訴えとして響く。より広い意味でとるなら、むやみに自然環境を破壊しないようにとの主張だ。一七九八年当時のコールリッジは、自身や老水夫が環境保護論者のはしりだとは考えていなかっただろう。老水夫は動物に思いやりを向けるよう説いたが、それはどちらかというと自然神学の考え方の中でのことであり、二〇世紀、二一世紀の自然保護についての考え方とは異なる。「老水夫行」のアホウドリは、神の力の現れであり、神の使いともいえる。老水夫がこの鳥に放った矢は、信仰への一撃であり、神の創造物を標的にしたものだ。例えば、ヘンリー・T・チーヴァー牧師は『太平洋の島々の世界（*The Island World of The Pacific*）』（一八五一年）で長々とアホウドリのことを綴っているが、彼はそこで、コールリッジの詩から学ぶべき道徳的・キリスト教的教訓を論じている[20]（図21参照）。

だからといって、「老水夫行」や『白鯨』を現代における環境保護論的作品として読むのが不合理だというわけではない。二〇一六年、「老水夫行」で老水夫の話を聞く婚礼客のことを研究家のロバート・ルイス・キアニーズ〔文学と科学の関わりを研究〕は次のように書いているが、イシュメールについても同じ見方をしてもいいかもしれない。《彼が再び社会やそこでの文化的な慣習、例えば婚礼に参加するまでには、回復の時間が要りそうだ。彼はアホウドリを救うための遠征には出ないかもしれないが、自分自身に対し、大小あらゆる生き物を愛しているかと問いかけるかもしれない。こうしたものこそが、個人の逸脱と変容を語る力強い物語の作用である。[21]》

『白鯨』執筆前の一八九四年、ロンドン渡航に向けてニューヨークを離れたメルヴィルは、新しくできた友人と甲板を歩いたことを奇妙な日記に書き込んでいる。友人の名はジョージ・アドラー。ドイツ出身の学識高い言語学者だった。檣頭に登って懐かしい感覚を思い出す日の前日であり、一人の乗客が自ら海に飛び込んで溺れたまさにその日でもあった。メルヴィルはその夜、次のように綴っている。ここにはおそらく、後に彼がアガシー、さらにはモーリーらの同類から脱する中で『白鯨』に染み込ませた自身の自然神学観も内包されている。

《〔アドラーの〕哲学はコルレッジ派（Colredegian）〔コールリッジ派〕だ。彼は聖書の言葉を神聖なものとして受け止めつつも、自らに自然というものを自由に調査させる。聖書は絶対に誤らない、科学において聖書に反するものはみな間違いのはずだ、という考えを彼は受け入れない。[22]》

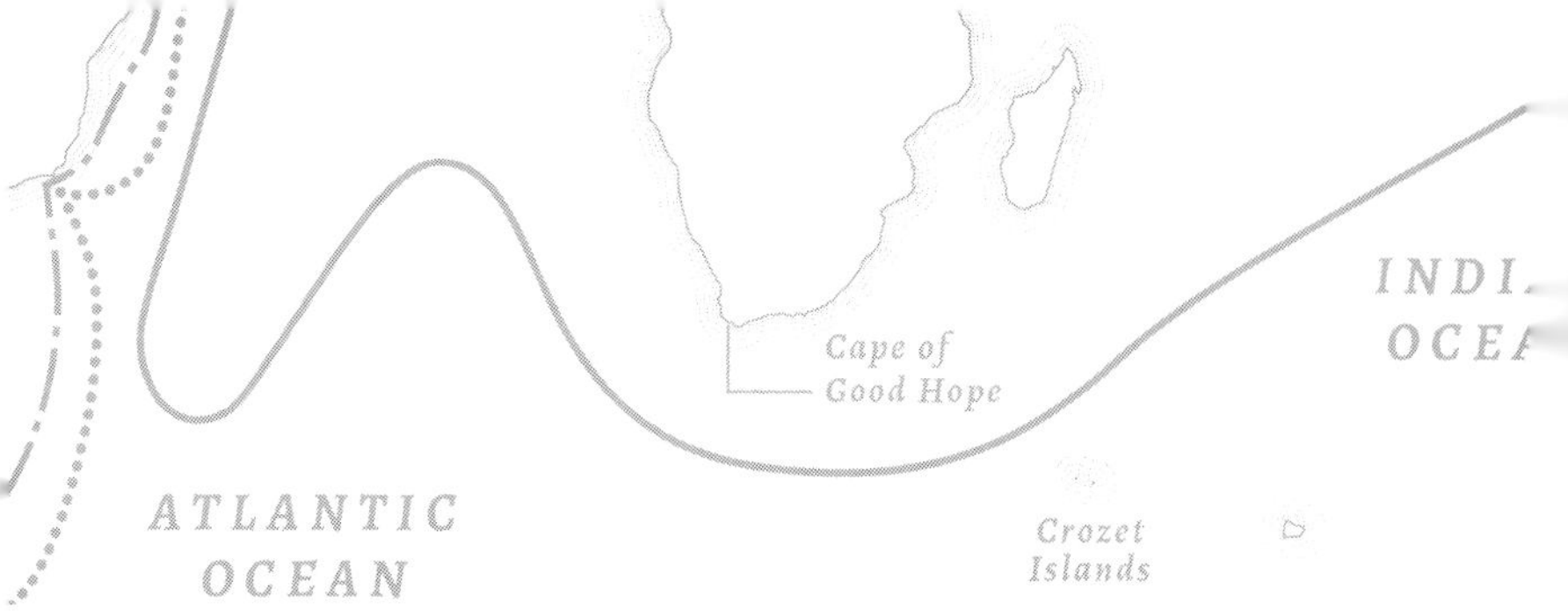

第8章　小さく無害な「水先案内魚」たち

それまで数日間おとなしく我々のそばを泳いでいた小さく無害な魚たちの群れがひれを震わせるかのような様子で突如逃げ出し、その見知らぬ船のあたまから船尾まで、船の左右の横腹に沿ってずらりと列をなした。エイハブ船長はそれまでの数々の航海で似た光景をよく目にしてきたに違いないが、それでも、あらゆる偏執狂にとっては、何にも増して軽微な物事さえもが気まぐれに意味をもたらすのだ。

イシュメール（第52章「アルバトロス号」より）

先の章では、エイハブ船長の《ピークォッド号がアルバトロス号に出会う》場面で、船から《小さく無害な魚たち》が離れたことにも触れた。この魚たちがブリモドキ（*Naucrates ductor*）〔pilot fish：水先案内魚〕であると想像す

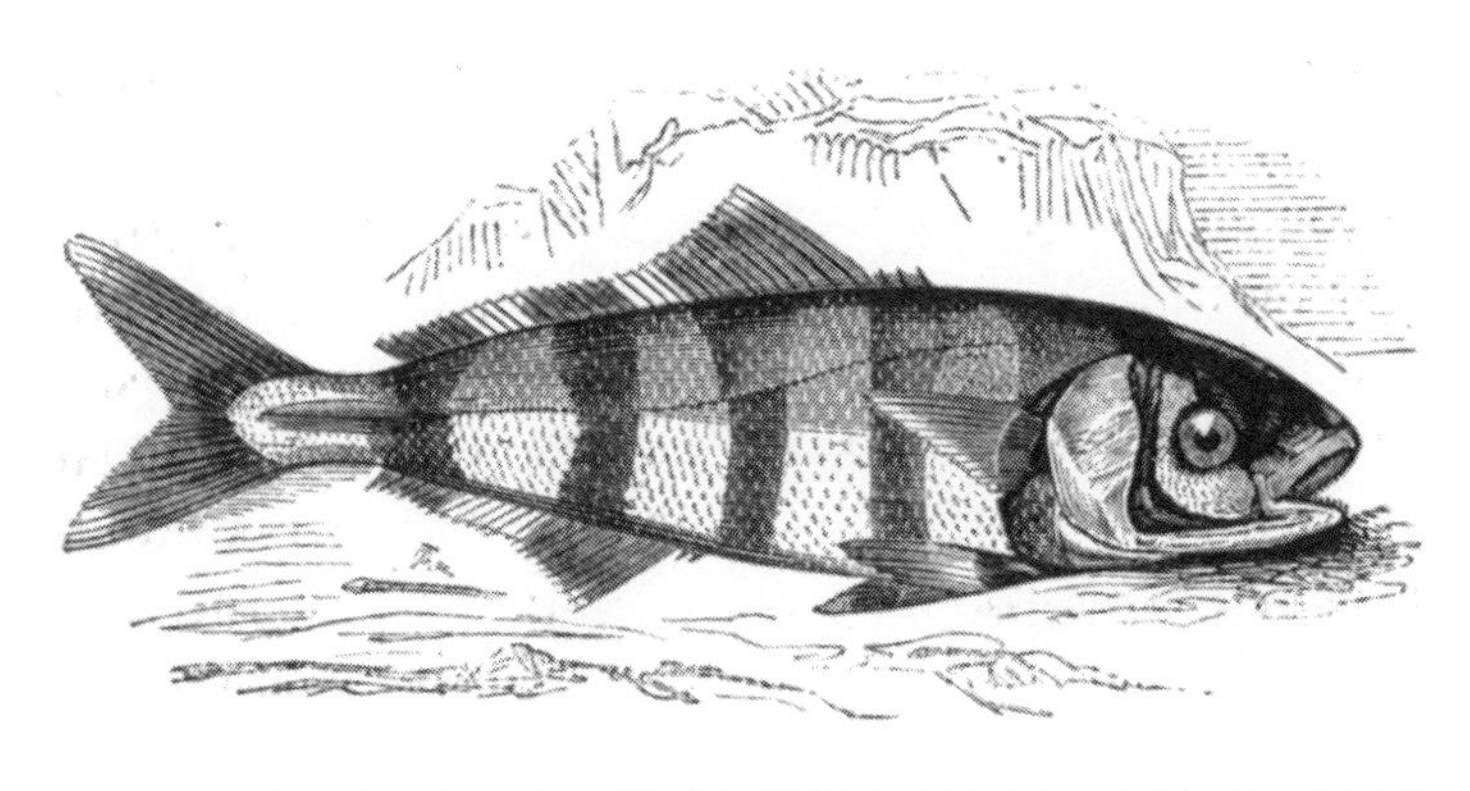

図22　フレデリック・ベネットの『世界捕鯨航海記』(1840年)より「The Pilot-fish〔ブリモドキ〕」

るのは妥当だ。銀色で青い縞模様の入った、鯨捕りによく知られた種である（図22）。

『白鯨』出版前の作品で、メルヴィルはブリモドキを物事の予兆として取り上げている。『マーディ』（一八四九年）で、語り手は巨大なシュモクザメを殺す男たちの様子を述べる。彼らはサメの頭に銛を突き立てる。サメが自らの血に包まれて沈んでいく中、《すばしこいパイロットフィッシュ》の群れがぱっと向きを変え、男たちの小舟の脇に寄ってくる。《吉兆だ》と水夫は言う。《こいつらがいてくれる限り、俺たちに害は降りかかってこない。》

ブリモドキに対するメルヴィルの考えには、自身の航海体験から来たものに加え、フランシス・アリン・オルムステッドから得た（あるいは少なくとも、元の考え方を強化された）部分もありそうだ。オルムステッドはブリモドキを捕らえてその様子を念入りに記しており、一八四一年にはブリモドキがよく隠れ場所と食料を探している様子を説明している。大型のサメの近くにいて、その《自らの獰猛な相棒と並んで》暮らしたり、時には、ゆっくりと進む帆船の下で何日かを過ごしたりするのだという。サメやクジラに吸盤で吸い付くコバンザメ科（Echeneidae）の魚とは別物だ。

　オルムステッドは、別の船の隣を航行し、そこにいた魚の群れを連れ去って自船についてこさせるのが《同胞の鯨捕りが時々実践していた芸当》だったと書いている。もしかすると、メルヴィルはここから《ピークォッド号がアルバトロス号に出会う》場面の最初の着想を得たのかもしれない。サメのように強欲なエイハブ船長が、老水夫の歩んだ贖いの道を辿らないであろうと暗示される最初の場面だ。メルヴィルは魚の移動を凶兆へと変化させている。水先案内人（パイロット）にちなんで名づけられたこの小さな海の生き物たちに、エイハブ船長が感謝を捧げることはない。せいぜい、その警告に目を留めるばかりだ。船長は悲しげにつぶやく。《わしから離れていくのか、汝らは？[*1]》

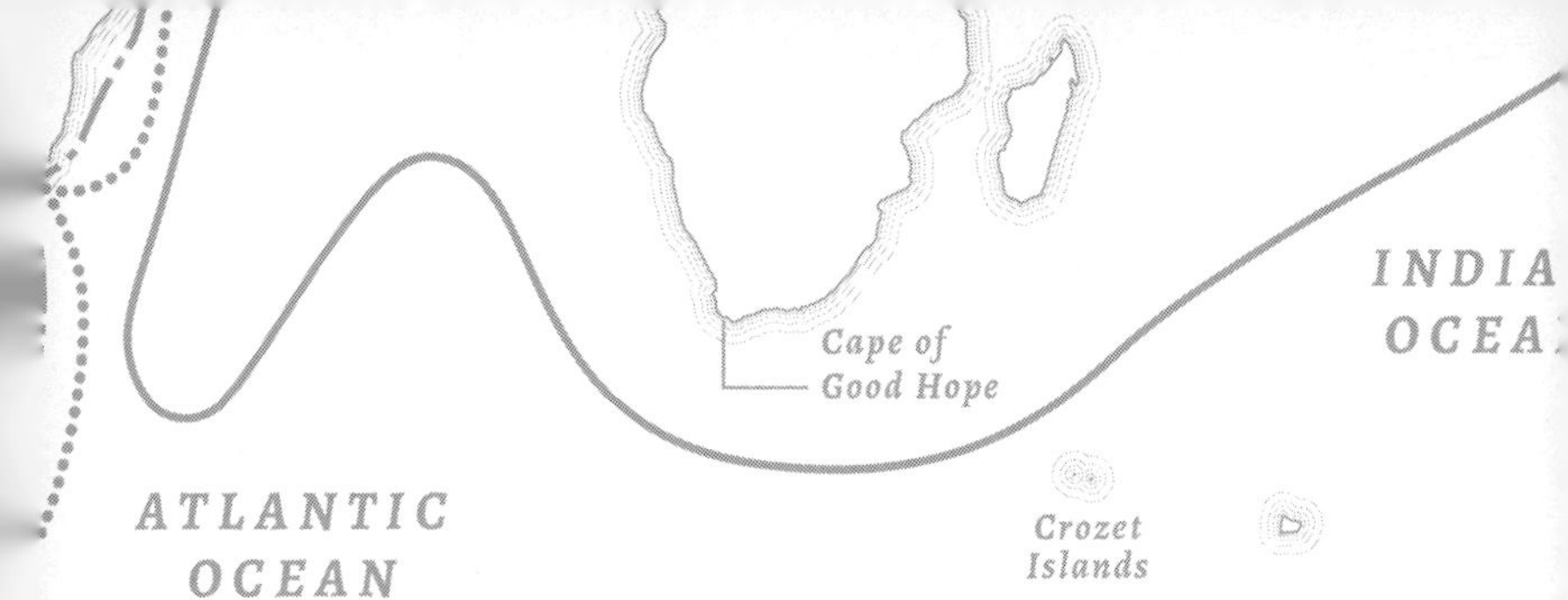

第9章　光ほのめく海

船乗りがある晩、索具に座った
風は追い風となって吹いていた
おぼろげな月光は眩しく、暗く
鯨の波跡には燐光が輝く
海に淀み、たゆたいながら

エリザベス・オークス・スミス
「溺れた船乗り〔The Drowned Mariner〕」
『ウェスタン・リテラリー・メッセンジャー』誌（一八四六年）
（「抜粋」より）[*1]

生物発光（メルヴィルの時代には「燐光（phosphorescence）」という名の方がよ

く知られていた）は、海で起きる自然現象の中でも特に魅惑的で印象的なものの一つである。海を題材とする書き手や芸術家にとっては抗いがたい魔法の現象だ。しかし、『白鯨』は光と闇の対比を徹底的に探り、地上に対する海の環境の異世界性に深く関心を注いだ小説でありながら、作中でこの現象にまつわる描写はごくわずかだ。先に示した詩を「抜粋」〔『白鯨』冒頭の引用文集〕で引用した他には、生物発光をわずかに想起させる二つの光景を短く記したのみである。メルヴィルはどのような経緯と理由から『白鯨』で生物発光の話題を取り上げなかったのか。数年間を海で過ごしながらもこの現象を目にしたことがなかったのだろうか？　それとも、今日の私たちを圧倒するこの現象が、メルヴィルにとってはそれほどのものではなかったのだろうか？

チャールズ・ダーウィンは多くの生物発光を目撃し、そのことを書き残している。英文学者のジェニファー・ベイカーは、ダーウィンの記述がメルヴィルの心に率直な驚嘆をもたらしたことを突き止めている。ダーウィンがビーグル号で航海を始めてから二年ほどが経った一八三三年一二月、船はパタゴニア地域沿岸を航行していた。ダーウィンは当時のことを綴る中で、信号旗用の生地（バンティング）で作った即席のプランクトン採集ネットについて書いている。彼はネットを船の後方につけて曳き、《たくさんの興味深い動物たち》を採集していた。ある闇夜のことを、ダーウィンはこう書いている。

《海は壮観で最も美しい光景を示した。爽やかな風が吹き、水面のあらゆる箇所は、日中は泡のように見えていたのが今や淡い光を帯びて輝いていた。船舶は舳先で二峰の流れる燐光を送り出し、その航跡には乳白色の列が続いた。目の届く限り、一つ一つの波頭はみな眩く、水平線の上の空は、これら青白い炎の光の照り返しで、天空の上まで真の暗闇とはなっていなかった。[*2]》

生物発光とはすなわち生き物の発する光のことで、生体内での化学反応によって起こる。蛍、チョウチンウオ、あるいはごく小さなプランクトンなど、発生源は様々だ。水面を行く小舟の波跡や、浜辺に打ち寄せる波の中にさっと浮かぶ光の多くは、渦鞭毛藻類という独自の門〔生物の分類のうち「界（動物界、植物界など）」に続く大分類〕を構成する植物プランクトンが発している。渦鞭毛藻類のうち、特に広く分布し、世界各地の海岸部で見られる種（*Noctiluca scintillans*）は「夜光虫（sea sparkle）」の名で知られる。ペン先ほどの大きさで、気球のようにガスの詰まった丸い体をしたこの夜光虫は、食べ物を集めるための小さな一本の触手を持っている。細胞質の中には、刺激を受けた時に短い光のパルスを発する「シンティロン（scintillon）」という構造体が散らばっている。[*3]

ダーウィンやメルヴィルの時代の博物学者の多くは、生物発光の成因を腐敗や電気に求めることはなく、かなりの割合の海洋生物が自分で光を生むことができると的確に推論していた。顕微鏡の進歩に伴い、一九世紀の博物学者は生物発光能を持つこうした「微小動物（animalcule）」、とりわけ渦鞭毛虫類を分類・図解した。ベルリンのC・G・エルレンベルクら専門家は、海水からそうした生物を採取し、観察を行った（海水は荷馬車に載せられ、バシャバシャと揺られながら地上を運ばれてきた）。今日、生物学者は、生物発光を行う生物が非常に多様であるだけでなく、海棲生物種の実に四分の三ほどが光を生み出すことができると見積もっている。無光層（太陽光が届かず、水深は約六五〇フィート〔約二〇〇メートル〕以上に達する）に生息する生物種では九〇％が光を発することができるという。[4]

メルヴィルが参考にしていた「鯨文書」のほとんどが、この海にきらめく光のことを描写していた。外科医ビールと博物学者フランシス・アリン・オルムステッドの手記もそうだ。ドクター・ベネットも生物発光の考察に本の一項を丸ごと割き、この光が動物たち自身にとってどのような有用性があるのかを検討した。ドクター・ベネットはまた、ある話を伝える中で、マッコウクジラの脂身が船倉で丸二晩も生物発光の光を帯びていたことを述べている。それは《船上で一番の古株の鯨捕りたちも未だかつて目撃したことのない》光景だったという。[5]

『白鯨』執筆のために蔵書に当たる前から、メルヴィルは自身の目で海の生物発光を見ていた。夜の長い見張り番の間に。小舟の舟縁（ガンネル）越しに。死んだ鯨の横で肉を漁るサメたちの周りにも生物発光をしかと見ている。アクシュネット号とユナイテッド・ステイツ号では、ダーウィンが書き記していたあのパタゴニア沖を航行し、他にも、生物発光が見られることで知られる海域をいくつか通っている。

生物発光と思しきものを『白鯨』作中で最初に、また最もそれらしく描いているのは、第42章「鯨の白さ」でのことだ。イシュメールは、水夫たちはなぜ《乳のように白い深夜の海》を《まるで、辺りを囲む崖から毛を波立たせた白熊の群れが現れ、彼を取り囲んで泳ぎ回っているかのように》恐れるのかと考え込む。何世紀にもわたり、船乗りたちはこのような海の状態を伝えてきた。水面が生物発光で覆い尽くされて透明感を失い、それゆえ海は何マイルにもわたって一面に光を帯びる。見渡す限り一帯が乳白色の雲で覆われるのだ。[6]

例えば、『白鯨』出版から数年後、〔海軍海図製作本部の〕モーリー大尉〔第5章参照〕は米国船籍の快速帆船シューティング・スター号のW・E・キングマン船長から撮要日誌（アブログ）とともに一通の手紙を受け取っている。南西からジャワへと近づいていた際（ピークォッド号の航路とも近い）、海があまりに白かったので、キングマン船長は思わず船を減速させて水深を測りたくなったという。水面下に岩礁が隠れていないことを確かめるためだ。しかし実際は、船の下には十分な水深があった。船長はモーリーに、水面が《雪に覆われた平地のよう》に見えたと書き送っている。それから何時間も船を進める中、船長はついに、この乳白色の領域が実に二三海里〔約四三キロメートル〕もの幅に広がっており、それが途切れるのは中央部を横切るわずか半海里〔約〇・九キロメートル〕ほどの暗い帯状の部分だけだと見てとった。キングマン船長はそれまでの年月の間で《広がり、あるいは白さの面で、これに匹敵するものは一つとして》見たことがなかったという。彼は乗組員たちに、光る海水を六〇ガロン〔約二三〇リットル〕の桶に汲むよう命じた。彼がその水を調べると、ゼラチン質の動物プランクトンが何種か見えた。この動物プランクトンはおそらく、発光細菌の巨大なブルーム〔大増殖群〕の間を泳ぎ回っていただけだろう。キングマン船長は自分の六分儀〔航海時、天体と地平線の角度を求めるのに用いられた。本書第25章参照〕についていた小さな望遠鏡で桶を覗き込んだのだが、当時の船上には、細菌が光の発生源だと知るのに充分な倍率のレンズも、二一世紀の最新知識もなかった。船長はモーリーにこう書いている。《その光景は凄まじい壮観さだった。海は燐光性に変わっており、天は黒さの中に浮かび、星は消え去り、この物質界を滅ぼすと我々が教え込まれてきたあの終末の大火に向けて、すべての自然が準備を進めていることを示しているように見えた。》キングマン船長にとっては、イシュメールの感覚同様、生物発光は危険の黙示としての意味合いを持っていたのだ。[*7]

『白鯨』でイシュメールが生物発光に再び言及している場面があるとすれば、それは第51章「潮吹きの霊」でのことだ。捕鯨船が喜望峰に近づく中、鵜の姿が見えるあの陰鬱で不吉な場面が再来する。イシュメールは言う。《鯨歯の牙を持つピークォッド号が突風に舳先を向けて鋭く切り込み、その暗い波の中へと狂ったように突っ込んでいくと、その泡のかけらは銀屑の雨のごとく、船の舷檣（ブルワーク）へと降り注いだ。》もしかすると、メルヴィルはここで単なる泡のみならず、生物発光のイメージも引き出そうとしたのではないか？　次の場面でピークォッド号とアホウドリの出会いへとつながるこの描写もまた「老水夫行」への敬意を表したものかもしれない。コールリッジは「老水夫行」の中で生物発光のことを書いている。水蛇から《妖精（エルフ）じみた光》と《しらじらとしたかけら》が舞い落ちる様を描き、太平洋の各海域は緑、青、そして白に燃え上がる。*8

　ただ、たとえ先述の二場面に生物発光を描く意図があったのだとしても、メルヴィルはその描写を、海の独特の神秘あふれる小説に期待されるような文体や長さで書いてはいない。なぜだろうか。メルヴィルが生物発光を目にしていたことはわかっている。彼は手記や創作作品でも生物発光の記述を読んでいた。そして、同時代の科学者、水夫、読者は生物発光に魅了されていた。

　メルヴィルが『白鯨』で喜望峰回りの航路を避けたことと合わせて考えると、答えはこうだろうか——彼は単に、海が怒りに震えて光を浮かべるという暗喩を直近で頻繁に使いすぎたと感じただけなのかもしれない。その一年前、メルヴィルは小説『白いジャケツ』の中で、登場人物の船員たちをホーン岬沖で突然の嵐に遭わせている。恐怖におののく顔に《泡立つ海の燐光がぎらりと注ぐ》中、男たちは必死に船にしがみつく。また、『レッドバーン』では、死んだ水夫の肉体が船首楼（フォクスル）の闇の中で腐りながら光を帯び始めるという、エドガー・アラン・ポー並みに不気味でゴシック的な場面に生物発光の描写を盛り込んでいる。そして『マーディ』では、現代の読者が『白鯨』に期待するようなところまで生物発光の描写を発展させている。闇の魔力と、畏怖に満ちた分析の融合だ。『マーディ』の「燃え上がる海」と題された章で、メルヴィルの描く語り手とその仲間たちは甲板のない小船に乗って南太平洋を移動している。彼らはその時、《青白い色の海を目にした。その一面に、小さな金色の光がきらめいていた。》近くでマッコウクジラが《閃光にたっぷりと満ちたひと吹き》の潮を吹き上げた（これはまあ……現実にはありえない出来事だ。メルヴィルも『白鯨』でこれを訂正している）。マッコウクジラが泳ぎ去ると、語り手は生物発光について、発生源を巡る様々な説（大気からの電気刺激や、有機物の腐敗など）、小さな生物たちとのつながり、生きている《火魚（fire-fish）》たちの情報伝達手段としての可能性、そしてさらには、その光が人魚の金髪でできているという水夫たちの迷信にまで考えを巡らせる。『マーディ』のこの場面で、海の乳白色は数時間にわたって続く。この現象に出会った過去の経験について、メルヴィルは『マーディ』でこう書いている。この記述は、私たちが『白鯨』の「鯨の白さ」の章や、ひょっとしたら「葬式」の章を読む時に重要な点を照らし出してくれる。

《一方、太平洋では、これまでに私の目に留まった同様のあらゆる事例は、海のどんな青白さともなじまない、緑がかった光のまだらが特徴的だった。ペルー沖での二度を除いては。その時、ハンモックで寝ていた私は夜中の「総員甲板へ！　間切れ！」の叫び声に叩き起こされた。甲板に駆けつけると、索具（シュラウド）のように真っ白な海が目に入った。そのため、私たちは測鉛が届くほどの浅瀬に来てしまったのではないかとの恐れに包まれた。

さて、水夫たちは驚異を愛し、それを繰り返し伝えることを愛する。そして私は、古い船員仲間の一人一人から、当該の現象に関わる多様な見解を耳にしてきた。[*9]》

まとめると、メルヴィルが『白鯨』で生物発光のことをこれほど少ししか書いていないのは、直近の他の小説で既に描写してしまったが故のようだ。メルヴィルや、当時の他の水夫や書き手にとって、「燐光」と乳白色の海はしばしば、危険、腐敗、黒魔術、そしてさらには審判の時をも示す、ゴシック的な前兆・象徴だった。

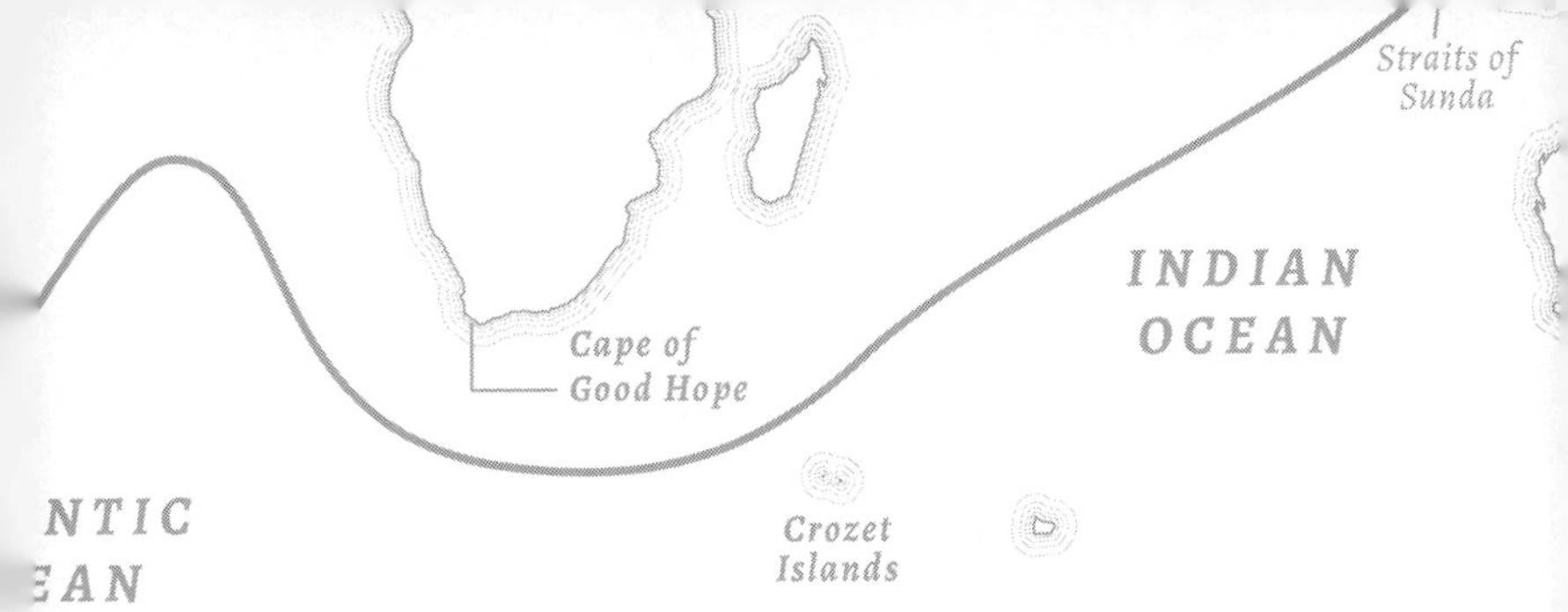

第10章　メカジキと活気ある海域

彼らはカジキ〔a sword-fish〕がかの船を突き刺したのだと考えたのだ、紳士諸君。

イシュメール（第54章「タウン・ホー号の物語」）

ピークォッド号が喜望峰を回った後、イシュメールは長い「タウン・ホー号の物語」を語り始める。捕鯨船タウン・ホー号の船員たちから漏れ聞こえたのは水漏れの噂だった。《彼らはメカジキが船を突き刺したのだと考えた。》[*1]

メルヴィルはメカジキ（*Xiphias gladius*）に魅了されていた。『マーディ』ではこの動物について丸ごと一つの章を書き、その孤高の戦士たる性質を褒め讃えつつ、後にマッコウクジラの「鯨学」を探求する際にも使う学説を取り上げて、メカジキを科学的に分類しようとする試みを皮肉っている。
イシュメールの紡ぐ物語を詳しく検討すべく、私はメカジキ漁師であり作家のリンダ・グリーンロウを訪ねた。一九世紀にはメカジキが木造の船体に穴を開けたという報告が実際になされており、彼女がそれについてどう考えるかを私は知りたかった。

「信じがたい話ですね」と彼女は言う。「理由をお話ししましょう。メカジキは口先で獲物を追いかけますし、口を武器として使うのは確かです。でも、**突き刺す**ことはしません。**切りつける**んですよ。メカジキっていうのは、何かに突進して串刺しにするようなことはしないんです。魚の群の間を通り抜けながらさっと切りつけて、それから、傷つけた個体を食べに戻ってくるんですね。私は釣り針にかかって暴れているメカジキをたくさん見てきましたけど、そういう時のメカジキの動きは、**こうなんです**」。そう言うと、彼女はぴんと伸ばした手の平を左右に動かした。テーブルの埃を荒々しく払いのけているような動きだ。「釣り船の上に引き上げた時も、**こうです**[*2]」。

グリーンロウはその手を紅茶のマグカップに戻す。私たちはメイン州にある彼女の家のダイニングルームにいた。

「サメが何かに食いついて、頭を振る時みたいな感じですね」とグリーンロウは話を続ける。「それで、メカジキが木の小舟に切りつけて、穴を開けてしまうようなことがあったのか、という話ですよね？　ありえるとしたら、それってつまり、舟がすごく華奢な造りだった場合の話だと思うんです。魚一匹に釣り船を傷つけられたり痛めつけられたりするなんてことは、私自身は決して、全然、全く心配したことがありませんよ。初めて乗った釣り船は木でしたけど、その時だって全然。もちろん、そんなことは絶対に起こったことがない、とは言えませんけれどね。だって、もしかするとあったかもしれませんし」。

そう、驚くことに、実際にあったのだ。

メルヴィルは腰を落ち着けて『白鯨』の執筆に取り掛かる前、メカジキもしくは別のカジキ類が木造船の船底を突き刺したという話を耳にしていた。一九世紀までの間に、一部の水夫や博物学者たちは、メカジキとその他の「嘴魚（billfish）」（現代のマカジキ科（Istiophoridae）に含まれる、マカジキやクロカジキ類、バショウカジキ類）を区別するようになっていた。しかし、メルヴィルや仲間の鯨捕りたちにとって、「sword-fish」はこうした長い吻〔口先の突出部〕を持った大型の肉食魚全般を指していた可能性がある（前掲の図3参照）。メルヴィルも所有して印をつけていた魚の本の中で、キュヴィエ男爵は、メカジキ、バショウカジキ、ノコギリエイはいずれも木造の船体に吻が刺さっていた記録があると述べている。メルヴィルは最初の航海で一八三九年のリヴァプールに上陸した際、そんな事例について見聞きしていたかもしれない。現地では当時、船体の外板にメカジキの吻が突き刺さったプリシラ号という船の板材が展示されていた。一八四〇年、ドクター・ベネットは捕鯨船フォックスハウンド号のことを記している。この船には、船の喫水線〔水面の位置〕の下に張ってあった保護用の銅板を突き抜けてメカジキの吻が刺さった。プリシラ号の例と同様、興奮はミツバチの針のように魚の本体から外れ、船の板材に刺さったまま南洋から本国まではるばる運ばれていった。二年後、メルヴィルがマルケサス諸島に上陸した際、ロンドン・パケット号という捕鯨船が港に立ち寄って水漏れの穴の修繕を受けていた。乗組員たちはその穴が嘴魚によるものだと考えていた。ロンドン自然史博物館（大英博物館の分館）には一八三二年ごろの船の材木の塊（幅と長さはそれぞれ成人の脛ほど）があるのだが、これは隣り合った二匹の別々のメカジキに突かれたもので、吻の断片が刺さったまま残っている。メルヴィルが『白鯨』執筆開始の直前に大英博物館を巡った際、この木片を見たのはほぼ確実だろう。もしかすると、その様子が彼の脳裏に刺さって離れなかったのかもしれない。私自身はこの木材の塊を手にとって見たことがある。吻はまるで大槌で打ち込まれたかのように繊維状に裂けていた。その先端はあちこちに向かって飛び出していた。銅板の覆いが鋲でしっかりと打ち付けられていた箇所もわかった。まさにその箇所を吻が一直線に貫いていた*3（図23）。

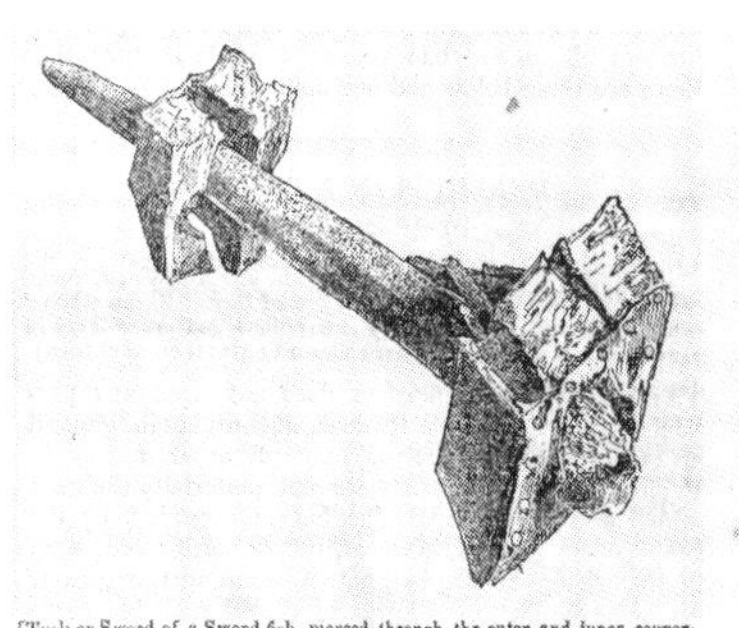

図23　大英博物館に展示されている、船の木材を貫くメカジキの吻。『ザ・ペニー・マガジン』の図（1835年）。

というわけで、イシュメールの語る「タウン・ホー号の物語」における木造捕鯨船に水漏れを引き起こしたカジキの話は、当時の船乗りや一般民衆を夢中にさせていた話題ではあったが、誇張やほら話ではない。メカジキ、マカジキ、バショウカジキが実際に船を沈没させたという話は知られていないが、木造帆船の船体に穴を開けたのは事実だ。

カジキ類がなぜ船体に突っ込んでくるのか、その理由は今も謎のままだ。メカジキが吻をどのように使ってきたのか、現代の船乗りや生物学者もよく知らない。その突出した口先は、餌となる小魚に切りつけたり、サメやシャチによる捕食を阻止したりするだけでなく、何か他の用途のためにも進化してきたのだろうか。グリーンロウは、メカジキにはほとんど歯がなく、切り刻んだ魚の塊を丸呑みにすると話す。雄も雌も、吻は体長全体の三分の一の長さにまで伸びることがあり、体重は一一〇〇ポンド〔約五〇〇キログラム〕以上に達しうる。推進力学を研究する台湾の科学者グループが行った最近の研究によれば、メカジキは一時間に八〇マイル〔約一三〇キロメートル〕近くも泳げるという。世界のどの魚よりも速い。[*4]

イシュメールは「鯨学」の中でカジキの吻の使い方を知っていることをほのめかすが、それが一体どんなものなのか、自説を明言することはない。しかし、ドクター・ベネットは一八三〇年代にカジキが小魚の群れの中を行きつ戻りつ獲物に切りつける様子を船の甲板から観察している。まさにグリーンロウの説明通りだ。よって、合理的な説明は次のようになるだろうか。外洋をゆっくりと進む船の底に小魚が集まり、メカジキはその群れに突っ込んで切りつけている際、偶然に船底を突き刺してしまった……。

グリーンロウは断定を避ける。彼女は、メカジキはいつも小舟の船底の存在に気づいていると言う。また、メカジキの胃の内容物を検めたこともあるが、主食は海底に生息する魚のようだったという。メカジキは普通、水面に群れるわずかな魚にはあまり興味を示さないのだ。

米国の鯨捕りたちは時折、捕鯨ボートを漕いでカジキ類に近づき、銛で捕らえることがあった。食料、娯楽、あるいは銛打ち技術の練習のためだ。この大型魚は薄切りにされて搾油作業に回され、二ガロン〔約七・六リットル〕ほどの魚油をもたらすこともあった。キュヴィエ男爵は一八三四年に、カジキに対する銛打ちは《まさに小型版の捕鯨》であると書いている。例えば、一八四四年一月、チャ

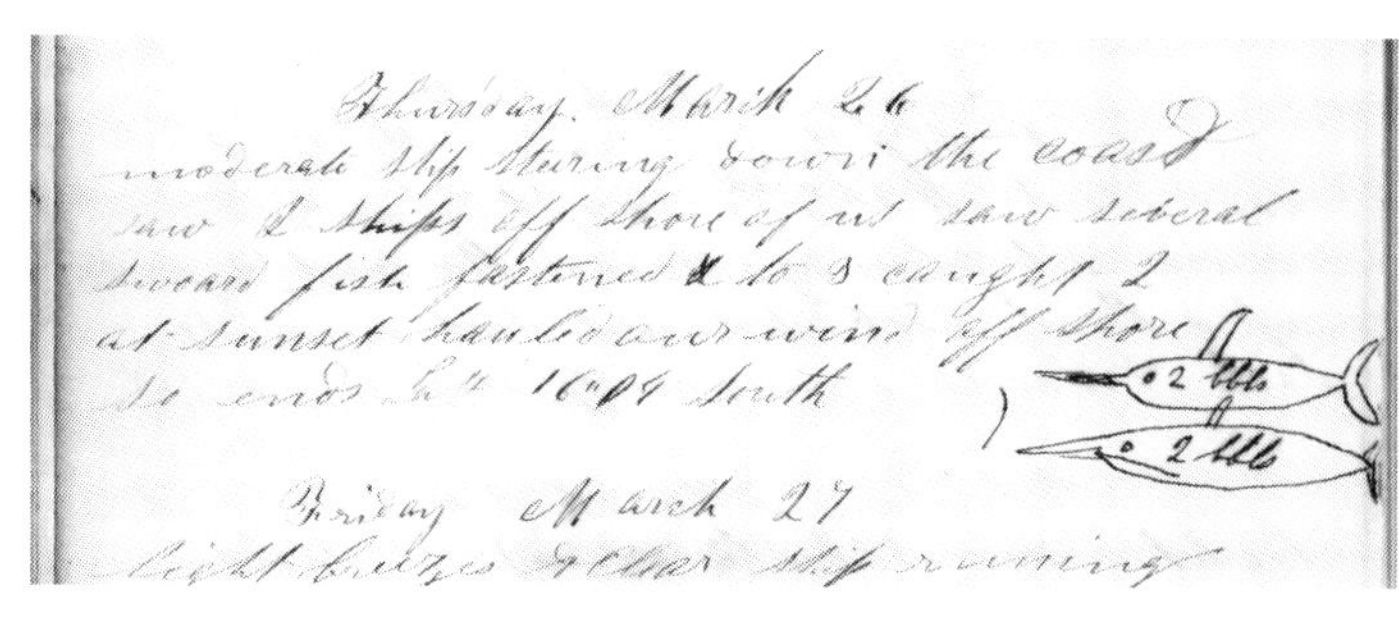
Thursday March 26
moderate ship steering down the coast
saw 2 ships off shore of us saw several
sword fish fastened & to & caught 2
at sunset hauled our wind off shore
so ends Lat 16°04 South
2 bbls
2 bbls
Friday March 27
light breezes & clear ship running

図24　捕鯨船コモドール・モリス号の航海日誌の書き込み。2匹のカジキを捕獲し、煮詰めて魚油を採ったことが記されている（1846年）。

ールズ・W・モーガン号の乗組員たちはカジキを追って帆を下ろし、ペルー沖で一匹を仕留めている。当時、同じ海域ではメルヴィルがユナイテッド・ステイツ号での帰国の途上にあった。その二年後にもペルー沿岸で、コモドール・モリス号の乗組員が三匹のカジキに銛を投げ、うち二匹の捕獲に成功した。航海日誌の担当者はその記述の他、捕らえたカジキの絵を描き、一匹につき二樽の魚油が採れたと記している[*5]（図24）。

鯨捕りたちはメカジキを捕まえられるほど速くボートを漕げたのだろうか？

「ええ」とグリーンロウは言う。「そういうことなら、さっきの話も信じますよ。どういう状況かわかればね。世界の大部分では、メカジキが水面でうろうろすることは珍しいんです。でも、ジョージズ・バンク〔米北東部から大西洋に出る手前の浅瀬〕やノヴァ・スコシア〔カナダ東部〕沖なんかじゃ、メカジキが水面に出てきます。そういう海域で、ちゃんとしたやり方で相手を追いかければ、銛で捕まえるのは大して難しくないですよ。水面にいる時のメカジキは、のんびり、だらだらしていますから」。

当時、外科医ビールやその他の博物学者たち、そして鯨捕りたちは、カジキは大型の鯨を捕食する（あるいは少なくとも、鯨にちょっかいを出す）と信じていた。ビールは英国ヨークシャーの浜に乗り上げた鯨の体にカジキの吻の一部が突き刺さっていたことを記している。また、マッコウクジラがカジキ類から逃れるためにブリーチング〔体を水上に出し、水面に叩きつける〕をするのではないかとの説も論じている。一八五六年、鯨捕りで芸術家でもあったロバート・ウィアー〔図14参照〕は日記にこう綴っている。《今朝、とても大きなカジキを見た。私たちと他の鯨捕りたちとは別に、マッコウクジラに死をもたらす例の敵だ。[*6]》

二一世紀の生物学者は、メカジキは鯨を、さらにはイルカや小さなポーパス〔ネズミイルカ類、本書第3章も参照〕さえも捕食することはないと考えている（ごく稀にカジキ類が海棲哺乳類を傷つけることもあるとは認めているが。そうした事例が起きる理由は今なお不明だ）。むしろ、メカジキと鯨の関係は逆である可能性の方が高い。マッコウクジラ（より多いのはシャチだが）は、時にメカジキの一、二匹は食べてしまおうとする。メカジキと鯨、そして船体との間で何が起きているのかはまだ解明されてはいないが。近年撮影された水中映像は、メカジキやクロカジキが油田の掘削装置に攻撃を加え、その吻が石油パイプラインに突き刺さった様子を捉えている。一九六七年には、水深二〇〇〇フィート〔約六〇〇メートル〕で大型のメカジキが鋼鉄製の潜水艇アルヴィン号の末端部に突っ込んで命を落としているが、その理由については謎のままだ。[*7]

一九世紀の米国の鯨捕りたちは海上でしきりに魚を観察していた。特に、南米沖のペルー海流などの豊かな水域ではそうだ。こうした場所では、プランクトンが豊富にあればそれがヒゲクジラ類の直接の食料になり、また、イカ、メカジキ、クロカジキ、サメなどを食べるマッコウクジラの生息も間接的に支えることになる。こうした南米の西海岸沖などの多産な海域は、アンチョベータ（ペルーカタクチイワシ：*Engraulis ringens*）の大群にとっても食料が豊富だ。それがやがて、ヒゲクジラ類や多種多様な海鳥、マヒマヒなどの中型魚、数種のマグロ、そしてカジキ類をも養う。『白鯨』第61章「スタッブ、鯨をあげる」で、イシュメールはペルー沖を《活気ある漁場》と位置づけている。トビウオ類、マヒマヒ、《その他の陽気な住民》でいっぱいの海域だ。今日の科学者は、こうした海域がかつて現在よりもはるかに生物で賑わっていたと考えている。その一因は米国人の捕鯨にあるが、それ以上に、二〇世紀後半の大規模な商業漁業の影響が大きいとされる。博物学者が漁獲の量、位置、季節、漁具についてのデータ記録を検証し、推奨するようになったのは一八五〇年代になってからのことだ。先鞭をつけたのは主に、〔帝政〕ロシアの動物学者、カール・エルンスト・フォン・ベーアである。ベーアは過去にはどんな生物が実際に存在していたのかを知るために、僧院から自治体の公文書保管所まで、歴史資料をくまなく探した。彼は将来のため、集約的で長期的なデータ収集を実現すべく努力した。一八五四年にベーアはすでに、現在「シフティング・ベースライン（shifting baseline：移ろいゆく基準）」と呼ばれるものを説明していた。★ つまり、過去の自然環境は常に現在よりも豊饒であり、「あの頃」の魚たちは現在よりも必ず数が多く、体が大きいのだ。[*8]

外科医ビールなどの信頼に足る情報源から集められた太平洋についての私的記録は、太平洋南東部

★物事の状況がゆっくりと悪化していく中では、望ましいとされる基準も徐々に下がっていく。しかし、過去と比較しなければ基準の低下に気づかない。

の海域に今よりも生物個体数が多かったことを確かに示唆している。ビールは数百匹単位のカジキの群れについて記しており、チリ沖では、自らの乗った捕鯨船が進む海域がいかに豊饒であるかをありありと綴っている。

《いびつな不毛の浜を大海が取り囲み、その海原には今、生き物が群がっていた。ザトウクジラが穏やかな水の中で戯れ、その滑らかな肌は焼け付くような日差しに輝いていた。アザラシも浜からやや離れたところに浮かび、まるで水面で眠っているかのように体を横たえながら日を浴びている。今や数百匹もの大型のビンガタマグロやボニート［いずれもマグロ属］が我々の船舶を取り囲み、船での業務から逃れることのできた者たちに針で魚を釣り上げる仕事を与えた。不恰好なマンボウ［マンボウ属（*Mola*）］が時折近くを漂い、かの若き銛打ちが近頃身につけたばかりの技を披露する好機を与えていた。かえしのついた鉄器をマンボウのおぞましい体に突き刺すのだ。どう猛なカジキはしばしばその姿を現し、ボニートとビンガタマグロにとっては恐ろしい事態となっていた。マグロたちは貪欲な追っ手から逃れるべく、見事な速度で液体の中を突き進む。溢れんばかりの多様なポリプ［イカまたはタコ］とメデューサ［クラゲ］の数は膨大で、博物学者を一世紀も仕事にかかりきりにさせてしまうであろうと思われた。[*9]》

外科医ビールは自然神学という船の甲板から、海上に延々と連なる海鳥の列や、鵜、ペンギン、ペリカンなど、沿岸の多様な種を記録した。ビール曰く、それらは全て《荒野に生命を吹き込む（…）

神の英知と偉大さ》を印象づけるものだという。*10

現代のニューイングランド地方で最も成功した漁師の一人であるリンダ・グリーンロウの観点と知識には、『白鯨』でのイシュメールの物の見方について学ぶことが多い。グリーンロウは〔著書の〕『海日和（*Seaworthy*）』で、メカジキを仕留めるにはボートの船首から銛で打つのが《最も原始的かつ基本的な》方法だと書いている。彼女はその《熱狂的な感覚》こそ自分が《古の鯨捕りたち》と共有する気持ちなのかもしれないと考えていた。彼女はリベラルアーツの大学教育を受けてはいるが、自身の真の学びは海での暮らしにあるという。彼女は漁をひたすらに愛している。メカジキ、マグロ、ロブスター、オヒョウ〔大型のカレイ〕。二一世紀の商業漁業ハンターである彼女は、魚に対して精神的、あるいは文化的なつながりを深く抱いているわけではない。特に激しい天候の中でも、自分自身の暮らしを立て、自らが率いる男たちの家族を養うために漁を行ってきた。彼女の自尊心、アイデンティティは、食べ物を人々の食卓に乗せることにある。グリーンロウは私に、自分は海棲動物の生物学について学ぶのだが、それはより多くの魚を捕まえるのに役立てるためであり、かつ他の漁師たちに先んじるためだと教えてくれた。現代の漁業生物学者に助けられてきたのはささやかな範囲だと彼女は言う。一八五一年にイシュメールが陸博物学者に向けていた視線と似たことを、グリーンロウは二〇一〇年に書いている。《メカジキの生物学について世に出ている文献はわずかばかりで、私はそのほとんどを読み尽くしていた。中には矛盾しているものもあり、実際に判明している物事がいかに少ないかを物語っていた。私がメカジキの行動について持つ知識の大部分は、仕事の現場での二〇年間の

研究を通じて行ってきた個人的な経験と観察とが与えてくれた。[*11]》

このように、毎日海に出る漁師と、水上での経験がより限られている中で研究を行う科学者の間の断絶については、一九世紀からあまり変わっていない。より顕著な違いは、今では科学者が漁業の管理に対する発言権を持つことだ。これがグリーンロウの気に触る。メルヴィルはそんな可能性は考えもしなかっただろう。

ただ、メルヴィルがグリーンロウの著書を読んだならば、彼女がその本で読者に知ってほしがっている内容に共感してくれたことだろう。あなたがグリルにポンと乗せる一匹の魚には、血と汗と涙が詰まっている。一八一六年、サー・ウォルター・スコットは小説『古物収集家（*The Antiquary*）』にこう語る人物を登場させたことで知られている。《汝が買い求めるのは魚ではない。人々の命だ。》メルヴィルは同様の考えを「宣誓供述書」の章のイシュメールの発言で引き継いでいる。《神かけて、ランプとろうそくは節約せよ！　お前が燃やすのは一ガロンの油ではない。少なくとも一滴の人の血が、そのために流れたのだ。[*12]》

第11章　「ブリット」と鯨のひげ
——大海にそよぐ微小生物

何頭ものセミクジラが見えた。この鯨たちはピークォッド号のようなマッコウクジラ捕りの襲撃からは守られている。大口を開けてブリット〔brit〕の間をのろのろと進み、そのブリットは、セミクジラの口の中にあるあの不思議なヴェネツィアン・ブラインドを縁取る糸に絡め取られ、口のへりから漏れ出る海水から濾し分けられていた。

イシュメール（第58章「ブリット」〔八木訳では「オキアミ」〕）

ピークォッド号はクローゼー諸島〔インド洋南部〕を後にし、インド洋に向けて東へと進む。そこでセミクジラに出会ったエイハブ船長と船員たちだが、捕鯨ボートを下ろして相手を捕まえようとはしない。セミクジラの鯨油は、人間が使う上ではマッコウクジラのものに比べて質が劣るからだ。一九世紀中盤の実際の鯨捕りたちも、マッコウクジラかセミクジラ、どちらか一方に集中して捕鯨を行う傾向があった。ただし、海域や時期によっては、本来の対象ではない方の種が近くにいれば捕鯨ボートを下ろしたり、船長が捕鯨の対象を切り替えたりすることもあった。例えば、メルヴィルが一八四二年にアクシュネット号に飛び乗った後、マッコウクジラを対象にしていたこの捕鯨船は、セミクジラを求めて北太平洋まで航行し、最終的にニューベッドフォードに戻った際には、鯨油、鯨脳油〔マッコウクジラ由来〕、そして一万三五〇〇ポンド〔約六・一二トン〕のひげ板〔セミクジラ由来〕を満載していた。*1

イシュメールは「ブリット」の章をこう始める。《クローゼー諸島から北東へ舵を切った我々は、おびただしく広がるブリットの牧草地と道連れになった。セミクジラが主な餌とする、あの微小な黄色い物体である。何リーグ〔一リーグは約四・八キロメートル〕にもわたって我々の周りで波打っていたため、どこまでも続くたわわな金色の小麦畑の間を進んでいるかのようだった。*2》

「ブリット」とは何か？

『白鯨』で用いられているこの「ブリット（brit）」という語については、一世紀近くにわたって様々な研究家が定義づけを行ってきた。甲殻類一般なのか、オキアミ（小エビのような水棲甲殻類）なのか、コペポッド（copepod）と呼ばれるカイアシ（橈脚）類（ノミのような水棲甲殻類）なのか、翼足類（小さな海のカタツムリ〔クリオネなど〕）なのか、あるいは、単にプランクトン全般なのか。「プランクトン

（plankton）」は現在、外洋に生息する小型の動物種とその卵や幼生〔動物プランクトン〕および光合成を行う微小生物〔植物プランクトン〕を広く指す包括的な用語だ。これらのプランクトンはどれも、潮、海流、風の影響を大きく受ける。

海の食物網と生態系に対する一九世紀当時の理解について知るために、ここで少々水面下に潜り、「brit」の語源の森に分け入ってみる価値はある。この語について探ることで、メルヴィルがまたも作中の水夫たちを陸科学者よりも上に位置づけた絶妙な書きぶりも明らかになる。

『白鯨』のイシュメールは、「brit」をオキアミ目（Euphausiacea）やカイアシ類とは定義しておらず、甲殻亜門（Crustacea）だとさえ明言していない。この章以外では他に四回、作中でイシュメールは「brit」の語を使用している。第45章「宣誓供述書」では、セミクジラの食物を《ブリットと呼ばれるあの奇妙な物体、（…）セミクジラの栄養源》と称している。小説が進む中、イシュメールは「草原（meadow）」、「小麦（wheat）」、「草のような（grassy）」といった語を「brit」に結びつけて使い、これがむしろ植物か藻類のようなものであることを言外に示している。だが第75章「セミ鯨の頭」では、彼はブリットが魚でできていることをほのめかす。《この骨〔ひげ板〕の端は毛のような繊維で縁取られ、セミクジラはそれを通じて水を濾し、その複雑な構造によって小魚を逃さず捕らえる。採餌の時間に大口を開けてブリットの海を通り抜ける際のことである。》さらに、イシュメールが「fish」の語を幅広く口語的に用いる〔第3章〕という注意事項にも照らし合わせれば、彼が「brit」の語を使う際に単一の特定のプランクトン（あるいは小魚）を思い浮かべているわけでないことは明らかだ。メルヴィルはウェブスター英語辞典の見本刷を所有していたが、そこでは「brit」が《ニシン類の魚（fish）》

と定義されている。また、メルヴィルの所有していたジョンソン英語辞典では《魚（fish）の名》とされている。[*3]

メルヴィルは『白鯨』で「シュリンプ（shrimp：小型のエビ）」、「プローン（prawn：クルマエビなどの中型のエビ）」、「ロブスター（lobster）」、「クレイフィッシュ（crayfish：ザリガニ）」、「甲殻類（crustacean）」といった語を一度も使っていない。これらはどれも、メルヴィルが使おうと思えば使えた言葉だ。だが、オキアミやカイアシ類のような小型の海の生物を表すのに便利だったであろう他のいくつかの言葉については、現在では一般的に使われているものの、一九世紀中盤のメルヴィルが扱える語彙には含まれていなかった。例えば、彼は「クリル（krill：オキアミ）」という言葉を知らなかっただろう。この言葉は「とても小さな稚魚」を意味するノルウェー語からきており、二〇世紀になるまで一般的な英語では使われていなかった。また、メルヴィルは「プランクトン（plankton）」の語を使う機会もなかった。この言葉が考案されたのは一八九〇年代になってからだ。要するに、メルヴィルは私たち現在の英語話者とは違って、外洋性の小さな生物を表すのに特化した語彙を持っていなかったのだ。[*4]

不思議なことに、メルヴィルの「鯨文書」の著者たちは「brit」の語を用いていない。一八五二年、モーリー大尉〔第5章参照〕は著書『風図と海流図に付属する説明と航海指示（*Explanations and Sailing Directions to Accompany the Wind and Current Charts*）』の中で、この語を使用した船長の手紙を公開しているが、モーリー自身が使うことは決してなかった。つまり、きっとメルヴィルは「brit」という言葉を自らの経験から知ったのだろう。「brit」の語はニューイングランド地方を出航する船の上では一七二〇年代から既にあちこちで使われており、米国の鯨捕りは一八〇〇年代にはよくこの語を使うようになっていた。例えば、ニューベッドフォードの捕鯨船、ジャスパー号のサンフォード船長は、一八四〇年にインド洋南西部（〔「ブリット」の章の舞台である〕クローゼー諸島からも遠くない）で《多量のブリット》を三日連続で見たことを航海日誌上で報告している。同じくニューベッドフォードの捕鯨船、アメリカ号のイライヒュー・ギフォード船長は、一八三六年に喜望峰の東側に向かう中でこう書いている。《快晴、東南東寄りに総帆展帆で航行、多数のブリットを見た。》「brit」の語はギフォード船長の日誌の余白にも書かれ、四角く囲み線が引かれていた。これは、この海洋情報をモーリーに強調して伝えるためだった。[*5]

よって、鯨が捕食するプランクトンの群れと同義である「brit」の語は確かに、メルヴィルがアクシュネット号の船上やその他の場で出会った鯨捕りたちの間で使われていた用語だった。「brit」に対する解釈を示した記述としてとりわけ詳しいものは、ニューベッドフォードのダニエル・マッケンジー船長（モーリーのために撮要日誌の整理を手伝った人物）をはじめとする鯨捕りたちがモーリーに宛てた一八四九年の私信の中にある。そこでは、ブリットはゼラチン質で、球状で、《小粒のエンドウ豆ほどの大きさ》とされ、セミクジラの生態学との関わりも記されている。おそらくメルヴィル自身も海面に浮かぶブリットを見ていただろう。特に、「ブラジル・バンクス（the Brazil Banks：ブラジルの岸）」〔ブラジル南東部沿岸〕か「チリ沿岸漁場（the Coast of Chile Ground）」と呼ばれていた海域では。『白鯨』で彼は、ブリットとセミクジラが見つかった海域として的確な場所を選んでいる。[*6]

セミクジラの生態とカイアシ類

セミクジラなどのヒゲクジラ類は、イシュメールが「ブリット」の章でまさに描写していた通り、口を開けて動物プランクトンの群れの中を進んでいく。このクジラたちは一時間で数百万から数億個体ものプランクトンを飲み込む。ヒゲクジラ類の分類法の一つに、採餌戦略の違いで大きく二分するやり方がある。一つはがぶ飲み型、もう一つは連続詰め込み型だ。

がぶ飲み型（ナガスクジラ類の多くはこのタイプだ）の場合、巨大な顎を開いて大量の海水を口の中にがばっと取り込む。それから、舌と腹筋を使って海水を押し出し、オキアミや小魚の群れをひげ板の内側に閉じ込める。がぶ飲み型の鯨は下顎の皮膚と筋肉、そして腹部にひだがあり、口を大きく広げることができる。

一方、セミクジラ類とホッキョククジラは連続詰め込み型だ。水面近くで採餌する時は「濾し取り型」とも呼ばれる。詰め込み型のクジラは口を開けて動物プランクトンの雲の中を泳ぎ回る。口の中央には大きな隙間があり、そこから海水を入り込ませて、ひげ板の繊維で濾過して外へ流し出す。詰め込み型の場合、がぶ飲み型の鯨に比べてひげ板の繊維は細く、ひげ板全体は長い。どうやらこれは、採餌中に顎をぽかんと大きく開けておくためのようだ[*7]（カラー図版4参照）。

『白鯨』第75章「セミ鯨の頭」で、イシュメールはこう宣言する。

《では続いて、この唇を、滑りやすい敷居をまたぐように乗り越えて、口の中へと滑り込む。誓って言おう、もし私がマキノー〔ミシガン州北端、五大湖沿岸の街〕にいたならば、これはインディアンのウィグワム〔若木などを重ねたドーム型の小屋〕の中だと思っただろう。ああ神よ！　これは〔鯨に飲まれた〕ヨナの進んだあの道だろうか？　屋根は高さ一二フィート〔約三・七メートル〕ばかり、屋根裏は左右からてっぺんに向かってかなりの急勾配を成し、まるで本物の棟木を渡してあるかのよう。そこから畝立ち、弧を描き、ふさふさと毛羽立つこの左右の天井が、その不思議な、垂直に近い、三日月刀形の鯨骨〔ひげ〕の羽板を我々の目の前に示し、それが片側で三〇〇枚ほどはあろうか、頭蓋の上部からぶら下がり、先にどこかで大まかに触れたあのヴェネツィアン・ブラインドを成している。[*8]》

メルヴィルがここに書き表した特徴は全て、解剖学的に正しい。

まず、セミクジラ類とその近縁種であるホッキョククジラは地球上で最大の口を持つ。シロナガスクジラの口よりも大きい。ただし、イシュメールと読者が実際にセミクジラ類の口の中に立つことは決してできなかったはずだ。というのは、その空間のほとんどを巨大な舌が占領しているためだ（図25参照）。もし舌を取り除いたなら、エイブラハム・リンカーン（『白鯨』出版時にはまだ大統領選への出馬を決めていなかった）もセミクジラ類の口の中に立つことができただろう〔リンカーンは一九〇センチメートル超の長身だった〕。トップハットをかぶっていても大丈夫だ。

また、セミクジラ類の頭部（ほぼ全体が口で占められている）の内側は確かに三角形に近い。上顎の

図25　セミクジラ類のひげ板と舌。ケープコッドの砂浜にて（1880年頃）。

骨はカーブを成し、互いに寄り添って並んでいる。ミナミセミクジラは口の両側にそれぞれ二二〇～二六〇枚ずつのひげ板を持ち、そのうち最長のものは九フィート〔約二・七メートル〕に達することがある。北極地方に生息するホッキョククジラは片側に三六〇枚ものひげ板を持つこともあり、最長のものは一四フィート〔約四・二メートル〕を下らない。[*9]

一八五五年、新入り船員のロバート・ウィアー（前章で彼のメカジキの観察に触れた）は、クララ・ベル号に乗ってニューベッドフォードから出航した捕鯨航海の日記をつけ始めた。ウィアーは多読家で信仰心に篤く、正式な芸術の訓練も受けていた（図14、図33、図51を参照）。航海を始めて数ヵ月後、彼はセミクジラ類の頭部の第一印象をこう綴っている。

《朝食前に頭を甲板に上げた。何という見た目の代物だったことか――その口の中に、人ひとりが実にたやすく立つことができる。続いて、何という舌――重さは一・五米国トン〔約一・四トン〕ほどになっただろう、これほどの塊がかつて命と生気を持っていたなどと誰が想像できようか――ああ！　なんと素晴らしい――このセミクジラは歯の代わりに鯨骨〔ひげ板〕を口内に持つ――この鯨からとれた骨〔ひげ板〕の最長のものは六フィート〔約一・八メートル〕。そこからだんだんと短くなっていき、鼻先では二、三インチにまでなる。[*10]》

鯨のひげ板の厚さと屈曲性は、今の時代でいえば一般的なフリスビーの素材と同程度だ。バネ鋼やプラスチックが登場する以前の時代、このひげ板は細長く切られ、傘、コルセット、フープスカートなどを支える骨組みや、道具類、靴べら、馬のムチ、手工芸品などに使われた。

「セミ鯨の頭」の章で、イシュメールは鯨捕りたちがひげ板を使って《オークの樹齢を年輪で見積もる要領で、その生き物の齢を計算する》のに用いる技を説明する。自らの鯨文書の中に記されていたそのやり方に対し、イシュメールはやや慎重な姿勢をとりつつも〔《この基準の信憑性は実証すべくもないが㈧》〕、《類推から見込まれる可能性のにおい》はあると明言している。ここから彼は、セミクジラ類の生涯は並外れて長いのではないかとの示唆を得る。

ひげ板がヒトの爪のように伸び続けるのは確かだが、通常の捕食を行うだけで末端から磨耗していくので年齢の推定には使えない。セミクジラ類のひげ板一つで一〇年から二〇年というのがせいぜいのところだ。私はこの原稿を書きながら、ひげ板を一つ傍らに置いている。ある角度から眺めると確かに同心円状の成長線が見えるが、それよりも目立つのは、もっとまっすぐで垂直の線の数々だ。ひげ板の長さ方向に伸びるその線は、一つ一つがまるで末端の毛の一本ずつにつながっているかのように見える。二一世紀の研究者はひげ板を年齢の分析のために使うことはあまりなかったが、鯨の生涯の一定期間にわたるホルモンの長期変動を知る試料を得るための分析は行ってきた。ひげ板は、妊娠期間、交配期間、さらには、ストレスの存在（けが、得られる食料の量の変化、気候の変化と関連しているかもしれない）を明らかにする。[*11]

現在では、世界に生息する三種のセミクジラ類がどれも浮遊性（プランクトン）の甲殻類を食べていることが知られている。餌となるのは特にカイアシ類（コペポッド）で、オキアミはそれより少ない。エイハブのように鯨に取り憑かれ、四〇年にわたってタイセイヨウセミクジラを研究してきた生態学者、ロバート・ケニーは、ある日の午後、ロードアイランド州〔米北東部、マサチューセッツ州のすぐ南〕のパブでビーフバーガーに歯を沈めながら、セミクジラが普段食べているものについての最新知識をかいつまんで教えてくれた。「三種のセミクジラ類はどれも、主に大きめのカイアシ類を食べます」とケニーは言う。「セミクジラ類のひげ板は、それよりももっと小さい生き物を効率的に濾しとれないんです。ただ、小さめのカイアシ類や他の生き物、例えばフジツボの幼生などは、もし充分にたっぷりいれば口に入ります[*12]」。

セミクジラ類にとって、植物プランクトン各種は小さすぎてひげ板に引っかからない。オキアミを食べることは時にあるが、体も動きも大きなこの餌を捕らえるには、普段よりも速く泳がなければならない。ナガスクジラの場合はセミクジラよりも泳ぎが速いので、オキアミをもっとたやすく捕らえることができるのだが。オキアミを餌とするかどうかは、エネルギー面のトレードオフの問題になってくる。

「別の言い方をすれば」とケニーは言う。「セミクジラ類はもしかすると、充分な密度で集まっていて、自分のひげ板で効率的に濾し取れて、逃げ出せるほど泳ぎが上手くないものなら何でも食べるのかもしれません」。

『白鯨』の「ブリット」の章で、イシュメールは地球最大の動物が特に小さな獲物を捕食して命をつなぐという詩的なアイロニー、そして生態学的な奇跡を取り上げる。カイアシ類やオキアミなどの海棲無脊椎動物は地球各地において数兆個体の単位で繁殖する。

カイアシ類という分類には、地球上の動物プランクトンのバイオマスの大部分をなす何百もの海棲浮遊性種が含まれる。どれも触角、水をかく櫂（かい）のような肢、そして外骨格を持ち、ほとんどの種が小さなしずくのような姿をしている。カイアシ類はおそらく海中で最多数を占める多細胞生物であり、ひょっとすると地球全体でも一番かもしれない。

個々のオキアミは通常、カイアシ類よりもずっと大きい。多数の個体が密集して群れをなすため、南極海では船乗りたちが一七五平方マイル〔約四五三平方キロメートル〕もの水面を覆うオキアミの大群をかき分けて船を進めてきた。「がぶ飲み型」の採餌者である大型のナガスクジラは、カイアシ類よりもこうしたオキアミの群れをよく捕食している。*13

『白鯨』でイシュメールの語る「ブリット」は黄色だ。カイアシ類もオキアミも、多くの種は水面で群れをなしていると桃色がかった茶色に見えることが主だが、古今の報告では黄色や緑、あるいは茶色に見えることもあると確かに示されており、イシュメールの記述と合致している。「黄色や緑色の水は、動物プランクトンというより、植物プランクトンが集中していることで生じている可能性の方が高いですね」とケニーは言う。「動物プランクトンはむしろ黄色から赤にかけてのスペクトラムを示す傾向がありますから」。海に出ていた年月の間に、メルヴィルが植物プランクトンによる茶色、緑色、あるいは黄色のブルーム〔赤潮や「水の華」〕を目にしていたことは間違いないだろう。しかし、ヒゲクジラ類がこうした植物寄りの生物の群れの中を進んで食物を濾し取ることは、皆無でこそないものの稀だ。セミクジラ類の普段の食物について調べるため、ケープコッド湾で動物プランクトンを採集するクリスティ・ヒュダックは、水面で〔動物プランクトンでありながら〕緑がかった茶色に見えるセントロパジェス属（*Centropages*）のカイアシ類の大群を目にしてきたと教えてくれた。*14

まだらに集まる有機物を濾し取って食べるヒゲクジラ類やセミクジラ類のことをイシュメールが説明する描写は、その時代にしては驚くほど正確であったことがわかっている。また私たちは、その大きなまだら状の大群が、カイアシ類とオキアミをはじめとしたいくつもの種の動物プランクトンから成り立っていたであろうことを知っている。さて、『白鯨』の作者メルヴィル、あるいは彼と同時代の博物学者や鯨捕りは、これら特定の生物が「ブリット」の中に内包されているとの認識をもっていたのだろうか？

一八三〇年代、英国艦艇ビーグル号で航海をしたダーウィンは、ごく小さな生物種が水面で群れ集まっているのを観察した。その生きた油膜の詳細な性質、水の色、そして、風と海流の影響を受けながらも生物たちの集合体が一緒にいられるしくみを検討すべく、ダーウィンは試料を採取した。彼はティエラ・デル・フエゴ〔南米大陸南端部の諸島〕付近を航行中にオキアミの大群を目撃した。彼は

『ビーグル号航海記』にこう書いている。《私は鮮やかな赤色をした水の細い縞を見てきた。その色は、形の面では大きめのプローン（prawn〔クルマエビなどの中型のエビ〕）にいくぶん類似した、数々の甲殻類に由来する。アザラシ猟師はこれを「鯨の餌（whale-food）」と呼ぶ。*15》

外科医ビールは著書『マッコウクジラの自然史』の中でセミクジラ類の食べ物についてあれこれと述べている。ビールは、セミクジラ類の食物となる《メデューシー〔クラゲ〕と雑魚》について書いたサー・ウィリアム・ジャーディンの文章からいくつかまとまった情報を載せている。ビールは《ひょっとするとセミクジラの食物となっているかもしれない、「スクウィリー（squillæ）」やその他の小動物からなる、無数のアニマルキュリー（animalculæ）が引き起こす水の変色》のことを書いている。「squillæ」の語で指していたのはおそらくエビ、「animalculæ」はきっと微小動物の群れ全般のことだろう。ビールは南米のこうした海域を《海中の牧草地》や《エビの草原》として挙げた。

なお、メルヴィルは自身が所有するこの本の余白に「大麦の岸（Barley Banks）」と書き込んでいた。水深がありマッコウクジラの集まる赤道太平洋の捕鯨漁場とは違い、動物プランクトンが豊富でセミクジラ類の集まる世界各地の捕鯨漁場はよくバンクス（banks：岸辺、土手）と呼ばれていた。セミクジラ類の集まる海域はマッコウクジラの集まる海域よりも水深が浅く、多くは沿岸寄りだ。それは、湧昇流と日光がプランクトンにとって特に繁殖しやすい生息地を作り上げているからだ。その一つがラ・プラタ川〔ウルグアイとアルゼンチンの間を流れる〕から沖に広がるブラジル・バンクス〔第5章参照〕であり、別の一つが、イシュメールの語るクローゼー諸島付近である。これはメルヴィルの時代も現在も変わらない。セミクジラ類の集まるこれらの海域は外科医ビールが説明・描写し、海図製作者のモーリーも鯨の分布図の中で示している。イシュメールは「ブリット」の章の注釈でこれらの「バンクス」に言及している[*16]（図9参照）。

ヒゲクジラ類のことを詳しく知るために、メルヴィルはよくウィリアム・スコーズビー・ジュニアの著作に当たっている。メルヴィルはセミクジラ類の専門家として彼を最も信頼していた。その理由には、スコーズビーが実際に銛打ちを経験していたことが特に大きい。メルヴィルは『白鯨』作中で何度もスコーズビーのことを茶化し、「フォーゴー・フォン・スラック〔淀みの悪臭〕氏」〔第92章「竜涎香」〕、「スノッドヘッド博士」〔第101章「デカンター」〕、「スリート船長」〔第35章「檣頭（マスト・ヘッド）」〕などの名で架空の専門家や船乗りに仕立てて冗談の種にしているが、ハンターとして、そして博物学者としてのスコーズビーに途轍もない尊敬を払っていたことは明らかだ。英国ヨークシャーの出身であり、成功を収めた鯨捕りの息子であるウィリアム・スコーズビー・ジュニアは、わずか一〇歳の時から父の船に乗って海に出始めた。航海の合間にエディンバラ大学で学び（ダーウィンが入学する一五年以上前だ）、その後は自らも捕鯨船の指揮をとり、北海、さらには北極圏でホッキョククジラを狙う。自身の経験に関する二作の一般書を著し、鯨、磁気学、海洋学についての自らの科学的発見を盛り込んだ。二作はいずれもよく引用されたり、そっくりそのまま剽窃されたりしている。スコーズビーは著名な博物学者のジョセフ・バンクスの友人で、王立協会フェローにも選ばれている。

スコーズビーは著作『北極地帯の報告』（一八二〇年）で、北極海でプランクトンを何種か観察・採集したことを書いている。その一部は「メデューーサとその他の動物たち。鯨の主食を構成する」との見出しがついた図を添えて解説されている。メルヴィルが『白鯨』執筆中に目にしていたことが知ら

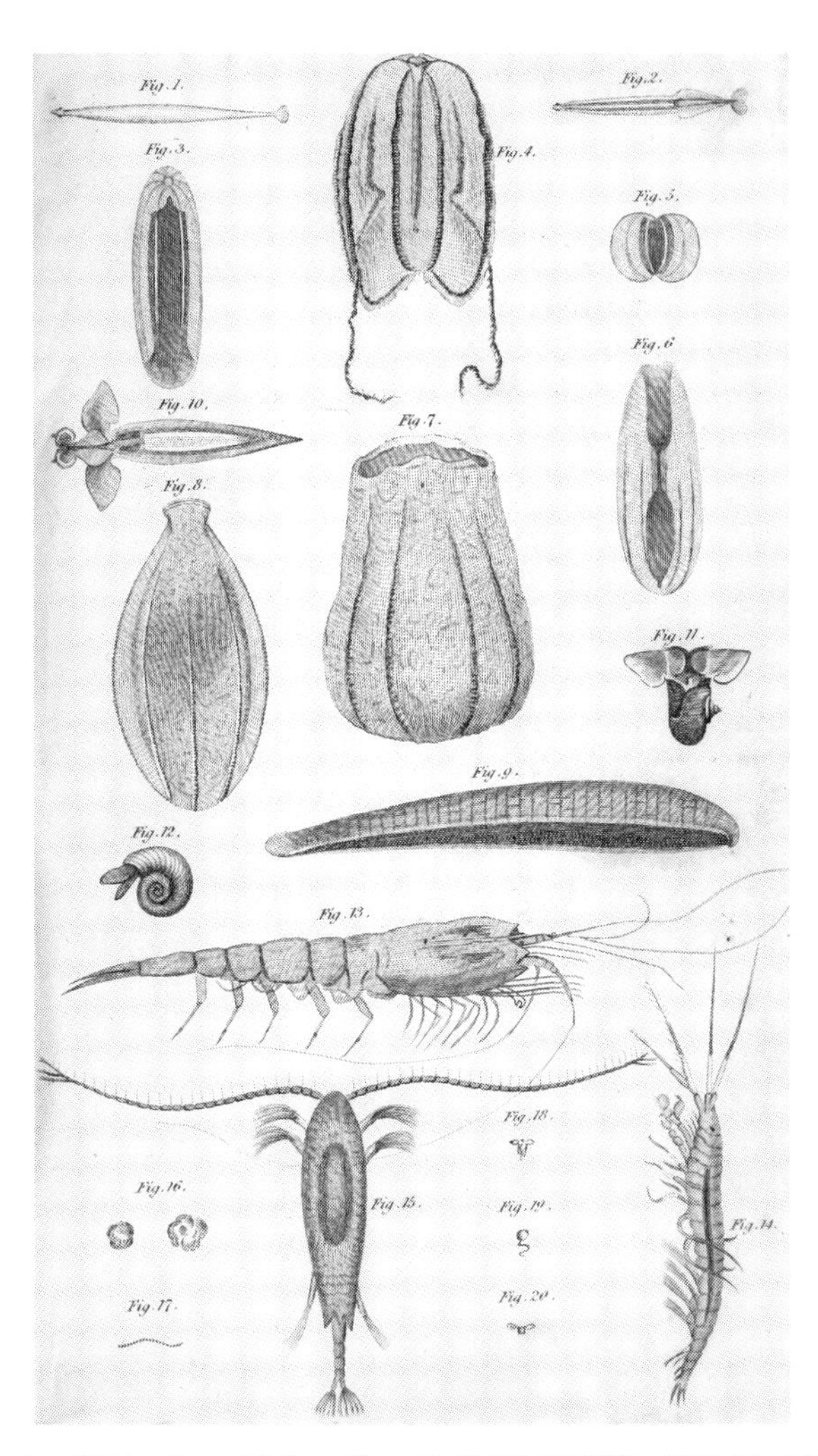

図26　ウィリアム・スコーズビー・ジュニア『北極地帯の報告』（1820年）より、「メデューサとその他の動物たち。鯨の主食を構成する」の図版。
Fig. 4～Fig. 7はクシクラゲ、Fig. 10～Fig. 12は翼足類、Fig. 14は端脚類、Fig. 15はカイアシ（橈脚）類。Fig. 13はエビかオキアミを描いているように見える。

れている図だ[17]（図26）。

スコーズビーは水面にいる様々な生物種を記述している。ただ、鯨の胃の中には大抵《スクウィリー、つまりエビ》しか見つからなかったという。おそらく現在でいうオキアミのことだろう[18]。

スコーズビーは『北極地帯の報告』と、その後の『北方鯨漁行き航海日誌（*Journal of a Voyage to the Northern Whale Fishery*）』（一八二三年）で、北極海に浮かぶ緑、茶、黄色の異なる色合いのまだらのことを述べている。どちらの本も、『白鯨』執筆中にメルヴィルがニューヨーク・ソサエティ図書館で借りていたものだ。ある日、スコーズビーはバケツ一杯の海水を汲み、その試料を顕微鏡で見た。彼はこう書いている。《そこには明らかに微小動物（アニマルキュール）の残骸があった。（…）これが海の黄緑色を呈する微小動物に似た類のものであることに疑いはない[19]。》

イシュメールの「朝の草刈り人」

「ブリット」の章で、イシュメールはセミクジラ類が採餌をする際の音を《奇妙な、草のような刈り取り音》と描写している。これもまた、メルヴィル自身の海上経験がこの場面に影響を与えていることを窺わせる。というのも、私は一九世紀当時に鯨の採餌の音に耳を傾けたとの記述を、誰が書いたものであれいっさい目にしてこなかったからだ。私が見つけた限りでは、鯨の採餌音についての記述が初めて現れるのはビル・ワトキンスとビル・シェヴィルによる一九七六年の科学論文だ。この論文には、二人が《ひげ板のガラガラ》と呼ぶ音についての報告がある。水の外からも聞こえ、水中マイクの助けを借りて水面下でも録音されたその音は、鯨が水面近くで濾し取り型の採餌をする際に小波が口の中へと入ることで、ひげ板どうしがぶつかり合って生じたものと思われた。ひょっとすると、他の個体に採餌がうまくいっていると伝える手段になっている可能性もある。この音は、メルヴィルが作中の描写でほのめかしていたのとは違い、ブリットを《朝の草刈り人》のようにバリバリと噛み砕く音ではない。メルヴィルがこんな書き方をしたのは、純粋に創作の狙いに合わせた想像からか、船の索具の上から自分が聞いた音を描写したのか、あるいは、セミクジラ類が水面で捕食する場面を手漕ぎの捕鯨ボートに乗って間近で見聞きした自分自身の体験からかもしれない（私が気に入っているのは最後の説だ）[*20]。

神の摂理の寛大さを示すものとしてのプランクトン

海に生息し、鯨の食料となるこれら「微小動物（アニマルキュール）」の数々について、スコーズビーは定量的かつ哲学的な記述を残している。北極海でこうした動物個体の数を計算しようと試みた後、彼は自らの自然神学の檣頭に立って自説を語っている。

《この事実は神の創造の巨大さ、神の摂理の寛大さに対し、何と途方もない考えを向けさせてくれることだろう。人間の居住地からとても離れた領域に、これほど豊富な生命を備えておかれるとは！（…）この動物たちの間には明確な体系がない訳ではない。彼らの存在の上に鯨という種族全体のそもそもがかかっており、他のクジラ目動物にも彼らに依存している種がある。（…）故に、そこに依存する動物生命の鎖が生み出され、鎖の中のある特定の環が破壊されれば、必然的に鎖全体が滅びることになる。[*21]》

鯨の食料に関するスコーズビーの解説が、メルヴィルの「ブリット」の章の執筆に影響を与えたことは間違いない。特に、地球全体の生命に対する海の重要性にまでイシュメールが話を広げるところがそうだ。スコーズビー自身は食物網についての知識の先駆けをもたらし、海洋の一次生産〔光合成や化学合成など〕、二次生産〔一次生産で作られた有機物が生物個体間を移動すること〕と現在呼ばれる作用の決定的な重要性を明らかにした。その二〇年後、ドクター・ベネットは海洋の食資源系を柱の形で表し、微小な《軟体動物》がその基部を成し、頂点には鯨がいるものと述べた。[*22]

メルヴィルの場合はもちろん、鯨の採餌音もひょっとすると架空のものかもしれないし、他にも創作の裁量を広げていたかもしれない。セミクジラたちが静かに餌を食む横で、ピークォッド号がインド洋を穏やかに航行する。そんな「ブリット」の章を一つにまとめ上げ、象徴や比喩にあふれたものにするためだ。イシュメールは檣頭からの眺めを語りながらこの場面を始める。草のような黄色の眺めだ。牧歌的で、平和である。イシュメールは、スコーズビーが論じる遠洋の食物連鎖を支えるのがブリットだとわかっている。ちょうど、パンが人間には欠かせないものであり、草が陸上の草食動物の群れの主食であるように。メルヴィルはたぶん、自前の小さな農園の手入れをしながらこの場面を執筆したのだろう。歴史学者の推定では、一九世紀中盤の米国の人口の約八〇％が農園に住んでいたという。一方、鯨捕りも自分たちの海での仕事に対し、農業用語を使った見方をよくしている。『ナンタケットの歴史（*The History of Nantucket*）』（一八三五年）で、著者オーベド・メイシー（イシュメール呼ぶところの「ご立派なオーベド」）はこう説明している。《一六九〇年（…）幾人かの者は高い丘におり（…）鯨たちが潮を吹き、互いに戯れるのを見守っていた（…）すると一人が「あそこに」と海を指差し、「緑の牧草地がある。我々の子供の孫たちがパンを得るために出かけるであろう場所だ」と述べた。》第14章「ナンターケット」で、イシュメールは鯨捕りの英雄であるナンタケット人がいかに誰よりも海になじんでいるかを明言する。《聖書の言葉を借りれば、彼のみが舟でそこ〔海〕にくだり、自らの特別な農園としてそのあちこちを耕す。（…）彼は海の上に暮らす。ソウゲンライチョウが草原に暮らすように。》『白鯨』執筆開始に先立つこと一年弱、メルヴィルはフランシス・パークマンの『カリフォルニアとオレゴンの草分け道（*California and Oregon Trail*）』（一八四九年）の書評を書いている。この作品はメルヴィルが草原の空想描写を考える上で助けになった。メルヴィルは当時にあってさえ、米国西部の環境が萎縮し、人の管理下に手懐けられていく悲しい状況をよく認識していた。イシュメールがその様子を、無限で、獰猛で、永遠に損なわれることのない手付かずの海と対比させている。[*23]

「ブリット」の章のセミクジラたちは《黄金の小麦》の中を進みながら食む。その様子からは、黄金色の中に広がっていく青の太い縞模様が目に浮かぶ。ピークォッド号と乗組員たちが東に進み、インド洋の奥深くへと入り込んでいくにつれ、地面が姿を消していく。こうして平静さが失われていくという暗喩のようだ（「地に足がついている」という言い回しを頭に置いておきたい）。メルヴィルのヒゲクジラたちは《濡れた背の高い草》のようなブリットを刈り取っていき、後には深い青だけが残される。それが徐々に、陸が持つ安全を象徴する色のあらゆる痕跡を拭い去っていく。メルヴィルは「ブリット」の章で『白鯨』を司るあの主題を発展させる。海は陸とは根本的に違う場所なのだという、第23章「風下の岸」で最初に強調されたテーマだ。海は不死で残虐であり、鯨が甲殻類を食べる穏やかな光景という見た目に決して騙されてはならない。檣頭の水夫たちは当初、採餌中の鯨を動かぬ岩と見間違えた。その姿は、ゆっくりと動き、ゆったりと草を食み、陸上で最大の動物である象のように見える。だが、すぐにイシュメールは意見を翻し、つい前言の象との比較は誤解を招くものであり、誤りでさえあると述べる。違うのだ。海の動物は陸のものと全く異なる。直接の共通点はない。こうしてイシュメールは「古臭い博物学者たち」に対する自らの懐疑心をほのめかす。まずは、彼らの言い分に反して、海の動物と同等の陸上動物などいないと指摘する。イシュメールは、水面下にあるのは人類が未だ発見していない《無数の未知の世界》であると宣言する。《ブリットと呼ばれるあの奇妙な物体》を実際に構成するのは何なのか、明言や特定をしていないのも彼の主張の一部をなしている。私たちの社会における海の知識は必然的に、途轍もなく限られている。海に生息する生物についても、海の全般的な危険についても。その主張は、私が本書の序論を締めくくるのに使った、あの棘つき棍棒のような一文の中に表れている。船乗りの言葉である「ブリット」を、ダーウィンやビールやスコーズビーの「甲殻類」、「アニマルキュリー」、「メデューシー」（メルヴィルが採用を拒んだ見事な言葉の数々だ）の代わりに選ぶことで、イシュメールはまたも、広大で荒々しい海を最も経験的に知る者の味方に立つ。そう、鯨捕りだ。[*24]

「ブリット」の章の締めくくりに、メルヴィルは陸と海の違いの持論を今一度強調する。イシュメールは「風下の岸」の章とまさに同じように、陸地と故郷の安全からの物理的、あるいは実存的な離別を警告する。メルヴィルの見ていた一九世紀の海は無慈悲で、《獰猛》で、《支配が効かない。》現世を離れたような章末の描写で、メルヴィルは読者をブリットの牧草地へと引き戻す。《緑の、穏やかな、最も従順な地面》、創造物の中でも最小の生き物。鯨たちはなおも緩慢にそれを食べ続け、「地面」を消し去り、安全を奪い去り、人の魂の中にある平和な《タヒチ島》へと食み寄ってくる。ブリットが食らい尽くされた後には、《汝けっしてふたたび戻ることはかなわぬ。》

古の船乗りであるイシュメールは、それでも、この微小生物に祝福を送る。

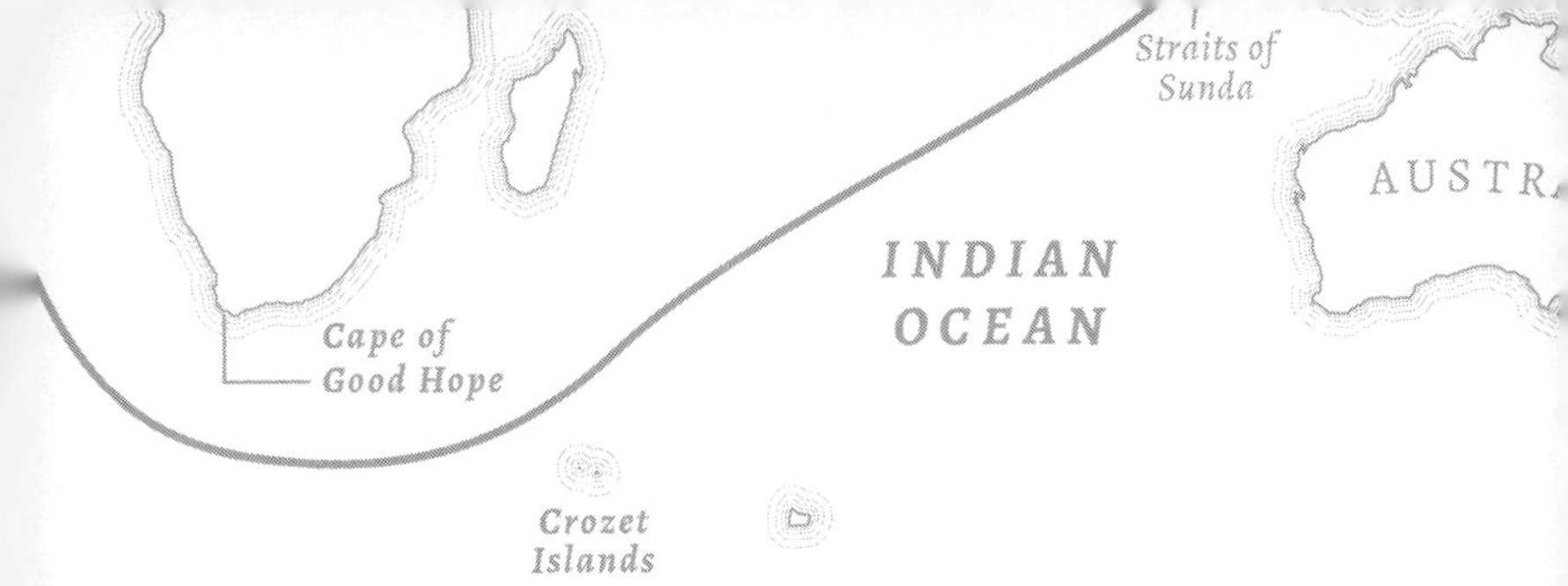

第12章　巨大イカ

彼ら曰く、その巨大な生きたイカを目撃した後、母港に戻ってその話をすることができた捕鯨船はわずかだそうだ。

スターバック（第59章「ダイオウイカ」）

巨鯨（レヴィヤタン）は最大の魚（フィッシュ）ではありません。——私はクラーケンの話を聞いたことがあります。

メルヴィル（『白鯨』の成功後、ナサニエル・ホーソーンへの手紙で次回作について考えながら綴った言葉）[*1]

「ブリット」に続く第59章「イカ」で、ピークォッド号の鯨捕りたちはインド洋の水面で巨大なイカに出会う。《気だるい微風》が吹く、不気味に静かな日だった。アフリカ系の銛打ちであるダグーは、マストの上から見たそのイカをあの白鯨と見間違えた。乗組員たちがボートを下ろし、相手に向かって漕ぎ進める中、その生物は水面に浮かんでは沈むことを繰り返す。イシュメールは言う。

《白鯨モービィ・ディックへのあらゆる考えをいっとき忘れかけた我々は、今、秘密の海がかつて人類に明かしてきた中で最も不思議な現象を見つめていた。どろどろとした巨大な塊、長さと幅は何ファーロング〔一ファーロングは約二〇〇メートル〕にもわたり、きらめくクリーム色をした塊が水の上に浮かんで横たわっていた。その中心からおびただしい数の長い腕が大蛇の群れのように四方八方に広がり、まるで手近にある不運な物体をやみくもに握り締めようとするかのごとく、丸まり、ねじれている。顔、あるいは正面と認識できるものはなかった。感覚の気配も本能の表れもあるとは考えられない。大波の上でのたうっているのは、およそ地上のものではない、不定形の、偶然の産物のような生命の亡霊だった。[*2]》

『白鯨』に出てくるこのダイオウイカは、地球上で最もその姿を捉えにくい未知の大型動物であり、現在でもそれは変わらない。イシュメールは前章「ブリット」の終わりで海の《最も恐ろしい生物》について警告する。彼らは《水面下を滑るように移動し、姿の大部分は見えず、最も素晴らしい紺碧の色合いの下に狡猾に隠れている。》まるでその言葉に呼び寄せられたかのように、ピークォッド号は次の場面で一匹のダイオウイカに接近する。こうして、メルヴィルは「大型の鯨の食料」という題材を使い、丹念に組み立てたおなじみの二章組を作り出している。前章「ブリット」はセミクジラ類の食料についての随筆調の論説文で、一方この「イカ」の章は、マッコウクジラの食料について登場人物が探る物語形式だ。[*3]

イシュメールの見たダイオウイカは陸上の誰にも知られていない。途方もない長さと幅をしており、海に出ている船員であっても目撃した者はわずかだ。イシュメールはダイオウイカこそがマッコウクジラの唯一の食料だと説明する。マッコウクジラは巨大イカを食べるために巨大な歯を持つのだと。イシュメールの話では、博物学者はダイオウイカをコウイカ類〔外套膜の内側に硬い殻（甲）を持つ〕と同じ分類に位置づけるという。また、ダイオウイカは腕を海底に絡めてしがみついているという。クラーケンなどの海の怪物の伝説の一部は、ダイオウイカとの遭遇と考えると合理的な説明がつくかもしれないという。では、こうした話のうち、現在の知識に照らして正しいものはどれだろうか？

漬物になったダイオウイカ（1）

この境地に至るまで二日間を要した。観察し、スケッチをし、写真を撮り、タンクの底に這いつくばり、はしごの上に立ってタンクを見下ろした末に、私はこの標本「アーチー」に対して意外にも拍子抜けの感覚を抱いている。その巨大さ、珍しさにもかかわらず、全く大した存在ではないと感じるのだ。アーチーはあまりに大きく、オリーブイエロー色の液体に浸されたその姿は水に沈んだ操り人形、あるいは色あせたビーンバッグチェア〔ビーズの詰め物を入れた柔らかいソファー〕のように見える。綿のような組織でできたごく小さな巻き毛が、体、腕、触手からくるくると伸びている。ピンクの断熱用グラスウールを縫い上げたような姿だ。

このダイオウイカ（*Architeuthis dux*）は、実に八七〇ガロン〔約三三〇〇リットル〕もの四％ホルマリン生理食塩水固定液をたたえた、分厚い透明アクリル製の棺桶の中に保存されている。外套膜のてっぺんから二本の触手の先まで二八フィート〔約八・五メートル〕の長さがある。イカの標本の中では最大級かつ完全なものの一つだが、ダイオウイカという種の中では決して最大ではない。この個体は二〇〇四年、フォークランド諸島沖（物理的にはホーン岬からわずか数百マイルのところにある）で延縄漁船が意図せず捕らえてしまったものだ。乗組員たちはそれを冷凍し、帰港した際に地元漁業局の生物学者に寄付した。標本を受け取った生物学者は、続いてそれをロンドンの自然史博物館に送った。このイカは雌なのだが（雄であれば外套膜の下、頭の横から長さ三フィート〔約〇・九メートル〕のペニスが伸びているはずだ）、英国メディアは学名（*Architeuthis dux*）にちなんで「アーチー（Archie）」という男性名をつけた。*4

ロンドン自然史博物館で私の受け入れ役を務めてくれているのは、非海洋性軟体動物および頭足類部門の上級学芸員であるジョン・アブレットだ。本の虫であり少年らしさのあるアブレットは、分厚いレンズの眼鏡をかけ、ネルシャツの裾をしまわずに着ている。昨日も今日も、彼はこのタンク室まで私に付き添ってくれた。私は今一人でこの部屋にいて、「怪物クラーケン」への期待が現実にはならなかったという岐路に向き合っている。

このタンク室は診療所や工場を思わせる味気ない空間で、博物館のダーウィン・センター内の「スピリット〔アルコールや有機溶剤〕・ビルディング」という建物の地下にある。室内は静かで喧騒から守られている。上の階でドタバタと足音を立て、恐竜の骨格表本や、アフリカの動物の剝製や、チャールズ・ダーウィンの立派な白い石像の周りに群がる何千人もの見学客にはさらされていない。ダーウィン像が腰掛け、博物館の中心をなすその大ホールは、ロンドン自然史博物館が一八八一年に大英博物館の分館として独立した際と変わらぬ「自然を讃える大聖堂」だ。分館計画を率いたリチャード・オーウェンは、イシュメールも『白鯨』で二度ほど言及している化石の専門家だ。オーウェンについては後ほどさらに詳しく触れる。

さて、この地下室では、アブレットと同僚の学芸員たちが壁沿いの棚をありとあらゆるガラス瓶でいっぱいにしてきた。瓶に保存されている標本は、魚類、爬虫類、そして、シロアシギツネのような小型哺乳類のものもいくらか。一部の標本の製作時期は一九世紀前半に遡る。そこにはダーウィンがビーグル号での探検で集めた標本群の一部も含まれており、唯一鍵のかかった保管棚に収められている。

タンク室の床部分を占めているのは、五列に並んだステンレス製のタンク群だ。一つ一つが大量のアルコール溶液を満たした保管容器となっており、大きすぎて瓶には入らない標本を収めている。「この中ではちょっと気が散るかもしれませんね」。最初に中を案内してくれた時、アブレットはこう言っていた。何しろこのタンク群には、体長一〇フィート〔約三メートル〕のニシオンデンザメ、オナガザメ、吻部から尾までが揃ったマカジキ、トビエイ、一三フィート〔約四メートル〕のロシアチョウザメの頭部などが保存されているからだ。*5

ダイオウイカ「アーチー」のタンクは室内でも存在感があり、中央のタンク列の半分を占めている。

私が最初にアーチーの目だと思っていたものは、実は漏斗だった。イカはこの漏斗を通じて排泄物、墨、エラから吸い込んだ海水を勢いよく吐き出す。吐出による推進力が、ダイオウイカの体を水中でジェットエンジンのように加速させる。では、実際のダイオウイカの目はどうかというと、これはダチョウやメカジキ、さらにはシロナガスクジラの目の三倍以上大きい。アーチーの目の直径は一一インチ〔約二八センチメートル〕近く。読者のあなたの頭ほどの大きさだ。この目のおかげで、水深四〇〇フィートから三三〇〇フィートほど〔約一二〇メートルから一〇〇〇メートル〕という、ダイオウイカが好む深さの暗い水中でも物が見える。これほどまでに目が大きく進化したのは、一説によれば、捕食者であるマッコウクジラが後をつけてくるのを、その周囲の〔プランクトンの〕生体発光を通じて見るためだという。[*6]

もっとも、タンクの棺桶の中ではもはやアーチーの目は見えない。保存液の中で時を経た両目は落ち窪んでしぼみ、まるで布の巾着袋を裏返そうとしている時のようだ。この標本の姿からあまり力強さが見受けられなかったのは、こうして目が失われているからかもしれない。この地下室を取り囲む瓶の中からは、数千の目が外を見つめている。だが、このダイオウイカの目には何も映っていないのだ。

さて、このダイオウイカの外観にはもっと印象的な見どころがあることがわかる。それは彼女の「棍棒」で、まだかなり無傷に近い状態で残っている。イカという生物は皆、二本の触手と八本の腕が頭部から伸び、口の周りをぐるりと囲むように生えている。それぞれの腕には二列に並んだ吸盤がある。一方、二本の触手（腕の二倍以上の長さがあり、とてつもなく繊細に見える）には先端部にだけ吸盤がついている。この部分が「棍棒」だ。しゃもじのような形をしていて、その一面に吸盤が並んでいる。吸盤は腕についているものと似ており、それぞれの内側には鋭い歯のついた輪〔ミニサイズの帯鋸のようだ〕がはまっている。科学者たちは、ダイオウイカが海水の中層部に生息する魚や他種のイカを積極的に捕食すると考えているが、普段の食物と採餌行動、そしてそもそも、ダイオウイカにまつわるほとんどのことが今だ謎のままだ。成体の胃の中身は大抵、かなり細かく嚙み砕かれていてほとんど個々の見分けがつかない。ダイオウイカの胃の内容物の記録が最初に発表されたのは、実に二〇世紀後半になってからのことだった。*7

ダイオウイカの全身が揃った標本は、知られている範囲で世界におよそ五〇体強しかない。アーチーはその一つだ。他の様々な状態のもの〔こちらでは外套膜のみが見つかり、あちらでは三本の腕だけが打ち上げられていたという具合に〕を含めれば、これまでに各地でダイオウイカの体長が測定、あるいは推定された記録は五〇〇件にも上る。標本を丁寧に測って記録した例もあれば、現場で生物学者やビーチコーミング〔漂着物を装飾品や資材として拾い集めること〕を行う人々、漁師、鯨捕りが体長を推定した例もある。ルイ・アガシーの教え子で、イェール大学の動物学教授となったアディソン・ヴァーリルは、一八七一年からニューファンドランド〔カナダ東海岸の島〕沖の水面に浮かんでいるのが目撃されるようになったダイオウイカの標本数点を基に、信頼できる分析結果を初めて発表し、図解と一枚の写真による初の図版集にまとめた科学者だ。うち一匹は生きたまま小型漁船に入り込んできたもので、漁師たちは斧で切り落とした一九フィート〔約五・八メートル〕の触手を陸へと持ち帰った。水中で生きたダイオウイカの姿が写真に収められたのは二〇〇四年になってからで、日本人生物学者の窪寺恒己〔日本国立科学博物館〕が縦縄の先に吊るした自動カメラと照明を使い、水深二九五〇メートルで撮影したものだ。窪寺らはカメラの下に餌となるイカとエビを入れた袋を取り付け、ダイオウイカをおびき寄せた。窪寺らが縦縄を引き上げて回収すると、そこにはダイオウイカの一八フィート〔約五・五メートル〕の触手がちぎれて絡みついていた。デッキに引き上げられてもなお、その触手は船上の科学者の指をがっしりと掴んできた。八年後の二〇一二年、研究者は深海にいる生きたダイオウイカの映像を初めて収めている〔日本国立科学博物館、NHK、ディスカバリーチャンネルの共同プロジェクト〕[*8]。

私がアーチーの棍棒を見つめ、暗闇の中で泳ぎ狩りをしていた姿を想像しようとしていると、ジョン・アブレットが解剖室からドアを抜けてこちらへと入ってきた。アブレットは、初めて『白鯨』を読んだ時には途中で飽きてしまったが、二年後、ベトナムの熱帯雨林の中で再読して最後まで読み通したと私に教えてくれた。現地で陸棲のカタツムリの新種を探していた時のことだという。

アブレットが標本観察の調子を尋ねてくる。

私は、事前の想像の中でこのイカの存在感を高めすぎてしまったようだと伝える。

アブレットが何かを指差す。その指し示す先はアーチーの棍棒の上をかすめ、奥に潜んでいたプレクシグラス〔透明樹脂〕の棚に向かっている。中にあるのは腕の切れ端だ。私はそれを、別のダイオウイカの腕だと思っていた。

「これは、ダイオウホウズキイカのものですよ」とアブレットは言う。「学名は *Mesonychoteuthis hamiltoni* です。ダイオウイカの親戚ですが、きっとあなたが思われるよりも遠縁です。重さでいうとダイオウイカ属よりもさらに上です」。

アブレットは、二〇〇七年に南極海で漁師たちが捕獲したダイオウホウズキイカの標本は重さが一〇〇〇ポンド〔約四五〇キログラム〕超だったと説明してくれた。

メルヴィルがダイオウホウズキイカを見ていたということはありえるだろうか？

「それはなさそうですね。南極海の水域で航海していない限りは。それはともかく、この吸盤をよく見てみてください」。

ダイオウホウズキイカの吸盤には、内側に帯鋸が埋め込まれている代わりに、危険な鉤針がついていた。それぞれの吸盤から反り返るように針が突き出ている様子は、ずらりと歯が並んだアオザメの口の中のようだ。

「しかも、獲物に取りついた時には、それぞれの鉤針がしなって一八〇度も回転するんです」とアブレットは言う。

続いて、テーブルの左寄りに置いてある背の高い瓶にも、別のダイオウホウズキイカの触手が入っている。アブレットが言うには、これはマッコウクジラの腹の中から見つかったものだとか。浜辺に打ち上げられた標本以外に、科学者はこうしてダイオウイカやダイオウホウズキイカについての知識の大部分を得てきたのだ。ダイオウイカのもっと小さな標本の断片は、ワタリアホウドリ、サメ、ライギョダマシ〔南極海に生息する大型魚〕、メカジキなどの胃の内容物や吐瀉物からも回収されてはいるが。[*9]

私の考えの風向きが変わりつつあるのを見てとったアブレットは、こちらがもっと食いつきそうなネタを持ち出してくれる。彼は私を連れて、地下の別の場所にあるステンレスタンクの一つへと向かう。

巨大な白いイカ？

一九世紀の鯨捕りや、その何世紀も前に航海をしていたポリネシア人は、海で生きたダイオウイカを見る機会に最も恵まれていた人々かもしれない。だが、きちんと信頼できる当時の記録の存在は知られていない。イカの生死を問わずだ。メルヴィルがそもそも自分でダイオウイカを見たことがあるのかどうかも私たちにはわからない。繰り返しになるが、当時は博物館にもダイオウイカの収集物は一切なかった。全くの空想から生まれた海の怪物ではない、実際のダイオウイカの図解の出版物を目にすることも、一八五〇年代には誰もできなかった。当時ダイオウイカとされるものを目撃したという数少ない報告の一つを、一八五〇年代初頭にチャールズ・W・モーガン号に乗船していた銛打ち、ネルソン・コール・ヘイリーが書き残している。手記が書かれたのは三〇年後だったのだが、この回想では、彼がニュージーランドの北で三つの巨大な円筒状の物影を目にした朝のことが綴られている。三つの物体のうち、最大のものは約三〇〇フィート〔約九〇メートル〕の長さがあったという。ヘイリーはこの時見たものが三匹のダイオウイカだったと断言して譲らないが、触手や腕を見たわけではなく、船に同乗していた者も誰一人としてこの影を見るに至っていない。*10

多種多様な海の怪物の目撃報告が、実はダイオウイカのことなのだろうかと当時から考えていたメルヴィルは、その点で時代の先を行っていた。『白鯨』執筆中、ニューイングランド南方沖とニューヨーク港で大海蛇の目撃報告が新聞各紙を賑わせ、記事にはその正体を巡る諸説も取り上げられていた。アガシーでさえもこの話題に乗り、実際にはそのような生物はまだ同定されていなかったにもかかわらず、自分には《何らかの大型海棲爬虫類の存在はもはや疑いようがない》と述べている。さらに、この大海蛇とされるものは、一八五〇年八月のある晩、メルヴィルがホーソーンと参加した夕食会でも話題になったことがわかっている。研究家や科学者は同様の目撃例や歴史上の報告について議論を続けており、現代の分析者の大部分はメルヴィルの結論に同意している。これら初期の海の怪物の報告の多くは、おそらく水面に現れたダイオウイカの事例だろうとの考えだ。しかし、こうした目撃例の一部、あるいは大部分はダイオウイカの地理的分布や行動とまるで一致しないと論じる人々もいる。[*11]

『白鯨』でイシュメールは、ピークォッド号の面々が水面で見たイカは《長さと幅は何ファーロングにも》なると主張している。世界のイカの専門家から尊敬を集める熟練のリーダーであり、やはりエイハブのように四〇年も海洋研究に取り憑かれてきた古強者であるクライド・ローパー〔米スミソニアン国立自然史博物館〕は、『白鯨』のこの場面に対して自身が抱いた第一印象をこう語ってくれた。「イシュメールの奴、きっとこの日はグロッグ〔ラムの水割り〕を三杯は飲んでいたんでしょうよ」。[*12]

ファーロング（furlong〔日本では「ハロン」とも〕）というのは、メルヴィルの時代の米国でよく使われていた農業系の単位だ。一ファーロングの長さは六六〇フィート〔約二〇〇メートル〕で、アメフトのフィールド二つ分以上に相当する。メルヴィルがファーロングという単位を使ったのは大風呂敷を広げるため、そしておそらくは「ブリット」の牧草地のイメージと結びつけるためだ。もちろん、メルヴィルはダイオウイカの大きさについてきちんとした知識や考えは持ち合わせていなかった。作中には先人たちが体長を見積もったさらに大きな鯨や海の怪物たちの話が出ており、実のところイシュメールはその超自然的なほどの大きさに対して各所で疑問を投げかけている。「イカ」の章の終わりでは、クラーケンについて一七五五年にデンマークの歴史家ポントピダンが行った報告に対して見解を述べ、《だが、彼がそれ〔クラーケン〕に属するものとした信じがたい図体の大きさに関しては、大きく割り引いて考える必要がある》と、慎重な見方を訴えている。これは、ポントピダンがクラーケン（イシュメールはイカのようなもの、あるいは単なる巨大ヒトデかもしれないと考えていた）は胴囲が一・五マイル〔約二・四キロメートル〕以上あると明言していたからだ。ただ、イシュメール自身が目撃したダイオウイカの体長をひどく誇張していたことを考えると、その言い分は皮肉なものかもしれないが。一方、ポントピダンその人も、自分はこの件に関して慎重であり、自身の伝えるこの情報は控えめに見積もっていると主張している。*13

ダイオウイカがどこまで大きく成長しうるのか、現代でもなおその解釈は議論の的であると知ったらメルヴィルは喜びそうだ。アブレットはさらに別の謎めいたタンクへと私を案内しながら、自分も「イカ」の章を読んだ時には《何ファーロングにも》の部分に疑いを持ったのだと教えてくれる。「いままでは、このダイオウイカは全長が一〇メートルから一三メートルほどあったんじゃないかと思っていますけどね」とアブレットは言った。「アーチーよりはるかに体長が大きかったのではないかと。それから、推量というか当てずっぽう科学者たちは雌の方が雄よりも大きくなるのを知っています。それから、推量というか当てずっぽうの話ですが、ダイオウホウズキイカなら一八メートルにまで成長するかもしれません。今現在（current〔「海流」の意も〕）は、どちらの種もさらに大きくなるかもしれないと考えていますが」。

アブレットが思い描く『白鯨』の巨大イカは、病気か瀕死の個体だ。ダイオウイカが水面で観察され、作中の描写のように真っ白になるというのは、体調の悪い時だけだと思われるからだ。「アーチーが捕獲された時は、健康体だったんです」とアブレットは教えてくれる。「鮮やかなマゼンタ〔紅紫〕色でした。イカとタコは伸縮性の色素胞を持っています。中に色素を含んでいる細胞のことで、筋肉でこれを制御して体の色を変えるんです。ダイオウイカも色素胞を持っているんですが、出せる体色の種類は赤っぽい色、銀色っぽい色、それからベージュの三色だけだろうと、私たち研究者は考えています。いえ、私もわかってますよ、メルヴィルは白という色に惹かれていたんですよね。でも、白いイカのイメージというのは、私がアーチーについてよく知っていることには反しているんです。悲しいことに、標本の色は時間が経つと保存液のせいで褪せてしまうんですが、アーチーがここに到着した時には、六ヵ月間冷凍された後だったのに、まだ彼女は深いマゼンタ色だったんです。背中側が深紅でした」。

ただ、こう口にしているアブレットも、生きたダイオウイカが水面でその赤さを最大限に呈しているのを見た観察者はこれまでにわずかしか（全くではないにせよ）いないことはわかっている。死んで漂っている時、あるいはマッコウクジラに運ばれてきた時でなければ、水面までは全く上がってこないのだ。浜辺に打ち上げられて人々の目に留まるダイオウイカはどれも白いが、それは死んで色素が失われた上、砂や岩に擦られて皮膚が剥がれているからだ（カラー図版9参照）。アブレットは、もしかすると、大型のイカが何らかの未知の行動をとるために水面に浮かんでいるのが目撃されたこともあるのかもしれない、とつぶやいた。

「本当に、ほんの少ししかわかっていることがないんですよ」とアブレットは言う。

メルヴィルが「イカ」の章を組み立てる上で、状況の生物学的な正確性を求めることは、詩的な効果を作り出すことに比べると二の次だったように思われる。イシュメールが説明するのは得体の知れない白い幽霊のような生き物である。コールの報告（もしかすると、メルヴィルはダイオウイカが本当にそれだけ大きいと信じ込んでいたかもしれない）を基にしているとはいえ、どうやら幾分の虚偽も混じっている驚異の存在だ。このイカの目撃話は、物語中で潮吹きの霊〔第7章参照〕が果たすのと同じような効果を与えている。このダイオウイカも悪しき予兆だ。信仰心に篤く、分別あるキリスト教徒のスターバックは、この代物に怯えている。

ただ、イシュメールはその見方をじきに翻す。この巨大な白いダイオウイカを目撃したことは、マッコウクジラに出会う幸運の前触れなのだと説明するのだ。そんな解釈を持ち出す船上のイシュメールは、読者の目にはスターバックよりもはるかに迷信深い男として映るかもしれない。「イカ」の章の二つ後に置かれた第61章「スタッブ、鯨をあげる」では、クイークェグのほうが観察者としての経験も理性も上であることが明らかになる。少なくとも一八世紀終盤以降の船乗りはイカがマッコウクジラの主食であることを知っていたのだから。*14

イシュメールは「スタッブ、鯨をあげる」の章の語りをこのように始めている。

《スターバックにとってはこのイカが前触れを告げるものという認識だったとしても、クイークェグにとってはかなり違っていた。「『イッカ（'quid'）』を見たらば」と、この野蛮人は吊るされたボートの舳先で自前の銛を研ぎながら言った。「『マッコクジラ（'parm whale'）』をすぐ見るよ」。》[*15]

セミクジラを求めてブリットの草原を追った実在の鯨捕りたちとまさに同じように、檣頭に立っていた（クイークェグのような）男たちは大型のイカの体の断片や小型のイカを注意深く探し、マッコウクジラの居場所を見つけ出そうとした。世界各地の鯨捕りたちは、銛を打ち込まれて暴れるマッコウクジラがイカの断片を吐き出すのをよく目にしていた。チーヴァー牧師は著書『鯨とその捕獲者たち』の中で、マッコウクジラは《主にスクウィッド、別名カトル・フィッシュ、あるいはセピア・オクトパス〔いずれもイカの意〕を糧に生きており、我々が近頃捕獲したマッコウクジラは捕鯨ボートに並ぶ長さのイカの切れ端を吐き出した》と書いている。外科医ビールは、嚙みちぎられた大きなイカの肢を水面で見つけた際には、いつも決まって《数時間以内に》マッコウクジラを見たと説明している。マッコウクジラは群れで泳ぐ底魚からサメまで様々な大きさの魚を食べるが、世界各地で彼らの食料の大部分を占めるのはイカだ。マッコウクジラはダイオウイカもダイオウホウズキイカも捕食するし、アフリカニュウドウイカ（*Moroteuthis*（*Onykia*）*robsoni*）、ヒロビレイカ（*Taningia danae*）、ウロコイカ（*Lepidoteuthis grimaldii*）、他にも深海に生息する何十種ものイカ（その大部分にはまだ慣用名もついていない）を食べる。[*16]

メルヴィルは手持ちの鯨文書をさらに読み込んだ。ドクター・ベネットは《岩礁、あるいは魚群》

と見間違えられた未知の《巨大イカ》のことを書いている。オルムステッドは、捕獲されたゴンドウクジラの口の中から見つかった、体長三フィート〔約九〇センチメートル〕の《白い色をした締まりのない塊》であるイカのことを書いている。メルヴィルが所蔵していた外科医ビールの『マッコウクジラの自然史』にはイカの話題に一つの章が割かれており、メルヴィルはその余白に所見を書き込み、いくつかの項には下線を盛んに引いている。水上に飛び上がるイカについての段落や、〔ジェイムズ・〕クックの初航海でジョセフ・バンクス〔博物学者〕が捕獲した《巨大な頭足類》について書かれた一八世紀の報告などだ。バンクスは《死んだ状態で海上に浮かんでいるのが見つかった》その頭足類の、吸盤と鉤針がついた腕の一つを持ち帰ってもいる。残りの死骸は大方、船尾側の操作を受け持つ船員たちで食した。バンクスはその晩の日記にこう書いている。《私がこれまでに食べた中で最高のスープの一つとなった。》[*17]

イシュメールは読書を通じ、ダイオウイカが腕を海底に絡めてしがみついているとの話を知った。ひょっとすると、それがマッコウクジラから身を守る手段になっているのではないかという。現代の海洋生物学者は、それが事実であるとは考えない。ダイオウイカは海水の中層部から深海に生息し、獲物を活発に追いかけて捕まえる。[*18]

イシュメールは《マッコウクジラの長く、鋭い歯》である《スパイク》の並ぶ様子を語り〔『白鯨』第16章「船」〕、この動物は人間の四肢をもぎ取り、ダイオウイカを海底から引きちぎることができるのだと主張する。マッコウクジラは事実、長さ一〇インチ〔約二五センチメートル〕以上に伸びる歯のペアを下顎に二〇組から二六組持っている。ただ、マッコウクジラの歯はイカや魚（やヒトの四肢）

を噛みちぎるのにはあまり適応していない。これらの歯はつるつるとした動物を押さえつけ、舌で喉の奥へと押し込んで丸呑みにするためのものだ。マッコウクジラの皮膚にはイカの吸盤や鉤針による傷がついているが、胃の中から見つかるイカの体の断片にはマッコウクジラの歯による穴がついているのみで、歯で噛みちぎられたり、裂かれたりした痕跡はない。私はかつて、マッコウクジラの歯による見事な穴が二つ開いた、ミナミニュウドウイカ（*Onykia ingens*）の体の巨大な断片を手で摑んだことがある。それを見つけたのは、雄のマッコウクジラが海底に潜った後だった。

何世紀もの間、鯨捕りと博物学者はマッコウクジラが暗い深海でどうやって獲物を見つけ、捕まえているのかを不思議に思っていた。外科医ビールは、鯨たちが海底に沈み、口を開けてぎらつく口内と歯を見せながらただ獲物を待つのだと考えた。今では、科学者たちはマッコウクジラの捕食戦略に反響定位（echolocation〔音波や超音波を発し、跳ね返ってきた反響によって周囲の物体の位置や大きさを知ること〕）が使われていると確信している。ある説では（全くありそうにない話だが）、マッコウクジラが実は「音響衰弱（acoustic debilitation）」や「ソニックブーム」といわれる音のビームを一箇所に集中させてイカを麻痺させるのではないかと示唆されている。[*19]

漬物になったダイオウイカ（2）

ロンドン自然史博物館の地下。謎のタンクへと向かう歩みの途中でアブレットは足を止め、私に背の高い瓶を見せてくれる。アルコール溶液と一緒に、焦げ茶色の貝殻のようなものが入っている。ダイオウホウズキイカの顎板（beak：くちばし）だ。

どのイカを見ても、腕の付け根が集まる中心部にあるのが顎板で、オウムのくちばし並みに鋭く硬い。見た目は黒いプラスチックでできているかのようだ。実際の素材は、ロブスターの外骨格と同じキチンだ。今目の前にあるこのダイオウホウズキイカの顎板は、マッコウクジラの胃から取り出されたものだ。それを博物館に寄贈したマルコム・クラークはダイオウイカの専門家で、四七匹ものダイオウイカの顎板を胃に収めたマッコウクジラがコーンウォールの浜に打ち上げられているのを発見した人物でもあった。[*20]

アブレットは白衣を羽織る。眼鏡を外し、背後にあるまた別のタンクの蓋の上に置く。「アルコールのタンクの中にこの眼鏡を落としたことがあるんですよ」と彼は言う。「臭いを落とすのがすごく大変で」。

アブレットともう一人の学芸員が、その重い蓋を持ち上げて脇へと運ぶ。アブレットは肩まで迫る長さの分厚いゴム手袋をはめる。私たちは暗い錆色の液体の中を覗き込む。私がかろうじて見て取れるのは、よじれたガーゼの袋だけだ。アルコールの臭いは強いが、圧倒されるほどではない。

「これは、一九三三年にスカーブラ［イングランド北東部の町。スカボロー］の浜辺に打ち上げられていたダイオウイカ属（*Architeuthis*）のイカです」とアブレットは言う。彼は自分の両腕をズボリと奥までタンクに突っ込み、手探りでダイオウイカの腕を探し始める。ダイオウイカには別の標本の腕が絡みついており、アブレットがそれをほどこうとする。絡みついている方の腕もまた、ねじれたまま保存液に浸った布袋にゆったりと包まれている。

保存液の中から、皿ほどの大きさの目がこちらを凝視しているのが見える気がする。

「わっ、何だ？　ああ、いや、それは別の方の標本だ」。そう言いながら、アブレットはバシャバシャと液をかき回す。「標識札はどこだろう？　まあいいか。――ええと、それじゃあ、この立派な腕を見てみましょう。スカーブラの標本の腕です。このイカはおおよそ全身が揃っていますが、実際は、浜辺に流れ着いた時に辺りの人たちが寄ってたかって手を出し始めたんじゃないかと思います。そして、誰かがやってきて止めるまでの間に、触手をもぎとって随分めちゃくちゃにしてしまったんでしょう。ほら、この腕を見てくださいよ！」

私は触れても良いか尋ねる。アブレットは使い捨て手袋の箱をすっと差し出した。

腕は私が思っていたよりもずっと太く、ずっと丈夫な感触だった。タグボートから伸びるつるつるとした曳航用の太綱（ホーザー）のようだ。

「カラマリ［イカのリングフライ］って、食べたことはありますか？」とアブレットが聞いてくる。「あるいは、タコの大きな握り寿司は？　考えてみてくださいよ、これが全部、筋肉なんですよ」

アーチーの方へと目をやると、それまで抱いていた彼女の繊細な印象はピシャリと消え失せる。その目のない顔にもはや大した意味はない。今や私は、メルヴィルが巨大なイカの腕を《大蛇の群れ》のようだと称したことを評価している。その表現はまさにぴったりで、私が思うに、メルヴィル本人も自分の言葉がそこまで的確だとは自覚していなかったのではないか。まだ標識札を見つけようとしているジョン・アブレットは、肘の上まで腕を突っ込んであちこちを探り、もう一つの標本を引き離そうとしている。私はまだこの腕のとりこになっている。この腕をまだ抱えたまま、その重さを感じ取り、彼女はどれほど圧倒的な締めつけの力を有していたことだろうと考えている。私は手袋越しに吸盤を撫で回し、この帯鋸の一つをキュッと擦ってみる。途端、手袋のラテックスがぱっくり裂かれる。開いた切れ目は皮膚まで達していた。

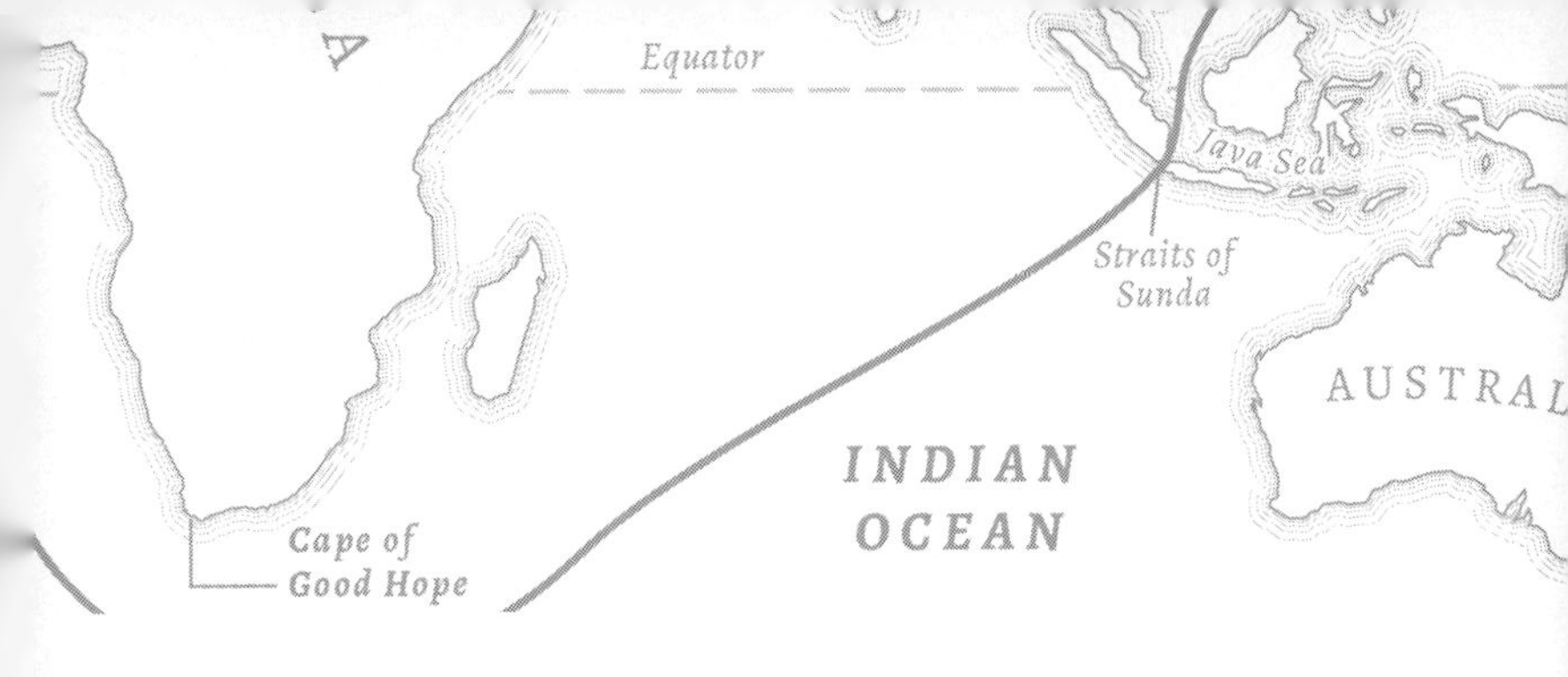

第13章　サメは凶暴か
――その虚像と真相

あんたらはサメじゃ。間違えねえ。けども、もしあんたらが自分の中の「サメ」を統制（とおせえ）する、そおすっと、あんたらは天使になるんじゃ。天使はみな、よく統制（とおせえ）できとるサメ以上の何もんでもないんじゃ。

フリース（第64章「スタッブの夜食」）

海鳥とブリットに出会い、並外れた模糊たる白さの巨大イカを目撃した後、ピークォッド号の男たちはインド洋を東進し続ける。彼らはクイークェグが予言していた通り、じきにマッコウクジラを目にする。スタッブがこの航海の一頭めを仕留める。皆がそれを船の横にくくりつける。夜の帳が下りる。そこに現れるのがサメたちだ。

サメの観察図鑑の序文や、サメに対する米国での認識を伝えるその他の入門書ではよく、米国でのサメへの文化的恐怖と憎悪が飛び出してきたのは二〇世紀になってからだとの説明がなされている。作家や映画監督が場面に背びれを滑り込ませれば、たちまち無条件で恐怖反応が起きるようになったのだ。きっかけは、海岸部を泳ぐ人々へのサメの襲撃事例、そして、第二次世界大戦中に船が難破して海を漂流し、サメに襲われ、食べられたた兵士たちについての話だという。こうして生まれたサメとの相互関係観は、ピーター・ベンチリーの一九七四年の小説『ジョーズ』（『白鯨』への意識や称賛もはっきり窺える）のような作品群によって発展し強化され、翌年に公開されたスティーヴン・スピルバーグの映画版『ジョーズ』によって強力に固められた。煽情的なドキュメンタリーの洪水がその後に続き、現在の「シャーク・ウィーク」〔米ディスカバリーチャンネルが夏に放送するサメ番組特集〕にもその血が混じっている。図鑑や入門書の著者は、米国人が現在サメに対して抱く恐怖は、近年になって定着したおよそ不合理な文化的恐怖の産物ではないかと述べている。この「獲得恐怖説」は、仕事や行楽でサメに間近で遭遇したことのない私たちの大部分にとってはもしかすると妥当なのかもしれない。だが、過去の世紀に生きていた米国の鯨捕りについては、この文化的敵意の時系列では説明がつかない。捕鯨船に乗っていた者、つまり、深海のサメと日常的に関わっていた者にとっては、距離の近さが軽蔑を生んでいた。鯨捕りはサメを嫌悪し、他のどんな動物にも行わないほどの冷酷な仕打ちもサメには与えていた。そして、自分たちの体験した話を地元に持ち帰ったのだ。

イシュメールのサメとサメらしさ

『白鯨』作中を通じ、イシュメールはサメという言葉とイメージを、無法ぶり、危険、凶暴さを想起させるために使う。イシュメール曰く、鯨捕りは他のどんな船乗りも行こうとはしない、太平洋の《神を信じぬサメがうろつく水域》を回ってきた。スターバックは《サメみたいな海沿いのどこかで産み落とされた》《異教の乗組員》の仲間について独白する。そして、カジキや鯨と並び、サメは《雄々しい海の殺意に満ちた思想》の一部をなしている。*1

別の部分の語りでは、イシュメールは悪夢や亡霊を想起させるのにサメを使っている。象牙色の義足でガツガツと甲板を歩くエイハブ船長の足音は、階下にいる水夫たちの悪夢の種となり、物を嚙み砕くサメの歯となって夢に現れる〔第29章「エイハブ登場、つづいてスタッブ」〕。遠方に浮かぶ鯨の死骸の周りを《決して満足することのないサメたち》が泳ぎ回り、亡霊話の元や宗教的信念の危機の暗喩となる。ある晩、フェデラーとエイハブが船の横に浮かべた鯨の死体の周りをサメが泳ぎ回る。その音は《ゆるされざる亡霊（…）の隊列の呻きのよう》に響き、聖書の記述を思い起こさせる〔第117章「鯨番」〕。メルヴィルがサメの種類を具体的に示すのは第42章「鯨の白さ」で挙げたホホジロザメ（*Carcharodon carcharias*）だけで、これもまた、亡霊のような姿の描写を深め、白鯨モービィ・ディックの力を高める役割を果たしている。イシュメールの語るこの「白鮫」は《白く滑るように移動する亡霊らしさ》でその場に潜んでいる。イシュメールは脚注で、このサメがフランス語で「ルキャン（Requin）」と呼ばれ、死者のためのカトリックのミサでの《葬送曲》にも同じ名前のものがあると説く。[*2]

イシュメールがサメに最も重要な役割を与えるのは、互いに近接している「スタッブの夜食」、「サメの虐殺」、「モンキー・ロープ」の章〔それぞれ第64章、第66章、第72章〕だ。鯨捕りたちは最初のマッコウクジラを殺して船の横にくくりつけている。血の滴るその死骸の肉をサメたちが漁り、嚙みちぎる。イシュメールは、もしサメがもっと多い赤道域にいたなら、この鯨は朝までに骨だけになってしまうだろうと説明する。実際には船はそこにはいないため、スタッブが最初の見張り番を務める間に他の乗組員が眠り、翌日の解体処理の重労働に備えて休めるようにしている。それでも、船は《何千、また何千というサメ》に囲まれる。[*3]

「スタッブの夜食」の章で、イシュメールはサメが鯨の屍肉漁りをする眺めと音を、サメを二等航海士のスタッブの姿に直接結びつけながら語っている。スタッブは料理人のフリースを眠りから起こして鯨肉のステーキを作らせている。スタッブが選ぶ鯨の焼き加減はとびきりのレア。これはサメたちが海中で生肉を食べるのとそっくり同じで、《サメどもがムシャムシャやるのを、自分の咀嚼とごちゃごちゃにしている。》イシュメールはまた、このサメたちから人間の食卓のそば、あるいは戦闘の場にいる犬たちを連想する。物陰に控え、戦士や奴隷商人の男たちが互いに殺し合うのを待っているのだ。

《海の戦いに伴う朦朦とした恐怖と悪魔崇拝の最中にありながら、（…）甲板というテーブルを囲むこの決然とした屠殺者は、こうして共食いさながら互いの生きた肉を金ぴかで房付きの彫刻刀で削り取っていく。このサメたちはまた、並んだ刀の柄に宝石を嵌め込んだその口で、激しく言い争いながらテーブルの下で屍肉を削り取る。もっとも、もしこの大騒動を上下ひっくり返すようなことになっても、状況はやはり大方同じことになるのだろう。つまり、どんな集まりや宴会にも事足りる、ぎょっとするほど下品なサメの振る舞いだ。そしてまた、サメは大西洋を渡る全ての奴隷船に一様に付き従い、隊列を組んで脇を固める護衛でもあるわけで、荷物を一塊どこかへやってしまわなければならない場合、あるいは死んだ奴隷をきちんと埋葬しなければならない場合には便利である。[*4]》

こんなとりとめもない話を続けることで、イシュメールは夜の捕鯨船の周り以外には滅多にこれほどの数のサメは集まらないことを説明している。そして突如、ぴしゃりと段落を断ち切る。《もしあなたがその眺めを目にしたことがないなら、悪魔崇拝の妥当性、そして悪魔を懐柔するという方便についての結論は保留せよ。[*5]》

「サメの虐殺」の章で、イシュメールは実際のサメに目を向ける。相手は水の中だ。スタッブが自分の食事に取りかかる中、サメも自分たちの食事に食らいつく。クイークェグともう一人の船員は船べりからランタンを下ろし、鯨の脂身の損失を減らすため、〔船から張り出した〕解体台の上に立ってサメたちを殺して切り刻もうとする。夜、船の手すり越しに見るこの狂宴はゴシックホラーの一場面のようだ。

《この二人の船乗りは長い捕鯨用の鋤〔whaling-spade（別名head spade）。鯨の頭部を切断する際に使用〕を投げ、その鋭い鋼鉄の武器を頭蓋へと打ち込んで、サメの殺戮を止めどなく続けた。頭はサメの唯一の急所であるらしい。だが、その頭の主たるサメたちが入り乱れ、もみくちゃになって海を泡立てる中では、射撃の名手である二人の鋤も標的に百発百中というわけにはいかなかった。そして、そのことが敵の新たな驚くべき残虐性を暴露した。サメたちは獰猛に噛みついた。食らったのは互いの腹わた（embowelments）だけではない。サメたちはまるでしなりの良い弓（bow）のように体を丸め、自らの内臓をも齧ったのである。ついには、同じ臓物が同じ口に何度も繰り返し飲み込まれては、反対にぽっかりと開いた傷口から流れ出るように見えた。[*6]》

これが、『白鯨』全編を通じて最もグロテスクな光景だ。その描写の生々しさは、『フランケンシュタイン』（一八一八年）、『ドラキュラ』（一八九七年）、あるいはエドガー・アラン・ポーの『ナンタケット島出身のアーサー・ゴードン・ピムの物語』（一八三八年）に出てくるどんな場面も上回る。イシュメールは死んだサメにガチリと顎を閉じる力が残っており、危うくクイークェグの手を噛みちぎるところだったと言っている。サメを創造するのは一体どこのどんな神だろうかとクイークェグが呆れる中、イシュメールは《この生き物の死骸と亡霊にちょっかいを出すのは危険だった》と言う。[*7]

『白鯨』の終盤では、サメが悲劇の中で異なる役割を果たす。最後の追跡の三日め、エイハブ船長が白鯨モービィ・ディックを追ってボートを進めようとすると、そこには《哀れみをもたないサメたち》が待ち伏せており、オールに齧りつく。サメたちが追いかけて噛みつくのはエイハブ船長のボートだけだ。乗組員たちが白鯨を追跡する中、エイハブ船長はサメどもが食らいたがっているのはあの鯨か、それとも自分かと口にする。生態批評的な考え方をする読者なら、この場面でサメはモービィ・ディックを襲うのではなく、守ろうとしているのだと解釈するかもしれない。サメにとって、白鯨は捕食者の頂点に立つリーダーなのだと。

『白鯨』でサメが最後に名演技を見せるのは小説のラストシーンだ。「エピローグ」でイシュメールは自らの棺につかまってただ一人海に浮かぶ。★《危害を与えてこないサメたちは、口に南京錠をかけたかのように黙ってすいすいと泳ぎ去った。》[*8]

メルヴィルはこうして、この時代にサメへの恐怖と軽蔑を人々に吹き込んでいた。彼はサメという魚をぞっとするもの、凶暴なもの、共食いをする野蛮な者の隠喩として書き、また、ピークォッド号の男たちにとっては口を開けて迫ってくる現実の脅威としても書いている。メルヴィルは作中で最も不気味でおぞましい、とっておきの造形をサメたちに充てた。それでも他の点においては、メルヴィルはこの捕食者のことを同時代の鯨捕り、さらには陸博物学者の筆よりも抑えた表現で書いている。彼は作中のサメを、思いがけないささやかな共感を添えて描いている。メルヴィルはイシュメールと料理人のフリースに、人類は決してサメ以上に道徳的なわけではない、ひょっとするとサメよりも残酷で貪欲なのだと説明させた。『白鯨』では人間の方がサメよりもサメらしい。そのことは、ブリモドキたちがサメのように貪欲なエイハブ船長から離れるところで最初にほのめかされる。現代の魚類学者たちはサメについての知識をますます深めているが、ここでもまた、私たちはメルヴィルが密かに、二一世紀の生物学的観点から読んでも驚くほど正確な描写をしていることを知る。例えば、イシュメールの語るサメが目的を持って人間を食べるのは、相手が既に死んでいる時だけだ。《もし死んだ鯨などという獲物にこれほど夢中でなかったとすれば、普段は雑多に肉食を行うサメが人にほとんど触れようとしないなど、全くもって信じられないことだろう》[*9]〔第72章「モンキー・ロープ」〕。

一九世紀の鯨捕りが抱いていたサメ観

フランシス・アリン・オルムステッドのことは本書でも既に取り上げており、以前の章ではアホウドリ、ブリモドキ、イカについての彼の報告を参考にしている。英国の医師兼博物学者、ビールとベネットの問いに米国から答えたのがこのオルムステッドだった。

メルヴィルよりわずか数週間だけ早く生まれた同い年のオルムステッドは、一八三九年にコネチカット州のニューロンドンから捕鯨船に乗って海へ出た。イェール大学を卒業したての彼が船に乗ったのは、自らの健康のためだった。デイナ〔本書第1章などを参照〕が一八三四年にハーヴァード大学を離れた理由の一つは視力の悪化を治すためだったが、それと事情は似ている。とはいえ、オルムステッドの健康状態はデイナよりもはるかに悪かったようだ。オルムステッドは著書『捕鯨航海の出来事』で、自らを《傷病兵（invalid）》と称している。ただ、その症状については《神経系の慢性衰弱》

★『白鯨』第126章「救命ブイ」、第127章「甲板」で、元はクイークェグのために作られた棺桶を救命ブイに作り替えた経緯が描かれている。

という以上のことは具体的に示していない。オルムステッドは二〇歳の時、定職のない有閑博物学者として捕鯨船ノース・アメリカ号に乗り込んだのだった。彼は一八四一年二月に商船に乗って航海から戻っている。この船がニュージャージー州のサンディフック沖に錨を下ろしたのは、メルヴィルがニューベッドフォードからアクシュネット号に乗って海へ出てからまだ一ヵ月の頃だった。オルムステッドは急いでニューヘイヴンに帰り、自らの体験談をまとめたものをあちこちに送った。これがたちまち出版社に採用され、同年のうちに出版された。イェール大学に戻ったオルムステッドは医学の学位を取得した。学位論文の題材は、麻薬が精神錯乱の治癒をいかに助けるかというものだった。その後、オルムステッドの状態は再び悪化し、彼はもう一度海に出ようとしたが、今回は帰郷し、二五歳になってから一週間も経たずに死去した。[*10]

この時期の他の博物学者や鯨捕りの書き手の大部分と目立って異なるのは、オルムステッドが自身の文章に自ら挿絵をつけていたことだ。『捕鯨航海の出来事』に彼が載せた絵の数々は、米国の捕鯨を描いた図が初めて商業出版されたものだ[*11]（下巻の図42を参照）。

オルムステッドは度量の大きいフィールド博物学者で、その手には銃も、解剖器具も、科学論文も同じように馴染んでいた。父はノースカロライナ大学の元教授で、イェール大学で数学と自然哲学の職に就くために家族を連れてコネチカットに転居していた。この父はまた、教科書を書いたり発明をしたりもしており、雹や流星の研究などを含め、幅広い物事に関心を深めていた。こうして、フランシス・オルムステッドは科学、そして注意深く実証的な観察眼を重んじる家庭に育った。外科医ビールの仰々しい堅苦しさとは対照的に、オルムステッドは自身の書く話の中にささやかな謙遜、ほのかなユーモアをしばしば滑り込ませている。航海当時、彼はまだ全く医学の専門教育を受けていなかったが、ノース・アメリカ号の船長と船上の人々はオルムステッドをじきに「ドクター」と称し始めた。彼は船の医薬品棚の管理を任され、手当てを求める同乗者たちや寄港先の地元の人々の世話に全力を尽くした。五ヵ月の航行を経た船が初めて停泊したエクアドルでは、地元の人々が自分たちの健康を確かめてほしがったとオルムステッドは書いている。《その麗しき依頼人の美しさに比例して、彼女の腕の脈を数えるのにより長い時間が必要だったことは、紛れもない事実である。》米国への帰路で赤道を横切る際には、オルムステッドが携帯望遠鏡のレンズに一本の糸を仕込んだので、乗客たちの子供は〔実際には見えない赤道の〕「線」を見ることができた。*12

オルムステッドはしばしば、南太平洋の偉大なる豊かさを言葉に書き表している。《船上で心地良く時が過ぎていく様々な楽しみの中でも、魚捕りは最も快いものの一つだ。おびただしい数の魚の群れが数日間に渡って船舶の傍らを泳ぎ続けることが頻繁にあり、捕鯨船はこのヒレ族の無数の群れに何ヵ月も取り囲まれることがよくある。》オルムステッド自身も多様な魚を捕まえている。特にサメを捕まえるためには、鎖のついた頑丈なかぎ針を使った。*13

ガラパゴス諸島の西へ向かっていた四月のある日、乗組員たちは大きな雄のマッコウクジラを仕留め、ボートで引っ張りながらノース・アメリカ号へと戻ってきた。船の横にくくりつけられた鯨はそのまま一晩放置された。乗組員は休息をとるため、サメの集団の接近を黙認した。これはピークォッド号の乗組員たちと全く同じである。★ 翌日、オルムステッドは六、七匹の《鼻尖り鮫（Peaked-Nose Shark）》を捕まえた。それぞれ体長は七フィート〔約二メートル〕ほどだ。彼はこのサメが《青鮫（Blue shark)》の名でも知られているといい、そのヒレ、歯、尾、そして胸びれ前方にある五つの《開口部》のことを詳細に報告している。オルムステッドは船の仲間たちのサメ観をこうまとめている。

《あらゆる種類のサメは水夫から根深い憎悪をもって見られており、やすか〔捕鯨用の〕銛を投げる技を訓練するための正当な対象と見なされている。この凶暴な動物は痛みに対して明らかに鈍感であることから、訓練の的には見事に適している。これら手強い道具から繰り返し切り傷を受けながらも、彼は最大限の無関心と穏やかな平静ぶりを示す。そして、口に大きな鉤針を掛けられてさえもなおその貪欲な性質を発揮し続ける。捕鯨船の上では時折、試し操業の過程でサメを捕獲した際に、二、三人の男が彼を水中から引き上げ、その開いた口に一ガロン〔約四リットル〕かそれ以上の煮立った油が注ぎ込まれることがある。最も残酷な行為の一つであるが、「サメに対しては悪すぎることなどない」との理由から擁護されている。[*14]》

サメを《飢えた怪物》と呼んだその口で、オルムステッドはイシュメールと同じく、このサメは滅多に人間を噛むことはないのだとも伝えている。サメが人間に噛み付くのは、血生臭い、鯨の脂肪が漂う海での騒動の中で人間から危険な目に遭わされた時だけだという。

しかし、これは決して、米国の鯨捕りがサメに意図的に襲われて餌食にされる心配をしていなかったという話ではない。鯨捕りたちが初めて捕鯨船に乗り込む時、彼らの認識は総じて、現代の私たちの多くが抱く感覚と同じだったのではないかと思われる。サメに襲われる可能性は低いと頭ではわかっていても、その可能性に怯えずに済むわけではない。そして、一八〇〇年代の鯨捕りが溺死や水死についいて論じる時には、今の私たちと同じように、その出来事をサメと直接に関連づけることがよくあった。現場でサメがいるのを見ていた場合も、すぐにサメがやってくるだろうと想像していた場合もだ。例えば、新人船員だった芸術家のロバート・ウィアーは、航海が始まった時の日記の中でサメを死と結びつけている。《私たちは陸地、愛しいアメリキィ〔アメリカ〕の陸地の見える範囲から遠く離れた、とても遠いところにいる。私は鯨やら何やらを見張るために檣頭に送られた。そして、あぁ！　何とひどく〔船酔いで〕気分が悪くなったことか。サメを二匹見た。一匹は体長一二フィート〔約三・七メートル〕くらい、もう一匹は五、六フィート〔二メートル弱〕。彼らのところに身投げして食べ物になってしまいたい衝動にとても駆られているのを感じた。》ウィアーは後に、男たちが鯨の脂身に刃物を入れている中、その鯨を横から食らっているサメたちの詳細図を日記に描いている[*15]（前出の図14参照）。

鯨捕りたちのサメへの恐怖に対しては、その裏づけとして充分な出来事も時々起きていた。船の脇に死んだ鯨をくくりつけていない時でさえもだ。例えば、オーウェン・チェイス〔本書第4章を参照〕が一八二一年に記した報告を見てみよう。彼は捕鯨船エセックス号が難破した後、小さな捕鯨ボートで漂流の旅を送る中で、一匹のサメがボートのオールを齧っていた様子を描写している。日差しや水

★『白鯨』第66章「サメの虐殺」に、南海での捕鯨の場合、乗組員は翌朝まで休息をとってから解体作業に取り掛かるとある。

にさらされ、飢えた同乗者たちが徐々に死んでいく中、ある晩《とても大型のサメが最も飢えた様子で我々の周りを泳いでいるのが目撃された。時々ボートの違った場所を狙って攻撃を試み、まるで空腹で木材自体を貪り食おうとしているかのようだった。何度かこちらにやってきて、舵取り用のオールに、さらには船首材にまで噛みついた》とチェイスは述べている。ビール、コルネット〔後出〕、その他の人々も、最後の白鯨追跡劇でのイシュメールのように、サメが捕鯨ボートのオールをムシャムシャと齧る様子を綴っている。*16

イシュメールが『白鯨』で語る、共食いし、鯨捕りに鋤で叩き切られても痛みを感じないサメたちの不気味な描写は、メルヴィルの同時代人の記述と一致する。メルヴィル自身が鯨を解体しながら船の手すり越しに観察した光景とも一致していそうだ。J・ロス・ブラウンは著書『捕鯨巡航のエッチング集』の冒頭に、船の横につけた鯨の死骸を食料とする獰猛なサメたちを描いた自らの絵を置いている。ブラウンは、船の横に仕留めた鯨を浮かべ、そこに鉤針を差し込もうとしていた男の元に迫ってきたサメの話を語った。メルヴィルが後に「モンキー・ロープ」の章で綴るのもほぼその通りの話だ。ブラウンは船上からサメの尾を鋤の一打で断ち落とした同乗者の様子を説明している。《奇妙なことだが》とブラウンは書いている。《その貪欲な怪物はこの侮辱を特に気にしていない様子であり、むしろ、大変にのんびりと泳ぎ去り、本来の生息地へと滑るように戻っていった。それが、ありとあらゆる旋回の仕方で彼を追いかけてきた彼の同志たちに、明らかな大歓喜を引き起こしたのだった。*17》

数年後、チーヴァー牧師は水夫たちが紙やすりを作るために生きたサメの皮を剝ぐのを目撃した時の様子を描写している。チーヴァーもクイークェグの体験と同様のことをこう書いた。《私たちが甲板に引き上げた一匹［のサメ］は、切り開かれ、心臓と全ての内臓を取り除かれた後も、尾をばたつかせて打ちつけようとし、その尾を嚙み切ろうとした。心臓は取り出され、ナイフで突き刺されてから二〇分間にわたって収縮していた。》チーヴァーはまた、はらわたを取られ、尾を切り落とされながらも泳ぎ去ることができたサメの話を伝えている。《水夫たちは（…）それら［サメ］を殺せる時にはいつでも殺す》とチーヴァーは述べた。《そして、それら［サメ］自体がこの貪欲な航行者の餌食にあまりに似つかわしいものであることを考えれば、そこにあまり不思議はない。》捕鯨船船長の妻、メアリー・ブリュースターも鯨捕りがサメに対して抱いたこの憎悪について記していた。彼女は日記の中で、鯨捕りたちが時々油をブーツに擦り込むためにサメを捕獲したことを説明している。彼女は一八四八年に自身二度目の航海に出た際、アゾレス諸島沖で乗組員たちが大きなサメを捕まえ、それを殺すとすぐにまた海へと放り返したことを書いている。《水夫の歓びは、捕まえられるものを一つ残らず殺すことです》と彼女は書いた。捕鯨船に乗った男たちは、時にサメの歯、顎、背骨を引っこ抜き、船上での手工芸に使うことがあった。中には、オルムステッドの描写にもあったように、尾を切り落として生きたまま海に投げ戻したり、さらには、生きたサメの喉に鋼鉄の釣竿を突き刺してから甲板から放り出したりといった、サメへの加虐行為について書いた者もいる。*18

一九世紀の陸者（おかもの）のサメ観

痛みを感じない、共食いをする飢えたサメたちという海上での評判は陸上にも持ち帰られ、そこで一般向け作品に取り入れられた。
メルヴィルが所蔵していた『ザ・ペニー・サイクロペディア』は、当時知られていたサメとエイの種の一覧を淡々と羅列していた。サメとエイはこの頃どちらもツノザメ科（Squalidæ）という分類群に入れられており、その見出しの下に各種が形態の記述を添えて並べられていた。しかし、他の一般向け科学作品では、例えばサミュエル・マウンダーの『自然史の宝庫（*A Treasury of Natural History*）』（一八五二年）のように、サメが《生きて動く物ならほぼ何でも、見境のない暴食ぶりで貪り食う》と明言していた。グッドの『自然という書物』〔本書第1章参照〕では、サメは何でも貪り食うことのできる《海の最もひどい暴君》だと述べられている。グッドは《白鮫〔ホホジロザメ〕》が体長三〇フィート〔約九メートル〕、体重四〇〇〇ポンド〔約一・八トン〕に達することがあり、《人間を一口で丸呑み》できると書いた（ホホジロザメの体長の信頼できる記録で最大のものは約一九・五フィート〔約六メートル〕だ）。一八五〇年、ボストン・アシニアム〔学術・芸術資料館〕ではジョン・シングルトン・コプリーの有名な絵画「ワトソンとサメ（Watson and the Shark）」（一七七八年）が展示され、ボストンの何千人もの人々（メルヴィルもその一人だった可能性は高い）が見物した。この絵は、水中にいる裸の少年が巨大なホホジロザメの怪物の大顎に噛みつかれる瀬戸際を描いたもの（図27参照）で、ブルック・ワトソンという一〇代の英国人少年の実話が元になっている。ワトソンはハバナ湾沖で小舟から海に下りて水浴びをしていたところ、サメに片脚を膝下のところで噛みちぎられた。後にロンドン市長となるワトソンは、木製の義足をつけて事故後の生涯を過ごした。[*19]
一九世紀中盤の卓越した科学者も、サメについてはやはり同じく感情的な考え方をしたり、事実を

図27　J・S・コプリーの絵画「ワトソンとサメ」（1778年）の拡大図。研究家たちはメルヴィルがこの絵を『白鯨』執筆中に見たと考えている。

受け入れるのに消極的だったりした。

メルヴィルの所有していた魚についての本の中で、キュヴィエ男爵はホホジロザメを人喰い魚と称し、全捕食者の長であるマッコウクジラに次ぐ存在と位置づけた。イシュメールが「サメの虐殺」の章で説明している内容を、キュヴィエが科学書に書いている。《白鮫は（…）消化しかけの食物をあまりにしきりと排泄したがる。より多くのものを詰め込む余地を作るためである。そのため、コマーソンが観察したように、その腸は肛門から顕著な量を頻繁に押し出すことを強いられる。この動物の暴食ぶりは実にあまりにも盛んであるため、ヴァンクーヴァーが述べるように、銛を打たれてもはや己の身を守れなくなると、仲間たちによってば

らばらに身を引きちぎられてしまうことがある。[20]》

サメの分類学

メルヴィルは以前の小説『マーディ』で小舟からシュモクザメを殺す場面（ブリモドキ〔パイロットフィッシュ〕が登場したあの場面だ）を書いただけでなく、その前置きとなる魅力的な短い章も執筆している。それが「軟骨鰭目（Chondropterygii）、および南海に生息するその他の粗野な群れについて」という章だ。ここには、メルヴィルが二年後に『白鯨』の「鯨学」や「ブリット」などの場面で表現するものと似た着想がいくつか出てくる。今回の『マーディ』では、彼は陸の人々には知られていない海のあらゆる驚異のことを書いている。《私はこの魚類学の学徒に一隻の無甲板船を、そして太平洋の海の痩せ地を委ねる。船が滑るように進む中、何と奇妙な怪物たちが傍を漂っていくことだろう。それまで目に入ったこともないようなものが、そこかしこにいる。そしてそれらは、博物学者の本の中のどこにも見つからない。》ここで、メルヴィルは異なる種類のサメを短く、擬人的に描写している。鯨捕りが種類を見分けて特定したサメたちだ。メルヴィルが用いたサメの一般名は、当時語られた話や熟練の鯨捕りの日誌に出てくるものと合致する。捕鯨船に乗った男たちはよく、鯨の肉を漁っていたり、捕鯨ボートや捕鯨船の手すりから見えたりしたサメの種を見分けた。時には総称的に「サメ」とだけ記録することもあったが、「白鮫（white shark）」、「骨鮫（bone shark）」、「茶色鮫（brown shark）」、「シャベル鼻鮫（shovel-nosed shark）」などを代表に様々な一般名も使われた。また、オルムステッドが書いていたように「青鮫（Blue Shark）」としても知られた「尖り鼻鮫（Peak-nosed Shark）」の名も出てきた[*21]（前出の図3参照）。

今では、現代の分類学者によって五〇〇種以上のサメが命名されて種として認められており、毎年さらに分類は増えている。『白鯨』出版までに博物学者たちが命名していたのは、その半数強に過ぎない。現在知られている種のうち一〇種強は大型で遠洋に生息するサメで、ネズミザメ科（Laminidae）とメジロザメ科（Carcharhihnidae）に属する。後者の科は現在でも「レクイエム・シャーク（requiem shark）」（「鎮魂鮫」。フランス語でサメを指す「requin」、もしくは眠りや死のイメージからきた名か）として知られている。大型の遠洋ザメはどれも、隙を見て弱っているか死んでいるかした海洋動物の肉を食べようとする。また、小さな捕鯨ボートを好奇心旺盛に追うこともよくあったかもしれない。

鯨捕りが「シャベル鼻鮫」と呼んだのはシュモクザメ科（Sphyrinidae）の一種だ。また、「骨鮫」の名に使われている「bone」は、クジラのひげ板を「鯨骨（whalebone）」と表現するのに使われたのと同じ語だ。これら二種は、口が大きくてプランクトンを濾し取って食べる、ジンベエザメ（*Rhincodon typus*）とウバザメ（*Cetorhinus maximus*）のことだろう。

オルムステッドとメルヴィルの言う「尖り鼻鮫」あるいは「青鮫」の特徴は、現代の魚類学者がやはり「blue shark」と呼ぶヨシキリザメ（*Prionace glauca*）に当てはまる。この種は確かに、鼻先が他の種より長く、ツンと尖っている。船乗りは同じ一般名をアオザメ属（*Isurus*）のサメや、さらにはホホジロザメ（背中側は青や黒に見えることがある）を見た時にも使っていたかもしれない。

鯨捕りが「茶色鮫」と呼んでいたものは、振り返って正体を突き止めるのが一番難しい。ドクター・ベネットは、この「茶色鮫」はクジラの死骸の周りにいると述べ、体長八フィート〔約二・四メートル〕を超えることは決してないと書いた。彼は「*Squalus cacharias*」という学名を添えている。メルヴィルは『マーディ』で《大海原のハゲワシ》であるという《普通の》茶色鮫こそがクジラの死体の周りに一番よくいたと書いている。このサメはよくオールに噛みつき、《群れ（herds）》になって泳ぎさえもしたという。メルヴィルの描いた水夫たちは十数種の異なるサメのことを話していたのかもしれない。ひょっとすると、主な種はヨゴレザメ（*Carcharhinus longimanus*）かホホジロザメといったところだろうか。[*22]

サメの専門家その一、イシュメールの語るサメを評する

モントレー湾〔カリフォルニア州中西部〕のほとりの研究室で、私はサメの専門家であるデイヴィッド・エバートに船乗りの描いたサメの図を見せる。「茶色鮫」と書き添えられたその図はしかし、これはホホジロザメではなかっただろうと示唆するのがせいぜいで、それ以外のことを伝えられるほど詳細に描かれてはいなかった。エバートは、大洋の真ん中と赤道付近で死骸を食料にする可能性が最もありそうな種はヨシキリザメ、ヨゴレザメで、場合によってはホホジロザメ、イタチザメ（*Galeocerdo cuvier*）、そしてメジロザメ属（*Carcharhinus*）の数種〔クロトガリザメ（*C. falciformis*）、ガラパゴスザメ（*C. galapagensis*）、ドタブカ（*C. obscurus*）、オオメジロザメ（*C. leucas*）、クロヘリメジロザメ（*C. brachyurus*）など〕もありえるという。[*23]

エバートはカリフォルニア生まれで、ホホジロザメを囲む海の中で育った後、南アフリカ沖の大型捕食ザメを研究しながら年月を過ごした。彼がモントレー湾に戻ったのは、この地の海底渓谷の生産性が高いことと、海棲哺乳類の個体数が多いことも理由だった。モントレー湾はサメ、特にホホジロザメが活発に集まる海域だ。

〔モントレー郡の〕モス・ランディング地域に位置するエバートの研究室は、海棲哺乳類のぬいぐるみや、海鳥と鯨の骨格標本が並ぶ建物の中にある。同じ棟内の図書室には巨大なサメの壁画まである。エバートはサメのフィールドガイドや科学論文の著者で、〔米ディスカバリーチャンネルの〕「シャーク・ウィーク」にもよく出演している。彼はサメが鯨を食べているのを目撃したことがあり、ある時には、南アフリカの崖から十数匹のホホジロザメがミナミセミクジラの死骸に激しく突っ込んでいく様子に見入ったという。エバートは、血まみれの魚の内臓にもサメを引きつける作用はあると説明しつつも、誘引物質としてはイルカと鯨の脂身の方がさらに効果的であることを発見したと話す。サメは油膜のにおいを嗅ぎ取る。「油膜の張った水面からこの背びれがぴょこぴょこと突き出すのを見てごらんなさい」と彼は言う。[*24]

エバートは、サメの共食いについてイシュメールが観察した内容を支持する。「〔共食いは〕事実です。間違いなく起こります。サメは物を食べるとなるととても好みにうるさいんですが、時々、一匹が怪我やら傷やら痛手を負うと、他のみんながどっと押し寄せてその子を食べ始めるんですよ」。エバートは、死骸に集まるサメの間には序列があるという。一つの種の中でも、他の種との間でも。例えば、ホホジロザメが行く手にいるヨシキリザメを押しのけたり、さらには「おやつ代わりに食べ」

たりするといった具合だ。「比較的小型のサメが当初やってきて、その後、より大きなサメが歯をむいてやってくると、先にいたサメたちをむしゃむしゃ食べてしまうという出来事を私は見てきました。他の行動も含めて、相手を追い出すため、『よう、ちびっこは引っ込んでな。兄貴たちのお出ましだぜ』と伝えるためです。普通だと、サメは目の前の鯨にかなり夢中なんですが」。エバートはサメを野生のハイエナにたとえる。イシュメールがサメを犬にたとえるように。*25

イシュメールは痛みに対するサメの平然ぶりを描写する。これについてエバートは、サメが深刻な傷や体組織の大規模な損失を受けても生き延びられることを認め、そしてそう、サメが厳密な意味では死を迎えた後も、その筋組織はなお反応を示すことがあると請け合った。「みんな『何てこった、こいつを殺すことはできないんだ』と考えますが、実際はそのサメも死にかけているんです。ただの不随意反射ですよ。つまり、まだ噛みついてくるので注意は必要ですが、これは意識をもって噛んでいるわけではないんです。一番いいのは脊柱を、あるいは、もし狙えるなら脳を断ち切ることですね」。

エバートは、『ジョーズ』はサメに関する負の報道の数々をもたらしたものの、サメの研究に対する関心や資金援助を高める助けにもなり、さらにはサメの保護にもある程度貢献したという。彼は、モントレー湾で最も経験豊富な漁師やホエールウォッチング船の船長から学ぶことの重要性を強調する。こちらが促した訳でもないのにイシュメール的な指摘だ。エバートはいつも学生をせっついて、こうした海の男たち、女たちの下に出向いて話をするように促しているという。

私はエバートに、サメの個体数の状況について尋ねる。スタッフの仕留めたマッコウクジラの死骸に群がるサメたちを《何千、また何千》とイシュメールが語るのはもちろん創作上の誇張だが、過去の船乗りの報告に基づけば、一九世紀中盤には世界各地の海を泳ぐ大型のサメの数が今よりも多かったというのはありそうな話ではないだろうか？

エバートは過去のサメの生息数に関する事実を知るのは難しいと説明しつつ、現在のサメの個体数を過去の〔より健全な、ともいえる〕海洋生態系との比較から研究する専門家や漁業生物学者は、メルヴィルの過ごした一九世紀中盤以降、サメの個体数と大きさの両方が顕著に低下してきたことを確信しているという。例えば、歴史学者は一八三〇年代の間に人間の漁によってマサチューセッツ湾からプランクトンを食料とする大型のウバザメが事実上根絶されてしまったと考えている。一八世紀後半にはジェイムズ・コルネットやジョージ・ヴァンクーヴァーなどの探検家が太平洋にいる巨大なサメのことを報告した。体長一八フィートから二〇フィート〔六メートル前後〕、これを誇張だとして割り引いて考えるのは容易だが、彼らはサメを自分たちの小型ボートと比較することできちんと計測できていた。厄介な点の一つは、一九世紀、更には二〇世紀の科学者や漁師にはサメの数を実際に数えた例が少ないことだ。サメは〔漁の対象ではないのに網に入り込んでしまう〕混獲物、邪魔者としか考えられていなかった。そして、近年の科学者でも、過去の個体数を推測するためのDNA研究を行った者はまだいない。現在、国際的な規制にもかかわらずサメのヒレ取引は拡大しており、小型のサメは食料源、そしてより商業価値の高い魚を狙う漁の餌としてよく狙われている。あらゆる大きさのサメが規制や管理も行われないまま混獲物として殺されており、その量は毎年何十万トンにも及ぶ。そして、特に『ジョーズ』以降、大型のサメはいまや娯楽としての漁や釣りの対象になっている。ただ、現在はケージダイビング〔船から金属製の籠（ケージ）を吊るし、その中に入って海棲動物を間近で観察する〕や撮影旅行の方が価値は高まっているが。[*26]

現在の漁師は、一九世紀に似た立場にあった鯨捕りのように、屍肉漁りをするサメとしばしば獲物を争う。漁師は一九世紀の鯨捕りが感じていたのと同じ、釣り餌や獲物を食べるサメへの苛立ちを経験する。二〇一〇年、リンダ・グリーンロウ〔本書第10章に登場〕はヨシキリザメとアオザメが彼女のメカジキ漁の道具を壊したり、釣った魚を傷つけたりして生じた損害について書いている。長年、グリーンロウは船の仲間たちが氷を砕く木槌でサメを叩いたり、サメを切り身にしたり、ライターオイルをかけて火あぶりにしたりするのを目にしてきた。彼女自身、かつてはその一部に加わりもしていたという。成長するにつれこうしたサメへの憎悪からは抜け出し、乗組員たちとともにこうした行為を思いとどまらせてきたが、他の船では続いているだろうと彼女は書いている。《苛立ちと、奇妙な一種の復讐心と恨みからサメに重傷を負わせ、責め苦を与え、サメを殺すことが起こる定めとなっていた。[*27]》

二〇〇三年に『ネイチャー』に論文が掲載されたある研究では、産業化時代〔およそ一八世紀後半から二〇世紀後半〕以前（エイハブが初めて太平洋に乗り出した頃だ）から現在までの間に、世界の海でサメを含むあらゆる捕食魚〔他の動物を捕食する魚〕のバイオマスの九〇％超が取り尽くされていることが見出された。二〇一四年、国際自然保護連合（ＩＵＣＮ）に助言を行うサメの専門家は、全てのサメとエイのうち四分の一以上が絶滅の危機にあると推定した。ヨシキリザメは「準絶滅危惧（Near threatened）」、ホホジロザメは「危急（Vulnerable）」、ヒラシュモクザメは「危機（Endangered）」とされている〔分類の訳語はＩＵＣＮによる〕。また、科学者はヨゴレザメの状態を評価するのに充分な情報をまだ得ていない。[*28]

しかし、エバートはその対極にある話として、ホホジロザメが現在並外れてよく保護されていることを説明する。一九七二年の海産哺乳動物保護法〔米国〕の施行に伴い、ゾウアザラシ、アシカ、アザラシの個体数がみな復活しつつあり、特にモントレー湾などの海域では目覚ましい。これが食料源となって、ホホジロザメの個体数も回復を果たした。

窓の外の海へと指を向けながら、エバートは言う。「この辺のホホジロザメを数えようとしたら〔多すぎて〕疲れてしまいますよ」。

私がエバートに会ってからわずか一週間後、モントレー湾の南端で父親とスピアフィッシング〔銛や水中銃を使い、素潜りで魚を捕らえる〕をしていた一人の男性がホホジロザメに襲われた。こうした例ではよくある通り、サメは脚を二、三度噛むと攻撃をやめた。グリゴール・アザティアンという名のこの若者はおびただしく出血した。偶然、訓練を受けた専門職の人々〔非番の保安官代理〕が浜辺に居合わせ、止血帯を取り付けて彼の命を救った。[*29]

サメの専門家その二、イシュメールの語るサメを評する

鯨の死骸を食べるサメの様子を一九世紀には何万人もの鯨捕りたちが目にしていた一方、それ以降に同じ光景を目撃した人はわずかだ。科学的な文献に記載されていることは滅多にない。

そのわずかな目撃者の一人が、クリス・ファロウズだ。彼は野生生物の写真家であり、南アフリカ

沖でホホジロザメの観察とケージダイビングのガイドも務める。彼はよくフィールド科学者たちと調査に出ており、その際、ホホジロザメが死んだ鯨の肉を漁る出来事を実際に観察して写真に収める貴重な経験をしてきた（カラー図版10参照）。ファロウズは一度、サメたちが死んだニタリクジラの腹を噛みちぎり、出産間近の胎児を引き出して食べているのを目撃したことがある。ホホジロザメが鯨の肉につけた円形の噛み跡を間近で見たこともある。それらはまさにイシュメールの言うように、ほぼ完璧なネジ穴のごとき円だったという。

ファロウズと仲間の研究者が目撃してきた驚くべき行動の一つが、サメが鯨の脂身の塊をよく吐き戻すことだ。見たところ、より高カロリーの鯨の脂身や肉（「もっと高いカロリーを生む塊」）を収める余地を作るためではないかと彼らは推論する。南アフリカ沖で調査を行う別の研究者は、体長一三フィート〔約四メートル〕の雌のホホジロザメが、自分自身で吐き戻した鯨の肉を食べるのを見たことがある。これは、キュヴィエが耳にしたことがあり、サメたちが自分の内臓を食べるあのおぞましい場面でイシュメールが描写した現象ではないだろうか？[30]

サメが死骸を食べる音について、ファロウズはこう言う。「ええ、ええ、ええ。これはですね、耳を離れない音ですよ。火に空気を送るふいごの音に似ています。それが脂まじりの水しぶき、血、そしてにおいと合わさって——人が決して忘れられない経験です[31]」。

サメと奴隷制

二一世紀のレンズを通して見ると、メルヴィルが「スタッブの夜食」の章で料理人フリースを描く筆致は、人種平等に真っ向から反するとは言わないまでも、それを無視しているようではある。フリースは滑稽な奴隷だ。スタッブに容赦なくこき使われ、動物に説教をするように命じられるフリースは、自らの年齢も、アメリカ合衆国が自分の祖国だとも知らないという具合でとても間抜けに見える。

一九七三年、ロバート・ゾルナーという文学者は「スタッブの夜食」の章についてこう書いた。《メルヴィルがこれらの台詞を書いてから一世紀以上が経った今、倫理への感受性と高い創造性という天賦の才を有することが、当人に己の文化の偏見とステレオタイプ的思考に対する武装を必ずしも与えはしないという証拠――フェニモア・クーパー以来の一九世紀米文学に浸透しているもの――に、人は居心地の悪さを感じるばかりだ。》別の言い方をすれば、「私たちはメルヴィルに積極的な奴隷制廃止論者でいてほしかった」ということだ。メルヴィルはそうではなかった。[*32]

しかしながら、メルヴィルは最初に受けうる印象よりも人種について啓発的な見方をしていたはずだ。特に、当時の他の人々との対比においては。例えば、オルムステッドはハワイ先住民のことを軽蔑的に書いた。一九四〇年代〔「一八四〇年代」の誤りか〕の鯨捕りたちがアフリカ系米国人の乗組員仲間について日記に書いたコメント（例えばジョン・F・マーティンが書いたものなど）は、しばしば醜悪で侮辱的だ。米国の捕鯨船は多様性のある孤高の島で、肌の色よりも手柄が優先される稀な職場の一つだったが、もちろん、陸地での人種差別主義と無縁ではなかった。新しい国である米国が奴隷制を巡る対立を修復しようともがく中、メルヴィルは確かにその制度を悪しきものと見ていた。『白鯨』のわずか四年後、南北戦争開戦がさらに迫った年に、メルヴィルは中編小説『ベニート・セレノ』で奴隷取引とその悲惨さに直接向き合った。メルヴィルはマサチューセッツ州の主席裁判官だった義父とともに、数百万人の奴隷をサイン一つで解放することは米国にとってあまりに危険で混乱を招くと心配していたようだ。彼は南部の各州が近く自らの手で奴隷制をやめることを望んでいた。この歴史的背景の中で、メルヴィルは現代の私たちが願うようなレベルにこそ達していないものの、人種と自然の両方について確かに深く先進的な意見を持っている。彼はそれをサメについての議論に集中させ、より安全な形をとった。メルヴィルはあいにく人間同士の不道徳な憎悪に直接取り組んではいないが、イシュメールはこうした海の捕食者たちを使い、原始ダーウィン主義的な形で『白鯨』の男たちを（人種あるいは民族を問わず）主役の座から外し、人類とそれ以外の動物の主な原動力の間にある類似点を探る。[*33]

作中でイシュメールに文化的な共感を最初に教えるのはクイークェグだ。このポリネシア人の英雄は、作品を通じて少なくとも二つの人命を救う。彼はその後、自分の棺によってイシュメールの命も間接的に救う。ゾルナーは、メルヴィルは私たち読者にクイークェグをサメの擬人化として読んでほしかったのだと書いた。クイークェグは放浪の暮らしを送り、泳ぎと狩りに長け、《やすりをかけて尖った歯》で人肉を食べる。良き銛打ちは《かなりサメ的》でなければならないと、ピーレグ船長〔ピークォッド号の共同船主〕は説明する。イシュメールは「鯨学」の章で、読者がサメに心を重ね、サメを人間の暗部と等しく見なすための土台を作る。《陸の上でも海の上でも、我々は皆殺し屋だからだ。ボナパルト家もサメ族も含めてだ。》後に「モンキー・ロープ」の章では、クイークェグが脂身切り用の鉤を打ち込むために死んだ鯨の上で体のバランスをとる。イシュメール曰く、その体はサメたちの側と男たちの側の間で揺れている。この時イシュメールは、物理的にも隠喩としてもこのサメのような英雄に結びつけられている〔クイークェグの命綱がイシュメールの腰につながれている〕。《お前は、この捕鯨の世界にいる我々一人一人の貴い似姿ではないか？　お前が飲み込む計り知れない深さの海は、命だ。お前の敵である、あのサメたち。お前の友である、あの鋤の数々。そして、サメと鋤の間にいるお前が陥っているのは、悲しき苦境と危機だ、哀れな奴よ。[*34]》

『白鯨』作中のアフリカ系米国人である二人、ピップとフリースは、クイークェグほど英雄的に扱われてはいない。三等航海士フラスク専属の銛打ちになることを強いられたアフリカ人のダグーもまた、好意的に扱われてはいない。ダグーは「スタッブの夜食」の章で甲板下にステーキを取りに行かされた人物だ。例えば、フリースが行う説教は、その訛りを抜きに聞くことができなかったとしても素晴らしいものだ。自然の中では何が残酷であり冷淡なのかということの議論を、フリースは人間の中で何がいっそう邪悪で危険なのかという話との比較によって導き、発展させる。ゾルナーの主張では、フリースは『白鯨』の中でも特に重要な教訓の一つを、他の乗組員のほとんどを超えた語彙と話術によって伝えている。生まれながらのもの、自然に備わったものを受け入れよとフリースは言う。フリースは聖書を深く理解している。自分は教会に行ったことはないとスタッブに主張しているにもかかわらずだ。彼は必要に迫られてスタッブに耳を傾けはするが、このやりとりの間中、より良き人物であるのは明らかにフリースの方だ。この印象が一九世紀の読者には生まれなかったなどとは、私には信じがたい。フリースの説教は、ニューベッドフォードでのカルヴァン派の説教〔『白鯨』第9章「説教」〕との直接の対比になっている。人々は神の願いに従わなければならないと主張するニューベッドフォードの説教に対し、フリースは私たちが自らの悪しき考えを抑えて統制すること、万人の平等、そして弱き者への慈愛を説く。イシュメールがクイークェグの倫理を尊敬することを学んだのと同じ形で、料理人フリースはサメたちに同情を示す。[35] フリースはこう話す。

《仲間たちよ、あんたらの貪食は、わしはあんまり責めはしねえ。そりゃあ天性(てんせえ)のもんで、どおにかできるもんじゃあない。だけども、その悪しき天性(てんせえ)を統制(とおせえ)すること、それこそ肝心じゃ。あんたらはサメじゃ。間違えねえ。だけども、もしあんたらが自分の中の「サメ」を統制(とおせえ)する、そおすっと、あんたらは天使になるんじゃ。天使はみな、よく統制(とおせえ)できとるサメ以上の何もんでもないんじゃ。さあ、こっちを見い、兄弟(きょおだい)たち。行儀(ぎょおぎ)よくなろうとしてみるんじゃ、その鯨から自分らで離れるのに手を貸すんじゃ。隣人の口からその脂身を引きちぎる事なかれ、わしはそう言っとるんじゃ。あるサメが、あの鯨に対して他のサメより良き権利がある、そおいうサメはおらんじゃろ?[36]》

そして、フリースはさらに赦しを与える道に進む。サメはサメとなっていき、人は人となっていくこと、我々が生来のものを許さなければならないことを受け入れる道である。フリースはスタッブがサメよりもサメらしいことをわかっている。なぜなら、スタッブはよりよく知ることができても、倫理的に行動することをしないからだ。真に《衝撃を与えるサメ的な所業》は戦争であり暴力であり憎悪だ。ひょっとしたら捕鯨そのもの、あるいはさらに広い意味での海洋動物の捕獲もそうかもしれない。メルヴィルは「衝撃を与える所業」という言葉によって米国の奴隷制のことも指していた。彼が「スタッブの夜食」でそのことを明示しておきたかったのは間違いない。

　二一世紀の読者にとってより気づきにくく、より衝撃的な点がある。病人や死者となり、奴隷船から奴隷商人によって投げ捨てられた男たち、女たち、子供たち。奴隷船の恐怖から逃れるため、あるいは最期に自由のかけらを得るため自殺しようと身を投げた人々。こうしたアフリカの人々の肉を一八〇〇年代にサメが漁っていたという話は、創作ではなく全くの事実なのだ。アフリカの人々の死体を食べるサメの恐ろしさは、「中間航路（ミドル・パッセージ）」〔アフリカから北米・南米へ奴隷を輸送した航路〕で起きている出来事を暴露するために奴隷制廃止論者たちがよく用いた話題だ。この、サメを人喰い動物として捉える見方は一九世紀の人々の共通意識の中にあった。例えば、メルヴィルの好んだ画家の一人、J・W・M・ターナーは、一八四〇年に血、手、足枷、サメのヒレという悪夢のような光景を収めた作品『奴隷船』を描いている。[*37]

　ここまでの話を全て頭に置いてもなお、現代の読者にとって失望の種となるのは、イシュメールが「追跡――第三日」の章でふと思い浮かべた考えに人種的偏見が現れている点だ。イシュメールは、サメたちは、自らも《不信心なサメたち》であるフェダラーと同じボートの乗組員たちの肉により引きつけられたのかもしれないという。たとえ、彼の話がキュヴィエ男爵の見解を直接引用したものであったとしても、その失望は変わらない。キュヴィエは、ホホジロザメたちはその鋭敏な嗅覚を使って白人よりも黒人を好んで殺していた、なぜなら肌の色が濃い男たちの方が《より臭気を放つ》からだと論じている。イシュメールはこれを正すことも、皮肉として述べることもしない。*38

「スタッブの夜食」の章で、料理人フリースは長く生きてきたことにより人間の中の邪悪さを認める境地に至っている。彼は堕落の年月を生き延びてきた。伝統的な宗教には頼らず、人々を奴隷化する国とのつながりが自分にあるかどうかは知らないと申し立て、平和な来世での癒し、天使からの救出を求める。フリースは平穏を作り上げている。フリースはピップ少年のように、人類の中のサメ的な邪悪さの犠牲者として生きてきた。ピップは狂う。二人とも、白鯨を追うこの旅がどのように終わろうとしているのか知っている。

一方、一等航海士のスターバックはなお、人間の中の善が勝つことがあるのかどうかと思案する。つまり、エイハブが皆を死に導かない道である。この話までもがサメと結びついている。いくつもの場面を経た後の第114章「めっき師」で、美しい太平洋の日没を手すり越しに眺めるスターバックはフリースの説教に耳を傾け、この捕獲劇の一切が良い結果になることを期待しながらキリスト教の信仰の下に留まっているように見える。スターバックは人類が集団としても一個人としても内なるサメらしさを乗り越えられること、統制できることを祈る。歴史を通じて繰り返し真実だと示されてきた内容はともあれ。スターバックは海を覗き込みながら一人呟く。《計り知ることのできない美しさよ、いつか人が愛する若き花嫁の目の中に見たように！――汝の歯を並べたサメたちのことを、そして人を攫い食らう汝のやり方を、私に告げないでくれたまえ。信仰に事実を追放させよ、空想に記憶を追放させよ。私は深く見下ろし、信じるのだ。》*39

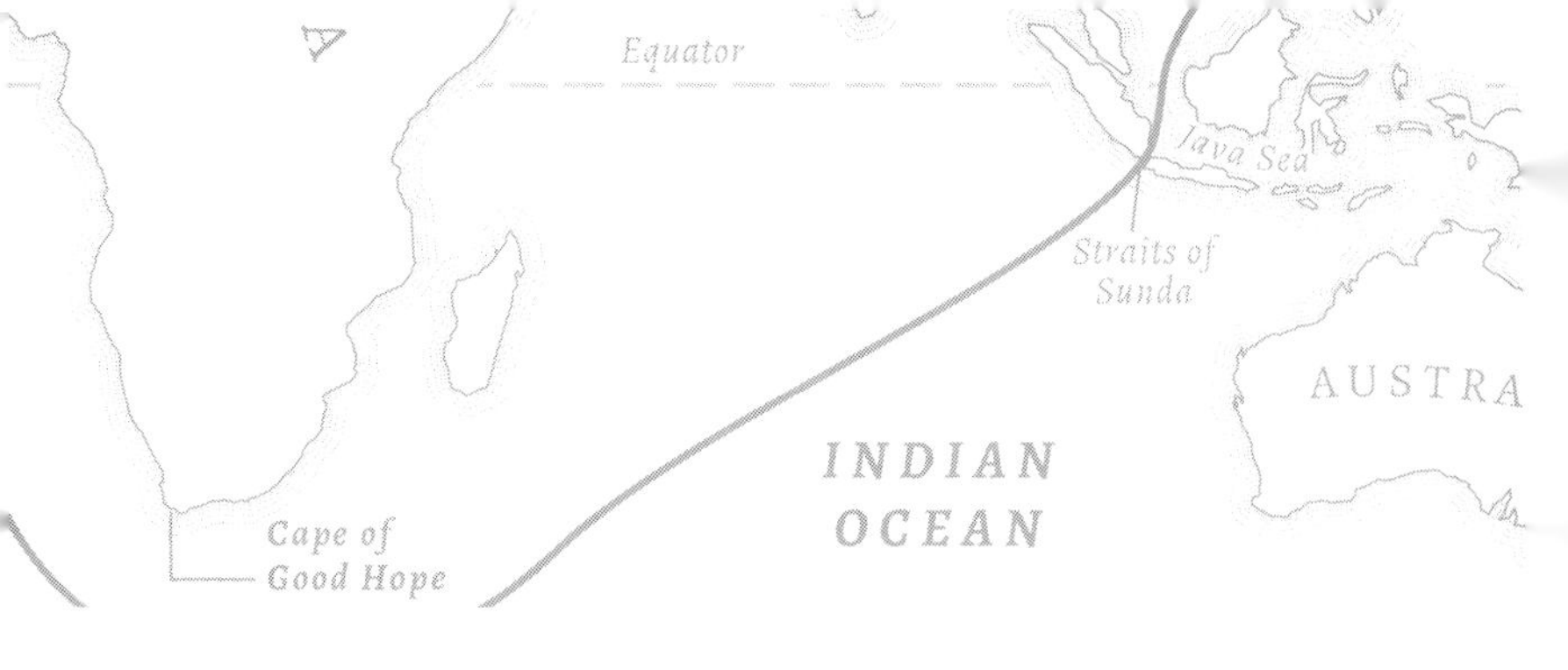

第14章　新鮮な料理
――船上食と鯨肉

とはいえ、古今のナンタケット人の中には、スタッブが指定したあの特定の部位、マッコウクジラの体の先細る末端の一部を心からの喜びとともに味わう者も見つかる。

イシュメール（第64章「スタッブの夜食」）

甲板近くの水面でサメが鯨の肉を食べている間、サメのような二等航海士のスタッブは鯨のステーキを食べている。尾の近くから切り取った一切れだ。『白鯨』第65章「美食としての鯨」を、イシュメールはこんな宣言から始める。《生ける人間が己のランプに油を与える生き物を糧とし、スタッブのように、まさにその生き物の灯りを受けながら相手を食べるとは。こうあなたは言うかもしれない。これは地上のものとは思えぬ奇妙なことに見えるため、その歴史と哲学について少々知る必要がある。[*1]》

鯨捕りの常食

一八四〇年代から五〇年代の鯨捕りが航海中に食べた物の大部分は、塩漬けの牛肉と豚肉、塩漬けのタラ、堅焼きビスケット、米、そして、ジャガイモ、玉ねぎ、カボチャ、豆など、航海先で集めた傷みにくい野菜だった。週に一度の「ダフ」（duff：プディングの一種）に甘味をつけるために糖蜜も持っていた。飲んだのは水とコーヒーだ。メルヴィルの時代までには、壊血病は概ね過去の病気となっていた。停泊地の少ない長期間の航海であってもだ。『白鯨』第101章「デカンター」では、イシュメールがゾウムシのついた堅パンのことを説明する時に壊血病の冗談を言う。《パンだ——だが、これはどうしようもなかった。抗壊血病薬であったことを除いては。端的に言うと、そのパンには船で唯一の新鮮な食べ物〔生きたゾウムシ〕が入っていたのだ。》[*2]

『白鯨』には食べ物談義が山のように出てくる。それは第1章「まぼろし」ですぐに始まり、イシュメールが鶏の炙り焼きについてもごもごと滑稽な話をするところから、第101章「デカンター」で、彼が英国の捕鯨船で出る食事の長所（先述の腐ったパンはさておき）を絶賛するところまで延々と続く。量と質という点で、当時の鯨捕りたちが船上でどれほどきちんと食べていたのかは学術上の議論の的だ。チャールズ・W・モーガン号の調理室を見学していたある午前中のこと、食の歴史を研究するサンディ・オリヴァーが私にこんな話をしてくれた。彼女は、ゴキブリやゾウムシの巣食うパンを出されたという男たちの記録は事実だと思うが、現代ほどその頻度は高くなかっただろうという。

鯨をうまく捕獲できないほど男たちを弱らせて無力にしておく意味はない。一方、捕鯨船の船主たちは〔ピークォッド号の共同船主である〕ピーレグとビルダッドのように）小銭をけちるタイプであることの方が多かったと考える研究家たちもいる。そのため、鯨捕りが太平洋に到着するまでの間は、より多くの、より良い食料に対する欲求が脱走の一番の動機であったのだという。メルヴィル初の著書『タイピー』の第一段落で、彼は海で過ごしてきた六ヵ月のことを誇らしげに話す。彼はそこで、自分たちが新鮮なバナナ、サツマイモ、ヤムイモ、美味しいオレンジを失ったことを嘆く。《我々には塩漬けの馬とシービスケット（sea-biscuit：堅焼きのビスケット）しか残っていない。》（船員たちは時々馬肉を与えられたという話を語った。『白鯨』のイシュメールは、あれはラクダかもしれないと冗談を言う。だが、彼らが通常食べていた塩漬けの肉は牛肉だった）。だが、一九世紀中盤までの間に、大部分の捕鯨船の船長たちは船員たちの食事を補うために果物と野菜を手に入れられるように充分な計画を立てるようになった。船長たちには各地の交易所で生鮮食品と水を供給する業者の伝手があり、そのネットワークと併せて事前の計画を考えた。太平洋じゅうの島々には鯨捕りのために様々な交易所が設立されていた。例えば、メルヴィルが二度目に乗り込んだ捕鯨船から脱走した後、タヒチの刑務所から脱獄した際は、モーレア島でサツマイモ、タロイモ、ヤムイモ、サトウキビを栽培する農場で働いた。[*3]

その半世紀前、鯨捕りが太平洋で漁を始めたばかりの頃は、食物の供給網はもっと穴だらけで、壊血病はまだ大きな懸念事項だった。船員の食事について書かれたメルヴィル所蔵の鯨文書の中で最もよく事情を伝えるのは、英国海軍のジェイムズ・コルネット船長（前章で体長一八フィートから二〇フィート〔六メートル前後〕のサメの報告を取り上げた人物）によるものだ。一七九八年、コルネットは自

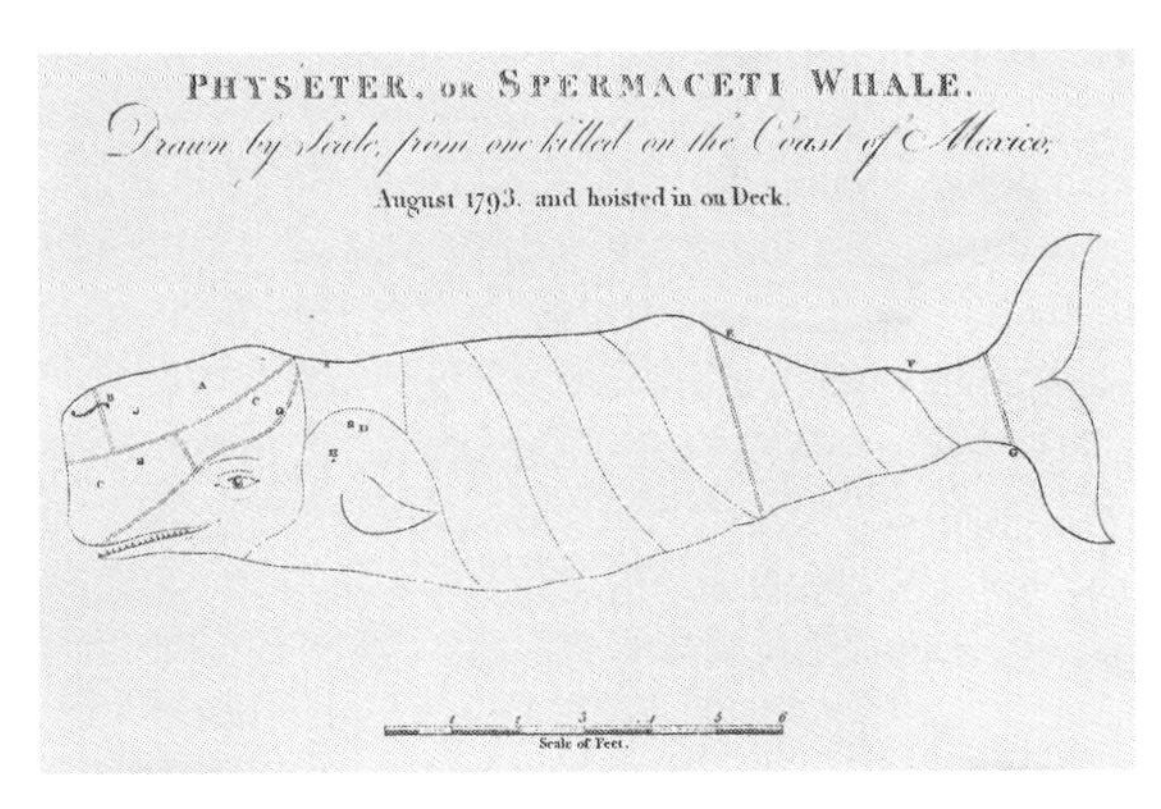

図28　ジェイムズ・コルネットによるマッコウクジラの仔と鯨の解体法の図（1798年）。イシュメールはその巨大な目を嘲笑している。

身の太平洋での航海の体験談を出版した。捕鯨を家業とするエンダービー家が、捕鯨航海の情報を集めるために出版費用の一部を支援した。イシュメールが第55章「怪異なる鯨の絵について」で目の巨大さを嘲笑するのは、このコルネットの描いたマッコウクジラの図だ（図28参照）。コルネットはジェイムズ・クックの二回目の世界一周航海に海軍士官候補生として参加した経験から、乗組員の健康の重要性について学んでいた。そして、一七九〇年代に彼が率いた航海では、将来の捕鯨船団の食料計画を立てることが任務の大きな部分を占めていたようだ。[*4]

　コルネットはラトラー号に生きた牛二頭を載せて英国を出航し、船上で豚とニワトリを定期的に飼育した。太平洋で島の近くや岸辺に停泊した際は、乗組員たちは様々な種の魚を口にした。また、ココナッツ、《モリーの木（molie tree)》の実、貝や甲殻類、様々な海鳥と陸鳥、そして「老水夫行」の大海蛇も食べた（その腹の中にはもっと多くの魚が見つかった）。彼らは《アリゲーター》も食べたというが、これはクロコダイルだった可能性の方が高い。二、三頭のサルを、おそらく食料用に撃ち殺した。カメのスープ、そしてたくさんの海ガモ類（マガモ属（*Anas*）の各種）を煮込んだスープを作った。コルネットはスペイン船と取引をし、カボチャ、ニワトリ、ヒツジ二頭、パン二袋、舌（おそらく牛タン）一二枚を得た。ガラパゴス諸島では巨大なガラパゴスゾウガメ（ナンベイリクガメ属（*Chelonoidis*）の各種）を捕獲した。当時、鯨捕りたちはこの爬虫類の存在を知り始めたばかりだったが、それから何千頭も捕まえるようになったことで三種の絶滅を招き、残りの種も「危急（Vulnerable）」と「深刻な危機（Critically Endangered）」の状態となった。コルネットはガラパゴスゾウガメが《我々全員から、これまでに味わった食べ物の中で最も美味だと見なされた》と書いた。イシュメールはガラパゴスゾウガメを《ガリパゴス・テラピン（terrapin〔食用にされる小型の亀〕）》と呼んでおり、メルヴィル自身もアクシュネット号での航海中にガラパゴス諸島沖で何頭かを引き連れていたことだろう。鯨捕りたちは新鮮な肉を得るために船上で何ヵ月もガラパゴスゾウガメを生かしておいた。ココ島〔「ココス島」とも〕（現在はコスタリカの国立公園になっている）で、コルネットはブタとヤギそれぞれ一つがいずつの導入を命じている。残念ながら、ココ島にはすでにラット〔大型のネズミ〕が定着していた。ココ島の別の湾では、コルネットは船員たちに《あらゆる種類の、園芸用の種(たね)》を蒔かせた。[*5]

海で捕鯨をしている間、彼らは《サン・フィッシュ（sun-fish）》（マンボウ属（*Mola*））を食べた。たぶんエイのことであろう《デヴィル・フィッシュ（devil-fish）》も食べた。ラトラー号の乗組員はまた《有り余るほどのドルフィンとポーパスを見た。多くの後者を捕り、塩漬け豚と混ぜ、素晴らしいソーセージを作った。》壊血病の症状のある男たちに、コルネットは瓶詰めの果物、漬物、新しいパン、そして一日三回《硫酸塩のエリキシル剤一二滴と、ワイン半パイント》を与えた。彼らは回復した。[*6]

その半世紀後、メルヴィルの時代になるまでに、コモドール・モリス号のローレンス船長のような鯨捕りには太平洋全域ではるかに豊富な生鮮食品の選択肢があった。ホーン岬を回った後、ローレンスは一八五〇年にモチャ島〔チリ南部〕に船を停泊させ、ジャガイモ二樽、五匹の豚（のちに仔豚を産む）、二羽の雄鶏、二五個のカボチャを積み込んだ。航海中に立ち寄った他の島々でも、ローレンスの率いる乗組員たちは魚を捕り、ヤムイモを集め、《雌鶏の卵に似てとても良い食べ物である、マトン・バード〔ミズナギドリ属（*Puffinus*）の鳥か〕》の卵を取り引きした。南太平洋の《ナンシータケット島（*Nancytucket Island*）》では、船員たちはおよそ《樽半分のカモメの卵と八羽のダイシャクシギ》を集めた。ある時、ローレンスは《食糧の浪費》を理由に料理人を打擲した。[*7]

端的にいうと、一九世紀中盤の鯨捕りの常食は塩漬け肉とパンが大部分を占めていたが、多様性にも富んでおり、新鮮な肉、果物、野菜が手に入る時にはいつも取り入れられた。コルネットの率いた乗組員たちのように、チャールズ・W・モーガン号や他の船に乗った鯨捕りたちは様々な小型のハクジラ類（イルカやゴンドウクジラなど）を捕らえて食した[*8]（図29参照）。

チーヴァー牧師は、《誰もが知るように》鯨捕りたちはイルカを銛で仕留めて食べていたと書いている。イルカは《海の牛肉》の名で知られていた。船の料理人はイルカの油を料理に使った。ロバート・ウィアーはイルカの肉が仔牛肉のような味だったと書いた。捕鯨船イライザ・アダムス号の給仕係だったジョン・ジョーンズは一八五二年に、ホーン岬沖で殺したゴンドウクジラの肉で《一万個の団子を作るよう命じられた》と書いた。まさにこうした海での食生活を送る『白鯨』のイシュメール

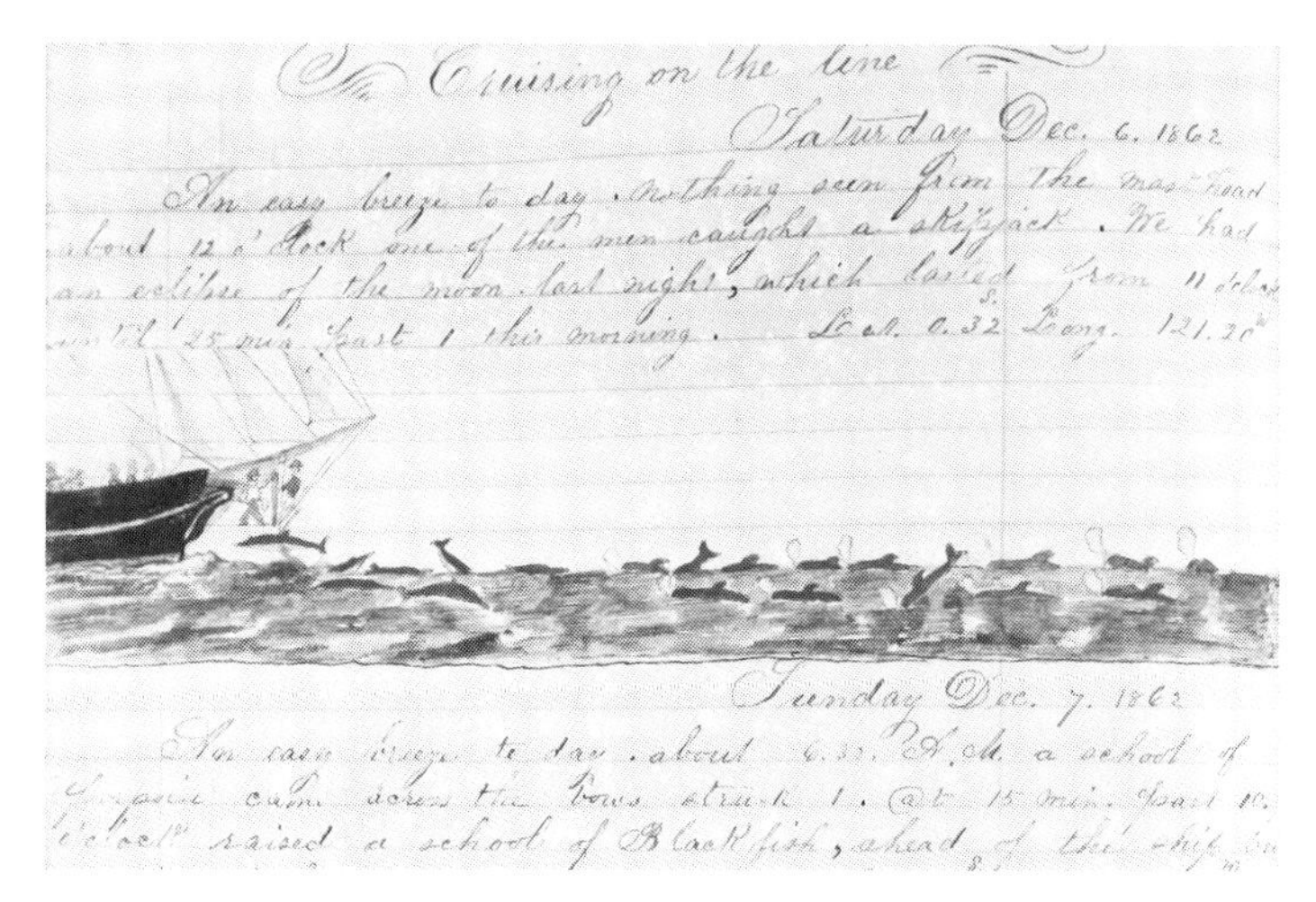
Cruising on the line
Saturday Dec. 6. 1862
An easy breeze to day. nothing seen from the mast head
about 12 o'clock one of the men caught a skipjack. We had
an eclipse of the moon last night, which lasted from 11 o'clock
until 25 min past 1 this morning. Lat. 0.32 S. Long. 121.20
Sunday Dec. 7. 1862
An easy breeze to day. about 6.30 A.M. a school of
porpoise came across the bows struck 1. at 15 min. past 10.
o'clock raised a school of Blackfish, ahead of the ship

図29 鯨捕りのトーマス・ホワイトによる水彩画。サンビーム号の船首斜檣〔船首から斜め前方に突き出しており、帆を支える〕からイルカに銛を打ち込む様子を描いている（1862年）。銛打ちたちが立っている箇所は《イルカ打ち（dolphin striker）》の名でよく知られていたという（ただし、この呼び名はどちらかというと船首の尖った鉄製部分を指している可能性が高い。船首波で波乗りをするイルカにぶつかることがあった箇所だ）。色つきの原画では、銛打ちたちの真下にいるイルカの赤い血しぶきが見える。

はイルカの肉の味を褒め称えて、多くの人々（スコットランドの修道士も）がポーパスの肉から作られた肉団子を味わってきたと説明する。*9

さて、捕鯨船ではこうして食事に多様性があり、新鮮な食料を必要とし、鯨より小さな海棲哺乳類を普段から食べてもいた。だが、より大型のクジラ類については、実際にスタッブのような鯨捕りが《心からの喜びとともに味わ》って食べていたという証言は少ない。特に、普段捕獲していたマッコウクジラやセミクジラ類の肉については。イシュメールはスタッブの味の好みが《レア(rare)》だと的確な駄洒落を言っているが〔生焼き（rare）の鯨肉を好むのは珍しい（rare）〕、その好みは前代未聞というわけではなかった。イシュメールは鯨油精製炉（製油かまど）の油で積み荷のビスケットを炒めたのは良かったと語る。J・ロス・ブラウンは夜の見張り番の間に食べる《美味しい》鯨油のビスケットのこと、そしてマッコウクジラの脳を炒めたもののことを書いた。メルヴィルはおそらく、ブラウンの文章を基に自身の経験を補強し、独自のグルメ料理を（そして、味わいある駄洒落も）考案したのだろう。ブラウンもまた、《鯨の肉のいくつかの特定の部位は喜びとともに賞味されることもあるが、私の考えでは、大変な贅沢というわけではない。歯ごたえがあって硬いのだ》と書いている。鯨肉は（先述のイルカの肉団子のように）ジャガイモと和えた方がよかったが、船員たちは目新しさからそれをがつがつと平らげてしまった、とブラウンは書き添えている。彼らは陸上に戻ればローストビーフを《同じだけの大喜びで》食べるであろう、と。[*10]

　ホッキョククジラを追って北極圏へと進んだスコーズビーは、もし鯨肉から脂が取り除かれ、肉がオーブンで焼かれ、塩胡椒で味つけされれば《歯ごたえのある牛肉と大して違わない》と書いた。他の鯨捕りたちと同様、スコーズビー船長も若い鯨の肉、あるいは少なくとも柔らかい部位の肉を勧めた。一方、ドクター・ベネットは小型のザトウクジラの肉の繊細な味を描写している。スコーズビーは鯨の母乳の《風味が良い》ことを耳にしているが、この乳を試しに飲んで《とても豊かな味わいがある》と書き記した人物こそがドクター・ベネットだった。《イチゴによく合うのではないか》とベネットは続けている。鯨捕りであり画家でもあったジョン・F・マーティンはセミクジラ類の唇を刻んで炒めたもののことを日記に書いた。《胡椒と酢をつけて食べると塩漬けのトライプ〔牛や羊の胃。日本でミノ、ハチノス、センマイと呼ばれる部位〕にとても似た味がする。[*11]》

コルネット船長のラトラー号で、男たちは若いマッコウクジラの心臓を食べた。これは、例の目の大きな線描画のモデルになったのとまさに同じ個体だ。コルネットの料理人はこの心臓を《海のパイ》にして焼き上げた。パイは《見事な食事となった》という。そこからずっと時代が下った一九一二年にも、米国の捕鯨船に乗っていた博物学者のロバート・クッシュマン・マーフィーが、船の料理人がシイラ、マッコウクジラの肉団子、ベイクドビーンズの食事を作っていたことを伝えている。[*12]

では、もし鯨肉がそれほどよく手に入ったのだとすれば、なぜもっと頻繁に食事に登場しなかったのだろうか。むしろ日々の食事の一部ではなかったのはなぜなのか。やろうとすれば、鯨捕りたちは鯨肉を燻製、乾燥、あるいは塩漬けにすることがきっとできたはずだ。彼らの多くは農場や沿岸漁業を通じてこうした加工技術の経験があっただろうから。

イシュメールはこの疑問を「美食としての鯨」の章で取り上げている。この章の歴史の大部分は正確に書かれているようだ。イシュメール曰く、鯨肉食には長く堂々たる伝統があるにもかかわらず、米国の鯨捕りはそれを普段から口にすることはなく、食すのはイルカとゴンドウクジラの肉がせいぜいだった。なぜなら、鯨を解体する過程では一度にあまりに大量の肉がとれ、また、鯨肉は全体としては脂が多すぎて味がしつこかったからだという。マッコウクジラの筋肉はミオグロビン〔酸素分子を貯蔵する色素タンパク質〕の豊富な赤身肉だ。マッコウクジラが深く潜水できるのはこのミオグロビンのおかげだ。現在でも、アイスランドで食べられているミンククジラなどのヒゲクジラは、マッコウクジラよりもさらに美味だと知られている。[*13]過去にも現在にも、普段からマッコウクジラを食べてきたのは日本人と、インドネシア人の一部だけだ。

メルヴィルの作中での鯨肉の使い方は、異国の事物に対する認識をくすぐるのにある程度効果を示している。著者メルヴィルは、現在でもしばしばそのような事例があるように、鯨肉食は未開の人々、サメのような人々だけのものだという烙印が押されていることを知っていた。メルヴィルはクイークエグ、続いてスタッブを引き合いにこのことをほのめかしている。英国の鯨捕りが極地で鯨肉を食べることを強いられたという話もそうだ。この話は、まるで彼らは自らをエスキモー〔イヌイット〕のレベルにまで貶めたのだと訴えるかのように語られている。環境歴史学者のナンシー・シューメイカーは、当時の水夫たちが鯨肉食をあまりに野蛮、あまりに異質だとみなしていたことを見出した。彼らは土産話の種に一度か二度は鯨の肉を試そうとするものの（あるいは、たとえある程度頻繁に食べていたとしても）、帰還後には興味を失っていた。鯨肉は米先住民、イヌイット、太平洋島嶼部の民の食べ物とみなされていた。《我々はここでクイークェグの奇癖全てに触れることはしない。彼がコーヒーとホットロールをいかに謹んで避け、ビーフステーキ、それも焼き加減はレアのものに、全力の集中をいかに向けるかという話については。》鯨肉は野蛮な部族のものだというメルヴィルの認識は、生焼きの鯨肉を食べるスタッブのサメのような人物像を強めるばかりだ。スタッブの姿は、ピークォッド号の横で殺されたばかりの鯨の肉を齧るあの海の動物たちに勝るとも劣らない。[*14]

一九世紀の米国本国においては、鯨肉は下流階級の食べ物とみなされていた。一八五五年から連載された『ケープコッド』〔旅行記。邦訳『コッド岬』、飯田実訳、工作舎、一九九三年〕では、筆者のソローが地元の少年が浜辺に打ち上げられたゴンドウクジラの脂身を挟んだサンドイッチを食べることを知る。それよりも年上の漁師は、実のところ牛肉よりもゴンドウクジラの肉の方が好みだと言った。ソローは味見をしない。彼は地の文の中ですかさず、フランスにいた過去数十年の間に《ブラックフィッシュ「ゴンドウクジラ」は貧者が食べ物として使っていた》ことを書き添えた。ソローがここで示唆するのは、鯨肉は貧困により必要に迫られて食べるものだったとの旨だ（スタッフがケープコッド出身だという設定は、よもや偶然だったとしても面白い）。[15]

　現在もそうだが、食材の忌避や味の好みは文化による社会的解釈であることのほうが多いものだった。たとえその選択に輸送面や健康面での歴史的な起源があったとしてもだ。メルヴィルの生きていた米国ではもちろん、菜食主義とより人道的な食生活は現在ほど目立った動きではなかったが、「美食としての鯨」の章を締めくくるイシュメールの見解は、こうした発想が当時すでに現れ始めていたことを確かに示している。

　イシュメールは「鯨学」で、私たち人間が相反する思想を併せ持てることを示している。《バンザイイルカ》の人間のごとき悪戯心は、船乗りの中でもとりわけ無情な者の心にまで波及する。《彼はいつでも抱腹絶倒の群れの中で泳ぐ。（…）彼らは幸運の予兆とみなされる。もしこの陽気な魚たち（フィッシュ）を眺めて万歳三唱をせずに堪えられるなら、天よ、汝を憐れみたまえ。》ところが、イシュメールはこうしてこの動物たちを讃えた直後に、彼らが《良い食べ物》になると説明し、よく太ったポーパス一頭は約一ガロンの《たいそう価値のある油》になるだろうと語るのだ。水夫たちは狩人としてイルカに対する敬意を持ちながら、その思いは相手を食べたり日々の暮らしのために使ったりしたいという願望と隣り合わせだった。[16]

シューメーカーは、捕鯨を巡る近代の論争はしばしば動物の認知能力と環境倫理を軸としているが、食料、味の好みとも複雑に結びついていると説明した。鯨肉食は、ホッキョククジラとベルーガシロクジラを食べるイヌイットや、南極地方まで捕鯨漁師たちを送り込む日本のようなハイテク工業国など、複数の地域の固有文化にまたがっている。日本人もイヌイットも、その捕鯨と鯨肉食の歴史は一〇〇〇年以上前に遡ることができる。

イシュメールは鯨肉食の《歴史と哲学》を二つの点により締めくくる。一点めは、私たちが以前メカジキの話の中で論じたことだが、家でのんびりくつろいでいる読者に対し、海に出ている鯨捕りたち、鯨油を母国に持ち帰る無様な稼業に就いている男たちのことを尊敬し認知するよう改めて思い出させることだ。二点めは、肉を食べること、動物製品を使うこと、あるいはそもそも捕鯨をすることを選んだ者たちに対して偉そうに評価を下すかもしれない陸者（おかもの）たちの偽善を指摘することだ。これは、現在捕鯨を行っている国々（日本、ノルウェー、アイスランド）が、その慣習を特に厳しく評価する者たちに対して用いる論拠でもある。この、捕鯨をとりわけ激しく批判する者たちというのは、まさに動物を殺すことに反対する例を論じながら、日々の生活の中で牛や豚などの動物由来の製品を使う類の動物擁護団体の人々である。イシュメールは架空の団体《ガチョウ虐待抑止協会》をたしなめる。一八四〇年、ヴィクトリア英女王はイングランドの動物虐待防止協会（SPCA）が団体名に「王立(Royal)」の語をつけることに同意した。SPCAには当時すでに約五〇年の活動歴があったが、『白鯨』の時代の米国ではまだ組織立った動物擁護運動は行われていなかった。現在捕鯨を行う国々は、なぜ米国が自国のアラスカ沖で固有文化に基づく捕鯨を認めることができるのかと問う。あるいは、より重要な問いとして、「放し飼い」のミンククジラ（北大西洋の個体群は、ＩＷＣとＩＵＣＮの絶滅危惧種レッドリストのどちらを参考にしても、安定した健全な状態にあると思われる）を殺すことが、仔牛肉を得るために赤ちゃん牛をロープでつないで太らせることよりもなぜ悪いのかと尋ねる。*17

さらに深く考えると、ピークォッド号がインド洋を東に進み続ける中、イシュメールは「美食としての鯨」の章で人間とそれ以外の動物たちをすかさず同一視する。《土曜日の夜に肉市場に行き、生きた二足動物の群れが死んだ四足動物の長い列を見上げる様を見るがいい。その眺めはあの人喰い人種の嗜好をも失せさせるのではないか？　共喰い？　共喰いでない者などいるだろうか？》

アイスランドのレイキャヴィクで過ごす亜北極圏の晩。ホエールウォッチングに向かうため埠頭に沿って歩く私は、鯨観光船の真向かいに停まった「クヴァールフ（Hvalur）8」号、「クヴァールフ9」号という名の二隻の黒船に気づく。鯨〔アイスランド語でHvalur〕にちなんで命名されたこの二隻の捕鯨船は、檣頭に白いカプセル型の見張り台を備えている。「檣頭（マスト・ヘッド）」の章でイシュメールが小言を呟く、スコーズビー式「カラスの巣」の進化版だ。★ 緯度が高いため、夜中でも外は明るい。ホエールウォッチングでは遠くに数頭のミンククジラを見るものの、それを除いては、首都レイキャヴィークを出てフィヨルドの間を行く旅は静かだ。波止場に戻った後、他の旅行客の中から、レストランを

★イシュメールは「スリート船長」ことスコーズビーが覆いのついた見張り台の特許権を保有し、一般の捕鯨船がその恩恵に与れないことは遺憾だと語る。

探して鯨肉を食べようと話す声を聞く。その時歩いて通り過ぎた、埠頭の先端に立つ大きな青い看板には「会いにきてね、食べないでね（Meet Us, Don't Eat Us.）」と呼びかける笑顔の鯨の絵が描いてあるのだが。この看板の広告主は、国際動物福祉基金（ＩＦＡＷ）とアイスランドホエールウォッチング協会だ。後者は、鯨肉を出さない「鯨に優しい（whale friendly）」地元レストランの一覧を掲示している。[*18]

翌日、クヴァールルフ8号の塗り直しをしている塗装工が、二隻の捕鯨船は修繕のため停泊中だと教えてくれる。捕鯨の場は海岸沿いの別の箇所だという。だが、二〇一五年公開のドキュメンタリー映画『ブリーチ（Breach）』〔鯨の「ブリーチング」を指すほか、「違反」や「不和」の意も〕によれば、過去には同じホウルマシュンド（Hólmasund）の水域を鯨観光船と捕鯨船が同時に航行し、互いが視界に入っていたようだ。ある時など、二頭の鯨の死体を船縁に下げた捕鯨船がホエールウォッチング客たちの目の前を勢いよく通り過ぎた。旅行客はレイキャヴィクのレストランで鯨肉を食べ続ける。現在のアイスランド人にも鯨肉を食べる人はいるが、実はアイスランド文化に深く根ざした食事というわけではないようだ。『アイスランド・レヴュー』誌の二〇一七年の報告によれば、ミンククジラの肉の六五％はレストランに卸され、主に旅行客に出されている。[*19]

私は鯨を出すレストランに行く。だが、怖気づいて（チキン・アウト）食べられない。

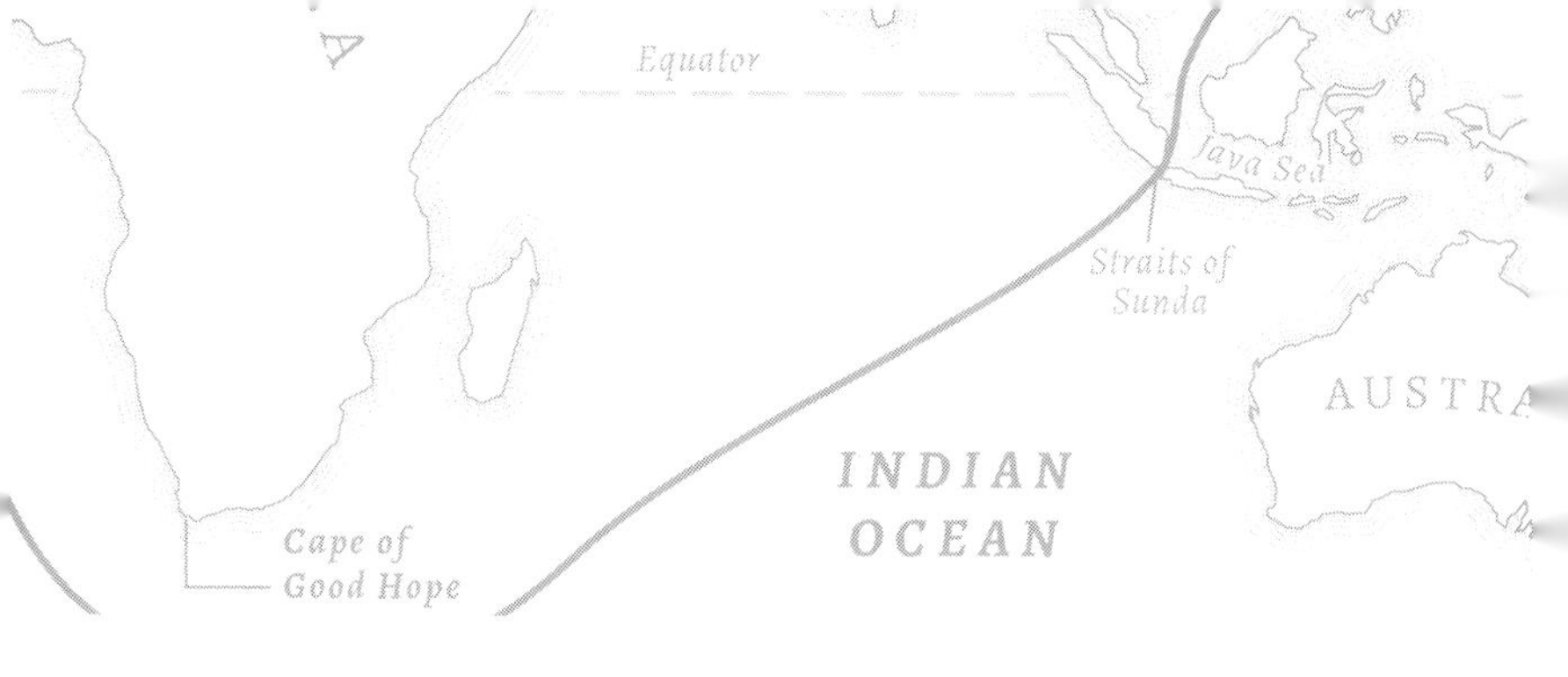

第15章　フジツボと海のキャンディー

ノミを題材に偉大で長く読み継がれる書物が書かれた様はない。書こうと試した者は多くいるのだが。

イシュメール（第104章「化石鯨」）

「ブリット」、そしておそらくは「鯨の白さ」の章でも、メルヴィルは生物発光を示す乳白色の海の描写を通じ、遠洋性の小型生物に対する一九世紀中盤の知識を表現している。作中の他の数場面でも、さらに何種類かの小型無脊椎動物のことを書いている。とりわけ、フジツボとクジラジラミだ。

イシュメールは「鯨学」の章で、《フジツボに覆われた海獣の躯体と船体を並べて》波を乗り越えて進むピークォッド号のことを書いている。「より誤謬すくなき鯨の絵、および真正なる捕鯨図について」の章では、アンブロ

図30　アンブロワーズ・ルイ・ガルヌレ作「鯨漁（Pêche de la Baleine）」（1835年）の、フレデリック・マルタンスによる複製版画の拡大図。「鯨漁」は、イシュメールが「より誤謬すくなき鯨の絵」の章で敬意を示す絵画の一つ。

ワーズ・ルイ・ガルヌレのフランス絵画の活き活きとした躍動感と正確さを激賞する。《小蟹や貝など、セミクジラがそのわずらわしい背に背負うことがある海のキャンディーやマカロニを海鳥たちがついばんでいる》ところを含め、イシュメールはその絵がセミクジラ漁の様子を正しく描いていると思っている。ただ、鯨の頭部に乗った生命体たちについて、彼は実際の絵よりもはるかに細部まで語っているのだが[*1]（図30参照）。

　物語が進み、船がインド洋の真ん中に進むと、エイハブ船長は乗組員たちにセミクジラを殺して頭を断ち落とし、ピークォッド号の船体の脇に吊るすよう命じる。反対側には既にマッコウクジラの頭が吊るされている。イシュメールは読者を導き、このセミクジラの皮膚の上に広がる小さな生態系を手すり越しに見下ろすよう促す。

《この塊の上にある、奇妙な、とさかのように盛り上がった、櫛のような外皮――この緑の、フジツボに覆われた代物、グリーンランド人が「冠」と呼び、南洋の漁民がセミ鯨の「ボンネット」と呼ぶもの――に目を留めれば、（…）このボンネットにああして寄り添って暮らす生きた蟹たちを見つめる中で、あなたにはこんな考えがほぼ間違いなく浮かぶことだろう。まったくもって、これに授けられた「冠」という専門用語にあなたの空想が囚われてしまっていなければだが。その場合、あなたはこの巨大な怪物が一体どうして海の戴冠王なのかとの考えに多大な関心を抱くことだろう。彼の緑の王冠はこうして見事に組み立てられている。*2》

イシュメールが「ボンネット」や「冠」と呼ぶ硬い皮膚組織の斑紋を、今日の生物学者は鯨のカロシティ（callosity：たこ、皮膚結節）と呼ぶ。この言葉はメルヴィルの時代、海棲哺乳類に対してはさほど使われていなかった。一九六〇年代初頭、ソヴィエトの生態学者S・K・クルモフを皮切りに、近代の科学者はこの頭部にできる隆起の斑紋を写真に収めてセミクジラ類の個体識別をするようになった。生まれてから数ヵ月のうちに、各個体は下唇、下顎、目の上、そして上唇の端から潮吹き穴の周りにかけて硬い角質を発達させる。これはヒトの顔の毛〔眉毛や髭など〕が生える箇所と似ている（カラー図版4参照）。実際、イシュメールが言及する通り、カロシティからは通常、何本かの毛が生えている。一旦形成されたカロシティには生物たちが住み着く。特に、クジラジラミとフジツボだ。*3

イシュメールが蟹と呼ぶクジラジラミ（「海のキャンディー」もそうかもしれない）は、博物学者に「鯨のシラミ（whale lice）」や「蟹のシラミ（crab lice）」の名で知られていた。この一般名は現在でも使われている。その名の通り、見た目は小さな蟹、あるいは私たち人間の髪の間に住み着くあの昆虫にも確かに似ているが、クジラジラミは平たい端脚類〔ヨコエビやワレカラの仲間〕だ。約四〇種が存在する。ごく限られた宿主にしか寄生しない種もいることから、研究者はセミクジラ類に属する種の歴史的、地理的分離を特定する手がかりとして、クジラジラミを「タグ（標識札）」代わりに使ってきた。クジラジラミは読者のあなたの親指の爪ほどの大きさだ。鯨の皮膚を掘って鉤爪でしがみつくよう進化してきた三対の後肢を持つ。[*4]

セミクジラ類のカロシティにはフジツボも暮らす。ひょっとすると二〇種ほどの「鯨のフジツボ（whale barnacles）」（蔓脚下綱：Cirripedia）が多様な海棲哺乳類の体表に生息しているのではないだろうか。ミナミセミクジラの体表によくいる*Tubicenella major*という種は、宿主にしがみつくため蛇腹状の殻の筒を形成し、鯨のカロシティに深い穴を掘る。華やかな外見のオニフジツボ（*Coronula diadema*）は特徴的な六角形の開口部を進化させてきた。リンネは一八世紀にこの種に学名をつけた。ダーウィンは一八五四年にその近縁種を同定し、*Coronula reginae*と命名した。もしメルヴィルが「*Coronula*」との属名を知っていたなら、冠のことを指すそのラテン語を理解し、「セミ鯨の頭」の章で駄洒落に仕立てたのだろう。[*5]

クジラジラミとフジツボは宿主の鯨がこぼす食べ滓も、水中を漂う植物プランクトンも食料にする。クジラジラミは鯨の体から剝がれる皮膚も食べる。ヒッチハイカーであるフジツボとクジラジラミが鯨に何らかの実害を及ぼすことを示す証拠は少ないが、いずれも炎症のきっかけになり、ボートの船底に貼りついた時とまさに同じように、鯨の泳ぎの効率を低下させる（これもまた、フジツボに覆われた船体を鯨の体と並べたイシュメールの連想を際立たせる）。近年出された有力な説は、カロシティの毛がクジラジラミの動きを感知している可能性さえあるというものだ。水族館での調査では、カイアシ類が近くにいる時にこの毛が実際に立ち上がるという。もしかすると、宿主である鯨が近くを通り過ぎるプランクトンの群れに気づくのに役立っているのだろうか？

イシュメールが「ブリット」の章で示したのと同様の見方で、ドクター・ベネットは一八四〇年にこう書いている。《南洋のトゥルー・ウェイル（True-Whale）［セミクジラ］は（…）体をフジツボやその他の寄生生物に硬く覆われ、しばしば起伏に富んだ岩のごとき姿になるほどだ。[*6]》クララ・ベル号に乗り南大西洋を航海していたロバート・ウィアーも、無脊椎動物のヒッチハイカーについて日記に似たようなことを書いた。もっとも、その筆にイシュメールほどの親しみはこもっていなかったが。

《セミクジラは、同じ種族の他のものと比べてとても汚い哺乳類（mamal［「mammal」の誤りか］）だ。私はセミクジラたちが蟹にとてもよく似た直径半インチほどの小さな虫に覆われていることに気づいた。鼻の先には幅一八インチほどフジツボの群れがあって、鯨捕りたちはこれを鯨のボンネットと呼ぶ。鯨がちょうど水中から出てくるところを見れば、その姿は岩のようだ。フジツボはおびただしい——厚さ二インチにも及ぶ——仲間の連中はよくそれを牡蠣と同じように炙って食べる。[*7]》

イシュメールは正確にも、マッコウクジラにはカロシティがなく、フジツボなどの付着生物がほとんど全くいないことを明示している。おそらくは深く潜水することが理由だろう。闘いの傷を除けば滑らかなその皮膚に触れることもまた、モービィ・ディックを高潔な、何物にも邪魔されない高貴な皇帝の座に位置づけ、マッコウクジラを新たな海の治世者へと担ぎ上げる一策である。

注

複数の参考文献はセミコロン（;）で区切った。

はじめに

1）Lewis Mumford, *Herman Melville* (New York: Literary Guild of America, 1929), 194. この引用部は私がジェニファー・ベイカーから導入文として紹介されたもの。

2）Herman Melville, *Moby-Dick or The Whale*, ed. Harrison Hayford, Hershel Parker, and G. Thomas Tanselle (Evanston: Northwestern University Press and The Newberry Library, 1988), 565.

3）メルヴィルと海上生活については、例えばBert Bender, *Sea-Brothers: The Tradition of American Sea-Fiction from "Moby-Dick" to the Present* (Philadelphia: University of Pennsylvania Press, 1988), vii, 19を参照。

4）*Moby-Dick*, 64, 273, 424. 本書を通じ、私はイシュメールを『白鯨』の語り手と呼び、「ハーマン・メルヴィルは……と書いた・書いている」（過去形）と「イシュメールは……と語る」（現在形）の書き分けを行う。もちろん、どちらとも言い切れないグレーゾーンがあるのは確かで、特に物語がナンタケットを離れて海に出た後は判断をつけがたい。章、場面、さらには脚注までもが、「ハーメール」あるいは「イシュメルヴィル」とでも呼べそうな何者かによって語られているように見える。しかし、自分をイシュメールと呼ぶよう求めてきたこのストーリーテラーは、あらゆる創作の登場人物と同様、作者が人生のある1点において作り出した存在である（たとえ、その口調がよそよそしいものや全知全能のものに感じられたり、さらには書き物机に向かう作者自身に言及していたりしても）。この件については、Robert Zoellner, *The Salt-Sea Mastodon: A Reading of Moby-Dick* (Berkeley: University of California Press, 1973), xiおよびMaurice S. Lee, "The Language in Moby-Dick: *'Read It If You Can,'" in A Companion to Herman Melville*, ed. Wyn Kelley (West Sussex, UK: Wiley-Blackwell, 2015), 395–96を参照。

5）"Climate Change: Seven Things You Need to Know," *National Geographic* 231, no. 4 (April 2017): 31–32; John Walsh and Donald Wuebbles, *et al.*, "Ch. 2: Our Changing Climate," *Climate Change Impacts in the United States: The Third National Climate Assessment*, ed. J. M. Melillo, Terese (T. C.) Richmond, and G. W. Yohe (US Global Change Research Program, 2014), 20–21, 44–45に示されているNOAA Carbon Dioxide Information Analysis Centerの情報による。また、以下も参照。fig. 1, "Global Average Absolute Sea Level Change, 1880–2015," *Climate Change Indicators: Sea Level*, United States Environmental Protection Agency, August 2016,

www.epa.gov/climate-indicators/climate-change-indicators-sea-level; S. Jevrejeva, J. C. Moore, A. Grinsted, A. Matthews, and G. Spada, "Trends and Acceleration in Global and Regional Sea Levels since 1807," *Global and Planetary Change* 113 (2014): 11–22.

6) Transportation Safety Board of Canada, "Marine Investigation Report, M10F0003: Knockdown and Capsizing, Sail Training Yacht *Concordia*" (Minister of Public Works and Government Services Canada, 2011).

7) Greg Dobie, ed., "Safety and Shipping Review 2016," Allianz Global Corporate & Specialty SE (March 2016), 4による。また、George Michelson Foy, Run the Storm (New York: Scribner, 2018) も参照。

8) *Moby-Dick*, 273.

第1章

1) NYC Department of City Planning, "Total and Foreign-Born Population, New York City, 1790–2000," accessed 31 January 2019, www1.nyc.gov/site/planning/data-maps/nyc-population/historical-population.pageおよびJean-Paul Rodrigue, "World's Largest Cities, 1850," accessed 31 January 2019, https://transportgeography.org/?page_id=4976による。以下も参照。ichard F. Selcer, Civil War America, 1850 to 1875 (New York: Facts on File, 2006), 271.

2) Margaret S. Creighton, *Rites and Passages: The Experience of American Whaling, 1830–1870* (Cambridge: Cambridge University Press, 1995), 67, 129; Williams A. Allen, "25 November 1842," Logbook of the *Samuel Robertson*, 1841–46, New Bedford Whaling Museum Log ODHS 1040; Richard Henry Dana Jr., *Two Years before the Mast: A Personal Narrative of Life at Sea* (New York: Harper and Bros., 1840), 44–45.

3) *Moby-Dick*, 524.

4) ピップを環境的正義の象徴として捉える見方を私にもたらしたのはDana Luciano, "Love and Death in the Anthropocene: Geologic Time, Genre, *Moby-Dick*," Lecture at Connecticut College, 21 April 2016である。

5) *Moby-Dick*, 370–71; Thomas Beale, *The Natural History of the Sperm Whale* (London: John Van Voorst, 1839), 44, 161; Randall R. Reeves, Brent S. Stewart, Phillip J. Clapham, James A. Powell, and Pieter A. Folkens, *Guide to Marine Mammals of the World* (New York: Knopf, 2002), 21; Stephanie L. Watwood, *et al.*, "Deep-Diving Foraging Behavior of Sperm Whales (*Physeter macrocephalus*)," *Journal of Animal Ecology* 75, no. 3 (May 2006): 814–25.

6) Helen M. Rozwadowski, *Fathoming the Ocean: The Discovery and Exploration of the Deep Sea* (Cambridge, MA: Belknap Press, 2005), 74–75; Matthew Fontaine Maury, *Explanations and Sailing Directions to Accom-*

pany the Wind and Current Charts, 3rd ed. (Washington, DC: C. Alexander Printer, 1851), 62–63.

7) メルヴィルが聞いた講演は、"Mind and Manners in the Nineteenth Century" と題した全5回のシリーズのうちの1つ。以下も参照。William Braswell, "Melville as a Critic of Emerson," *American Literature* 9, no. 3 (November 1937): 317; Herman Melville, "To Evert A. Duyckinck, 3 March 1849, Boston," *Correspondence*, ed. Lynn Horth (Evanston: Northwestern University Press and The Newberry Library, 1993), 121.

8) Herman Melville, "Hawthorne and His Mosses," *The Piazza Tales and Other Prose Pieces, 1839–1860*, ed. Harrison Hayford, Alma A. MacDougall, G. Thomas Tanselle, *et al.* (Evanston: Northwestern University Press and The Newberry Library, 1987), 242.

9) メアリー・K・バーコー・エドワーズとのこのインタビューは2016年5月11日に実施し、後に共同で加筆修正を行った。

10) アクシュネット号は359トン、チャールズ・W・モーガン号は351トンで、どちらも1841年に帆装された。Alexander Starbuck, *History of the American Whale Fishery from Its Earliest Inception to the Year 1876* (Waltham, MA: self-published,1878), 372, 376.

11) Meredith Farmer, "Herman Melville and Joseph Henry at the Albany Academy; or, Melville's Education in Mathematics and Science," *Leviathan* 18, no. 2 (June 2016): 4–28. また、以下も参照。Laurie Robertson-Lorant, "A Traveling Life," in *A Companion to Herman Melville*, 3–18; Tyrus Hillway, "Melville's Education in Science," *Texas Studies in Literature and Language* 16, no. 3 (Fall 1974): 411–25; Jay Leyda, *The Melville Log: A Documentary Life of Herman Melville, 1819–1891*, vol. 1 (New York: Harcourt, Brace, 1951), 43, 45, 52; Wilson Heflin, *Herman Melville's Whaling Years*, ed. Mary K. Bercaw Edwards and Thomas Farel Heffernan (Nashville: Vanderbilt University Press, 2004), 4–5.

12) Leyda, 110; Andrew Delbanco, *Melville: His World and Work* (New York: Vintage, 2006), 35; Merton M. Sealts Jr., *Melville's Reading: Revised and Enlarged Edition* (Columbia: University of South Carolina Press, 1988), 19–22; Hershel Parker, *Herman Melville: A Biography, Vol. 1*, 1819–1851 (Baltimore: Johns Hopkins University Press, 1996), 110, 181, etc.

13) J. Ross Browne, *Etchings of a Whaling Cruise*, ed. John Seelye (Cambridge, MA: Belknap Press, 1968), 193.

14) *Moby-Dick*, 156.

15) Heflin, 59, 67, 69, 106, 110–15. 彼らはペルーのインデペンデンシア湾にも停泊したかもしれない。メルヴィルの船旅をまとめた有用な要約がR. D. Madison, ed., *The Essex and the Whale: Melville's Leviathan Library and the Birth of Moby-Dick* (Santa Barbara, CA: Praeger, 2016), 264にある。

16) John James Audubon, "To Daniel Webster, New York, 8 September 1841," in *The Audubon Reader*, ed. Richard Rhodes (New York: Everyman's Library, 2006), 570.
17) Mary K. Bercaw Edwards, *Cannibal Old Me: Spoken Sources in Melville's Early Works* (Kent: Kent State University Press, 2009), 1–23; Heflin, 161–70.
18) メルヴィルは後に、自分は船上で銛打ち（別名「boatsteerer〔ボート操舵手〕」：鯨に最初の銛を打ち込む立場）をしていたとの主張を行ったが真偽は疑わしい。Herman Melville, "To Richard Bentley, 27 June 1850, New York," *Correspondence*, 163.
19) Herman Melville, *Journals*, ed. Howard C. Horsford and Lynn Horth (Evanston: Northwestern University Press and The Newberry Library, 1989), 4–5.
20) Herman Melville, "To R. H. Dana, Jr., 1 May 1850, New York," *Correspondence*, 162. マディソンは、この当時のメルヴィルが実際は『白鯨』を半分も執筆していなかったと説得力をもって示唆する。"Introduction: Swimming through Libraries," *The Essex and the Whale*, xx–xxiiを参照。
21) Herman Melville, "To Nathaniel Hawthorne [1 June?] 1851, Pittsfield," *Correspondence*, 191. この手紙についてはSamuel Otter, *Melville's Anatomies* (Berkeley: University of California Press, 1999), 7を参照。
22) *Moby-Dick*, 112; Harold J. Morowitz, "Herman Melville, Marine Biologist," *Biological Bulletin* 220 (April 2011): 83.
23) Laurie Robertson-Lorant, "A Traveling Life," 5も参照。
24) Robert Madison, 10 June 2016, personal communication.
25) 私が檣頭に立った水夫の数を毎年8000人超と控えめに見積もったのは、（捕鯨船1隻あたり15人）×550隻との掛け算による。例えば、チャールズ・ウィルクスは《これら［675隻］の船舶に水夫を手配するには、我らが同国人を1万5000人から1万6000人必要とする》と述べたが、船上の男たち全員が普段から檣頭で鯨の見張り番に立っていたわけではない。Charles Wilkes, *Narrative of the United States Exploring Expedition,* vol. 5 (London: Wiley and Putnam, 1845), 485–86より。Starbuck, 98も参照。船員の読書文化についてはHester Blum, *The View from the Masthead* (Chapel Hill: University of North Carolina Press, 2008), 5を参照。
26) James C. Osborn, Logbook of the *Charles W. Morgan*, 1841–45, Mystic Seaport Log 143. また、以下も参照。Hester Blum, "A List of Books that I Did Not Read on the Voyage, *Leviathan* 17, no. 1 (March 2015): 129–32; Herman Melville, *White-Jacket, or The World in a Man-of-War*, ed. Harrison Hayford, Hershel Parker, and G. Thomas Tanselle (Evanston: Northwestern University Press and The Newberry Library, 1988), 167; Mary K. Bercaw [Edwards], *Melville's Sources* (Evanston: Northwestern

University Press, 1987), 85; Tyrus Hillway, "Melville's Education in Science," 417; 自然史と船乗りの日誌については以下を参照。D. Graham Burnett, *Trying Leviathan: The Nineteenth-Century New York Court Case That Put the Whale on Trial and Challenged the Order of Nature* (Princeton: Princeton University Press, 2007), 110; Michael Dyer, 6 Friday 2017, personal communication.

27) Herman Melville, *Typee: A Peep at Polynesian Life*, ed. Harrison Hayford, Hershel Parker, and G. Thomas Tanselle (Evanston: Northwestern University Press and The Newberry Library, 1968), 3.

28) Herman Melville, "Review of *Etchings of a Whaling Cruise and Sailors' Life and Sailors' Yarns,*" *Piazza Tales*, 206. See Beale, 3.

29) John F. Leavitt, *The Charles W. Morgan* (Mystic: Mystic Seaport, 1973), 35, 37.

30) *Moby-Dick*, 159.

第2章

1) *Moby-Dick*, 136.

2) *Moby-Dick*, 135, 443; Sumner W. D. Scott, "The Whale in *Moby Dick*," PhD dissertation (Chicago: University of Chicago, 1950), 6–27.

3) Madison, *The Essex and the Whale*, 169–76; Parker, vol. 1, 723–24; Vincent, 128–35; Kendra Gaines, "A Consideration of an Additional Source for *Moby-Dick*," *Melville Society Extracts* 29 (1977): 6–12; Mary K. Bercaw Edwards, "The Infusion of Useful Knowledge: Melville and *The Penny Cyclopædia*," *Melville Society Extracts* 70 (1987): 9–13; Hal Whitehead, *Sperm Whales: Social Evolution in the Ocean* (Chicago: University of Chicago Press, 2003), 16.

4) ビールとベネットの略歴は以下を参照。Ian A. D. Bouchier, "Some Experiences of Ships' Surgeons during the Early Days of the Sperm Whale Fishery," *British Medical Journal* 285 (18–25 December 1982): 1811–13; Honore Forster, "British Whaling Surgeons in the South Seas, 1823–1843," *Mariner's Mirror* 74, no. 4 (1988): 401–15.

5) Frederick Bennett, *Narrative of a Whaling Voyage Round the Globe* (London: Richard Bentley, 1840), vol. 1, 118–19.

6) *Moby-Dick*, 265; Beale, 33; Beale, Melville's Marginalia Online, ed. Steven Olsen-Smith, Peter Norberg, and Dennis C. Marnon, melvillesmarginalia.org.

7) "Herman Melville's Moby Dick," *Southern Quarterly Review* 5, New Series (Charleston: Walker and Richards, January 1852), 262.

第3章

1） Burnett, *Trying Leviathan*, 97. バーネットの『海獣（レヴィヤタン）を審理する（*Trying Leviathan*）』はこの判例について最も信頼のおける情報源である。概要は以下を参照。“Maurice v. Judd,” *Historical Society of the New York Courts*, accessed 31 January 2019, www.nycourts.gov. 勝訴した検察官により、1819年夏にはこの判例が小冊子として出版された。William Sampson, *Is a Whale A Fish? An accurate report of the case of James Maurice against Samuel Judd, Tries in the Mayor's Court of the City of New-York, on the 30th and 31st of December, 1818* (New York: C. S. Van Winkle, 1819).

2） Bennett, vol. 2, 148–49.

3） *Moby-Dick*, 136, 307, 370; The Society for the Diffusion of Useful Knowledge, *The Penny Cyclopædia*, vol. 27, “Wales—Zygophyllaceæ,” ed. George Long (London: Charles Knight and Co., 1843), 272; Gaines, 6. 「Penem intrantem feminam mammis lactantem」は「雌に入り込むペニスと授乳する雌」を指す。「ex lege naturæ jure meritoque」は「自然法と理非」を指し、生物学とはあまり関係がない。聖書での分類については Burnett, *Trying Leviathan*, 20–23を参照。

4） Burnett, *Trying Leviathan*, 14.

5） *Moby-Dick*, 305; Tyrus Hillway, “Melville as Critic of Science,” *Modern Language Notes* 65, no. 6 (June 1950): 411–14.

6） Browne, 59.

7） Beale, *e.g.*, 15, 18, 106; Bennett, vol. 2, 145; John Mason Good, *The Book of Nature* (Hartford: Belknap and Hamersley, 1837), 192–93; “Whales,” *The Penny Cyclopædia*, vol. 27, 273.

8） *Moby-Dick*, 135, 262; 「カボチャ（squash）」については、Stuart M. Frank, *Herman Melville's Picture Gallery* (Fairhaven, MA: Edward J. Lefkowicz, 1986), 34–35を参照。Good, 192.

9） *Moby-Dick*, xxiii, 137; “Whales,” *The Penny Cyclopædia*, vol. 27, 273; Sealts, 170; Baron Georges Cuvier, *The Class Pisces*, with supplementary editions by Edward Griffith and Charles Hamilton Smith, vol. 10 of *The Animal Kingdom* (London, Whittaker and Co., 1834), 27; Cuvier, Melville's Marginalia Online. 「鯨対魚」の議論の歴史の詳細は Burnett, *Trying Leviathan*, 211–22を参照。

10） Robert Nawojchik, 14 September 2016, Lecture, Mystic Aquarium.

11） *Moby-Dick*, 306; Christoph Irmscher, *Louis Agassiz: Creator of American Science* (Boston: Houghton Mifflin, 2013), 64–84; David Dobbs, *Reef Madness: Charles Darwin, Alexander Agassiz, and the Meaning of Coral* (New York: Pantheon Books, 2005), 31–36; イシュメールの《漂う巨大な氷山》〔『白鯨』第68章〕や、メルヴィルによるライエルやアガシーらの著作の読解については Elizabeth S. Foster, “Melville and Geology,” *American*

Literature 17, no. 1 (March 1945): 61を参照。

12) Louis Agassiz and A. A. Gould, *Principles of Zoology*, rev. ed. (Boston: Gould and Lincoln, 1851), 210.

13) ロバート・ナヴォイチックとのこのインタビューは2017年5月26日に実施し、後に共同で加筆修正を行った。

14) Beale, 10–12; Beale, Melville's Marginalia Online.「鯨学」の章が科学界を嘲笑する様子について、さらに詳しくは J. A. Ward, "The Function of the Cetological Chapters in *Moby-Dick*," *American Literature* 28, no. 2 (May 1956), 176–77等を参照。

15) Agassiz and Gould, *Principles of Zoology*, 84, 95.

16) Ewan Fordyce, 15 March 2018, personal communication.; Ewan Fordyce, "Cetacean Evolution," *Encyclopedia of Marine Mammals*［以下『*EMM*』], 3rd ed., ed. Bernd Würsig, J. G. M. Thewissen, and Kit M. Kovacs (London: Academic Press, 2018), 180.

17) Charles Darwin, *On the Origin of Species by Means of Natural Selection*, ed. William Bynum (New York: Penguin, 2009), 169; Fordyce, "Cetacean Evolution," *EMM*, 3rd ed., 182; Reeves, *et al.*, *Guide*, 12–13; Janet Browne, *Charles Darwin: The Power of Place*, vol. 2 (London: Pimlico, 2003), 99. また, Annalisa Berta, "Pinniped Evolution," *EMM*, 3rd ed., 712–22も参照。

18) Annalisa Berta and Thomas A. Deméré, "Baleen Whales, Evolution," *EMM*, 3rd ed., 70–72; David W. Laist, *North Atlantic Right Whales: From Hunted Leviathan to Conservation Icon* (Baltimore: Johns Hopkins University Press, 2017), 61.

19) *Moby-Dick*, 140.

20) マッコウクジラの科学的なフルネームについてはごく最近まで悶着が続いていたと知ったらメルヴィルは喜んだことだろう。一時期は歯にちなんだ*Physeter catadon*という学名が流行っていた。属名の*Physeter*はギリシャ語で噴出孔を指し、1758年にリンネが最初につけた。Hal Whitehead, "Sperm Whale," *EMM*, 3rd ed., 919 およびA. A. Berzin, *The Sperm Whale* (*Kashalot*), ed. A.V. Yablokov, trans. E. Hoz and Z. Blake (Jerusalem: Israel Program for Scientific Translation, 1972), 7–13, 16を参照。

21) Agassiz and Gould, 25–26.

22) David W. Sisk, "A Note on Moby-Dick's "Cetology" Chapter," *ANQ: A Quarterly Journal of Short Articles, Notes, and Reviews* 7, no. 2 (April 1994): 80–82を参照。

23) *Moby-Dick*, 138.

24) *Moby-Dick*, 138; Bennett, vol. 2, 154; Beale, 1, 15–16; Reeves, *et al.*, *Guide*, 234, 241.

25) Charles M. Scammon, *The Marine Mammals of the North-western Coast of North America* (New York: Dover Publications, 1968), 52; John Jones,

Meditations from Steerage: Two Whaling Journal Fragments, ed. Stuart M. Frank (Sharon, MA: Kendall Whaling Museum, 1991), 21; Laist, 23–30. 1851年時点で検討されていたセミクジラ類の種の分割については Matthew Fontaine Maury, "The Whale Fisheries—Habits of the Whale—Where most found, &c.," New York Herald, 29 April 1851, 3を参照。現在の分類学と遺伝学については Scott D. Kraus and Rosalind M. Rolland, eds., *The Urban Whale* (Cambridge, MA: Harvard University Press, 2007), 9; Reeves, *et al.*, *Guide*, 190; Robert D. Kenney, "Right Whales," *EMM*, 3rd ed., 817–18を参照。

26) Phillip J. Clapham and Jason S. Link, "Whales, Whaling, and Ecosystems in the North Atlantic Ocean," in *Whales, Whaling, and Ocean Ecosystems*, ed. James A. Estes, *et al.* (Berkeley: University of California Press, 2006), 314–16; Laist, 101–3, 109–10, 165–69. 今日、セミクジラの英語名（right whale）について、セミクジラは殺されても海中に沈まなかったためだと示唆する説が時折あるが、実際にはセミクジラは沈み、そのことが捕鯨時の問題となっていた。Henry T. Cheever, *The Whale and His Captors; or, The Whaleman's Adventures*, ed. Robert D. Madison (Hanover, NH: University Press of New England, 2018), 33を参照。

27) *Moby-Dick*, 139. ウォレスは、メルヴィルが意図的にグレイの名を挙げなかったことでその発見をこき下ろすことができたと論じた。Robert K. Wallace, "Melville, Turner, and J. E. Gray's Cetology," *Nineteenth-Century Contexts* 13, no. 2 (Fall 1989): 155–64.

28) *Moby-Dick*, 360.

29) 19世紀の同様の一般名については、スコーズビー（Scoresby）の1820年代、鯨捕りのDean C. Wright, James Osborn, 航海日誌収集者のモリス（Commodore Morris）の1840年代、ウィリアム・スキャモン（William Scammon）の1870年代の記述を参照。チーヴァーが《razor-backs〔剃刀背鯨〕》と書いた鯨は大きさから考えて〔イワシクジラよりは〕むしろシロナガスクジラのように思われる（*The Whale and His Captors*, 43–44）。ベネットも同様（Bennett, vol. 2, 154）。ナガスクジラ（fin whale）の背びれは1フィートから1.5フィートほどの高さがある。Rob Nawojchik, personal communication.; OBIS SEAMAP, "Fin Whale—*Balaenoptera physalus*," Marine Geospatial Ecology Lab, Duke University, accessed 31 January 2019, http://seamap.env.duke.edu/species/180527/html; ただ、イシュメールは「ピークォッド号、処女号にあう」（"The Pequod Meets the Virgin" (360)）の終わりで、ナガスクジラをマッコウクジラと混同するよう、ナガスクジラの潮吹きの特徴を都合よくでっち上げているようだ。Reeves, *et al.*, *Guide*, 184, 208; A. G. Bennett, "On the Occurrence of Diatoms on the Skin of Whales," *Proceedings of the Royal Society B* 91, no. 641 (15 November 1920): 352–57. 過去の一般名をさらに知るには、Lance E. Davis,

Robert E. Gallman, and Karin Gleiter, *In Pursuit of Leviathan: Technology, Institutions, Productivity, and Profits in American Whaling, 1816–1906* (Chicago: University of Chicago Press, 1997), 53–56を参照。

30) Reeves, *et al.*, *Guide*, 226–27.

31) 例えば、捕鯨船イライザ・アダムス号に乗船していたジョーンズは1852年にホーン岬沖で《1頭の小さな背びれ鯨 (fin back)》が船の周りを泳いでいたことを書いた (*Meditations from Steerage*, 18)。周りに他の個体が全くいなかったのだとすればこれがナガスクジラ (fin back) の幼獣であったとは考えにくい。スキャモンが《尖った頭のヒレ鯨 (Sharp-headed Finner Whale [引用元原文ママ])》(Balænoptera Davidsoni, *Scammon*) と書いた鯨がミンククジラだったのはほぼ確実だが (49–51)、これとまさに同じく、ジョーンズの《fin back》もミンククジラだったのかもしれない。

32) Osborn, "15 October 1841" 等; Dean C. Wright, *Meditations from Steerage*, 2.

33) Good, 192; Robert Hamilton, *The Naturalist's Library: Mammalia. Whales, &c.*, vol. 26, ed. William Jardine (Edinburgh: W. H Lizards, 1843), 228–30; Michael Dyer, "Whalemen's natural history observations and the Grand Panorama of a Whaling Voyage Round the World," *New Bedford Whaling Museum Blog*, 29 March 2016, whalingmuseumblog.org; Dan Bouk and D. Graham Burnett, "Knowledge of Leviathan: Charles W. Morgan Anatomizes His Whale," *Journal of the Early Republic* 27 (Fall 2008): 453; Charles W. Morgan, "Address before the New Bedford Lyceum," Charles Waln Morgan Papers, 1796–1861, Mss 41, Sub-group 1, Series Y, Folder 1, New Bedford Whaling Museum (1830/37), 12. 1912年に博物学者のロバート・クッシュマン・マーフィーは鯨捕りたちがアカボウクジラ類を「grampus」と呼ぶことに気づいた。この船の船長は同じ鯨たちを「algerines〔アルジェリアの荒くれ者〕」と呼んだという (Robert Cushman Murphy, *Logbook for Grace: Whaling Brig Daisy, 1912–1913* (Chicago: Time-Life Books, 1982), 146). Typee, 10; Cheever, *The Whale and His Captors*, 43, 55–56, 173. また、以下も参照。William Scoresby Jr., *An Account of the Arctic Regions with a History and Description of the Northern Whale-Fishery* vol. 1 (Edinburgh: Archibald Constable and Co., 1820), 474.

34) *Moby-Dick*, 261, 282. 海洋文学における「dolphin fish」の用例についてはDana, *Two Years before the Mast* とウィリアム・フォールコナーの『難船 (*The Shipwreck*)』(1762年) を参照。また、死にゆく「dolphin」についてのベネットの議論も参照。「dolphin」の語は水夫の俗称だったため (ベネットの用いた学名では *Coryphaena hippuris*)、ベネットは引用符付きで使用している (vol. 1, 8)。

35) Bernd Würsig, "Bow-Riding," *EMM*, 3rd ed., 135–36. また、以下も参照。Francis Allyn Olmsted, *Incidents of a Whaling Voyage* (Rutland, VT:

Charles E. Tuttle Co., 1970), 90–92.

36) 「algerines〔アルジェリアの荒くれ者〕」については Dyer, "Whalemen's natural history observations" や Sisk, 81のほか、再掲となるが Murphy, *Logbook for Grace*, 146も参照。

37) Bolster, 72; Paul Dudley, "An Essay upon the Natural History of Whales, with a particular Account of the Ambergris found in the Sperma Ceti Whale," *Philosophical Transactions* 33 (1724–25): 258; Laist, 18. また、以下も参照。Burnett, *Trying Leviathan*, 39–40; M. E. Bowles, "Some Account of the Whale-Fishery of the N. West Coast and Kamschatka," *Polynesian* (4 October 1845): 83.

38) Darwin, *On the Origin of Species*, 427.

39) Eric Wilson, "Melville, Darwin, and the Great Chain of Being," *Studies in American Fiction* 28, no. 2 (Autumn 2000): 132. また、以下も参照。Wyn Kelley, "Rozoko in the Pacific: Melville's Natural History of Creation," in *"Whole Oceans Away": Melville and the Pacific*, ed. Jill Barnum, Wyn Kelley, and Christopher Sten (Kent: Kent State University Press, 2007), 139–52; Karen Lentz Madison and R. D. Madison, "Darwin's Year and Melville's 'New Ancient of Days,'" in *America's Darwin: Darwinian Theory and U. S. Literary Culture*, ed. Tina Gianquitto and Lydia Fisher (Athens: University of Georgia Press, 2014), 86–103.

第4章

1) Ralph Waldo Emerson, *The Journals and Miscellaneous Notebooks of Ralph Waldo Emerson, Volume IV, 1832–1834*, ed. Alfred R. Ferguson (Cambridge, MA: Belknap Press, 1964), 265.

2) *Moby-Dick*, 204–5; Howard P. Vincent, *The Trying Out of Moby-Dick* (Carbondale: Southern Illinois University Press, 1965), 169, 174; Frank Luther Mott, *A History of American Magazines 1741–1850* (Cambridge, MA: Harvard University Press, 1966), 607–11; Jeremiah N. Reynolds, "Mocha Dick; or The White Whale of the Pacific: A Leaf from a Manuscript Journal," *Knickerbocker* 12 (May 1839) in *Madison, The Essex and the Whale*, 64; "Five Wicked Whales: A Quintet of Leviathans Well Known to All Whalers," *Chicago Daily Tribune*, 3 April 1892, 35.

3) 以下を参照。Walter Harding, "A Note on the Title '*Moby-Dick*,'" *American Literature* 22, no. 4 (January 1951): 501; Ben J. Rogers, "Melville, Purchas, and Some Names for 'Whale' in *Moby-Dick*," *American Speech* 72, no. 3 (Autumn 1997): 333, 335; Ben Rogers, "From Mocha Dick to Moby Dick: Fishing for Clues to Moby's Name and Color," *Names: A Journal of Onomastics* 46, no. 4 (1998): 263–76.

4) Parker, vol. 1, 696; Madison, *The Essex and the Whale*, 9–10, 61; Owen

Chase, *et al.*, *Narratives of the Wreck of the Whale-ship Essex* (New York: Dover, 1989) ; Leyda, 119; Harrison Hayford and Lynn Horth, "Melville's Memoranda in Chase's *Narrative of the Essex*," in *Moby-Dick*, 971–95; *Moby-Dick*, 203–5. メルヴィルはこの白いヒゲクジラについての記述をJohn Harris, *Compleat Collection of Voyages* (1705) から抜粋し、『白鯨』に使用した(*Moby-Dick*, xxiii)。*Moby-Dick*, 820を参照。Bennett, vol. 2, 220. 捕鯨史学者のマイケル・ダイヤーは、《Old Zeek》と呼ばれた鯨を銛で突いたことに言及した航海日誌を1冊見つけたのみで、*New Bedford Whalemen's Shipping List*の記事には名前のついた鯨に言及した例が1つも見つからなかったという (Michael Dyer, 15 February 2018, personal communication) ; Michael P. Dyer, *"O'er the Wide and Tractless Sea": Original Art of the Yankee Whale Hunt* (New Bedford: Old Dartmouth Historical Society/New Bedford Whaling Museum, 2017), 304。鯨捕り兼画家のジョン・F・マーティン (John F. Martin) による日誌の記録も参照。マーティンは1843年、1日中追い続けたものの仕留めることができなかった3頭のセミクジラに同僚が名前をつけたことを記した。《今日追いかけた鯨たちのうち最大のものに、乗組員たちは「Old Sorrel」の名をつけた。次に大きかった、斑点のある鯨を、彼らは「Stewball」と呼んだ。最小のものは「Betz」だった》。ただ、これはその日1日のみの時間を超える〔数日にわたった〕出来事のように見受けられる。John F. Martin, *Around the World in Search of Whales: A Journal of the Lucy Ann Voyage, 1841–44*, ed. Kenneth R. Martin (New Bedford: Old Dartmouth Historical Society/New Bedford Whaling Museum, 2016), 126.

5) Ralph Waldo Emerson, "The Uses of Natural History (1833–35)," *The Selected Lectures of Ralph Waldo Emerson*, ed. Ronald A. Bosco and Joel Myerson (Athens: University of Georgia Press, 2005), 8. ボストンの過去の気温については以下を参照。Richard B. Primack, *Walden Warming: Climate Change Comes to Thoreau's Woods* (Chicago: University of Chicago Press, 2015), 50.

6) ここで挙げた自然神学の話題について、詳しくは以下を参照。Wilson, 134; Bruce A. Harvey, "Science and the Earth," in *A Companion to Herman Melville*, 73.

7) *Moby-Dick*, 208; Jennifer J. Baker, "Dead Bones and Honest Wonders: The Aesthetics of Natural Science in *Moby-Dick*," in *Melville and Aesthetics*, ed. Samuel Otter and Geoffrey Sanborn (New York: Palgrave Macmillan, 2011), 85–86; Sealts, 122, 171; Parker, vol. 1, 267, 499, 724.

8) *Moby-Dick*, 183.

9) Dagmar Fertl and Patricia E. Rosel, "Albinism," *EMM*, 3rd ed., 20. また、以下も参照。Bennett, vol. 1, 157–58.

10) *Moby-Dick*, 306–7.

11) Beale, 31.

12) Whitehead, "Sperm Whales," *EMM*, 3rd ed., 920; Berzin, 25, 27; Bennett, vol. 2, 155; Beale, 31. また、以下も参照。Scoresby, *Arctic Regions*, vol. 1, 459; Richard Ellis, *The Great Sperm Whale: A Natural History of the Ocean's Most Magnificent and Mysterious Creature* (Lawrence: University Press of Kansas, 2011), 97; Reeves, *et al.*, *Guide*, 240; Whitehead, *Sperm Whales: Social Evolution*, 6–7.

13) Dagmar Fertl, *et al.*, "An Update on Anomalously White Cetaceans, Including the First Account for the Pantropical Spotted Dolphin (*Stenella Attenuata Graffmani*)," *Latin American Journal of Aquatic Mammals* 3, no. 2 (July/Dec 2004): 163; Chester Howland, "The Real Moby Dick?" as collected in *Yankees Under Sail: A Collection of the Best Sea Stories from Yankee Magazine*, ed. Richard Heckman (Dublin, NH: Yankee, 1968), 184–85; Curatorial display, New Bedford Whaling Museum, 2017; Berzin, 27–28; S. Ohsumi, "A Descendant of Moby Dick, or a White Sperm Whale," *Scientific Reports of the Whales Research Institute* 13 (September 1958): 207–9; Tim Severin, *In Search of Moby Dick: The Quest for the White Whale* (New York: Da Capo, 2000), 181–86; Charles "Flip" Nicklin, with K. M. Kostyal, *Among Giants: A Life with Whales* (Chicago: University of Chicago Press, 2011), 12–13; Flip Nicklin, 24 July 2018, personal communication via Chris Carey/Minden; Hiroya Minakuchi, 26 July 2018, personal communication via Chris Carey/Minden; Helmut Corneli, Alamy Stock Photo, 2016.

14) Cheever, *The Whale and His Captors*, 39; Olmsted, 62; Bennett, vol. 2, 165; ニューベッドフォード捕鯨博物館が収蔵する、バーク船ニュートン(Newton)号が1846年〜1849年の航海で集めたS-1918(「sperm whale」と表示あり)、KWM-686, S-1890等の標本。

15) *Moby-Dick*, 337; Berzin, 38–41.

16) *Moby-Dick*, 307. 鯨の脂身については Whitehead, *Sperm Whales: Social Evolution*, 32, 62を参照。

17) Emerson, "The Uses of Natural History," 16. *Moby-Dick*, 312; Ralph Waldo Emerson, *Nature*, new ed. (Boston: James Munroe & Co., 1849), 30. また、以下も参照。Parker, vol. 1, 776; Blum, *The View from the Masthead*, 121–23; Bercaw [Edwards], *Melville's Sources*, 79–80.

18) *Moby-Dick*, 307.

第5章

1) "Southern Pacific Ocean," J. W. Norie (1825), Mystic Seaport No. 1942.1082.

2) この海図は捕鯨一家の裕福な子孫であるエドワード・ハウランド・グリー

ン（Edward Howland Greene）により、1943年に他の海図数点と共に寄付されたもの。ミスティック・シーポート博物館にチャールズ・W・モーガン号を寄贈したのも彼だった。Lewis H. Lawrence, captain, Logbook of the *Commodore Morris*, 1849–1853, Falmouth Historical Society, 2006.044.002; Logkeeper, Logbook of the *Commodore Morris*, 1845–1849 (capt. Silas Jones), Falmouth Historical Society, 2013.076.09.

3) Chase, 24; *Moby-Dick*, 504, 513–14. 東にある目的地がどこかを論じる上で他に検討すべき要素としては、「救命ブイ」の章で出会うアザラシたちからガラパゴス諸島に似た岩場の存在が示唆されること（Olmsted, 177を参照）、また、この後で論じる通り、モーリーがエセックス号の沈没した海域では2月が捕鯨の最適期だと告知していたこと等がある。捕鯨漁場の名前については以下を参照。John L. Bannister, Elizabeth A. Josephson, Randall R. Reeves, and Tim D. Smith, "There She Blew! Yankee Sperm Whaling Grounds, 1760–1920," in *Oceans Past: Management Insights from the History of Marine Animal Populations*, ed. David J. Starkey, Poul Holm, and Michaela Barnard (London: Earthscan, 2008), 116–18.

4) Logbook of the *Commodore Morris*, 1849–1853; Logbook of the *Commodore Morris*, 1845–1849. また、以下も参照。Wilkes, vol. 5, 487; Cheever, The Whale, 165, 186; Beale, 189–91; Browne, 548–58.

5) Vincent, 180–85; D. Graham Burnett, "Matthew Fontaine Maury's 'Sea of Fire': Hydrography, Biogeography, and Providence in the Tropics," in *Tropical Visions in the Age of Empire*, ed. Felix Driver and Luciana Martins (Chicago: University of Chicago Press, 2014), 113–14; Samuel Otter, "Reading *Moby-Dick*," in *The New Cambridge Companion to Herman Melville*, ed. Robert S. Levine (Cambridge: Cambridge University Press, 2014), 73.

6) *Moby-Dick*, 199.

7) Heflin, 39–40, 48–49, 59–62; Wilkes, vol. 5, 470; Nathaniel Philbrick, *In the Heart of the Sea: The Tragedy of the Whaleship Essex* (New York: Viking, 2000), 63–64, 77–78; Matthew Fontaine Maury, "On the Navigation of Cape Horn," *American Journal of Science and Arts* (Silliman's Journal) 26, no. 1 (1834): 54–63.

8) Braswell, 329; Ralph Waldo Emerson, *Essays: First Series*, new ed. (Boston: James Munroe and Co., 1847), 216.

9) *Moby-Dick*, 104, 237. 捕鯨史家のアレグザンダー・スターバックによれば、1841年にニューベッドフォードとフェアヘイヴンから出港した94隻の捕鯨船（アクシュネット号も含む）のうち、21隻はインド洋で最大の成果を上げたが、喜望峰回りで移動したかどうかは明示されていない（Starbuck, 372–77）。25%という値については Raymond A. Rydell, *Cape Horn to the Pacific: The Rise and Decline of an Ocean Highway* (Berkeley: Universi-

ty of California Press, 1952), 66を参照。

10) Scott, "The Whale in Moby Dick," 157–58; Wilkes, vol. 5, 483. また、以下も参照。*Mardi*, 4.

11) Douglas Stein, "Paths through the Sea: Matthew Fontaine Maury and His Wind and Current Charts," *The Log of Mystic Seaport* 32, no. 3 (1980): 99–101.

12) *Moby-Dick*, 199. メルヴィルの脚注に書かれたこの引用部は以下の文献に登場する。Maury, *Explanations and Sailing Directions*, 3rd ed., 207; Vincent, 184–85; Maury, "The Whale Fisheries," 3.

13) *Moby-Dick*, 198; "Abstract Log of the Acushnet, 1841–1844," The Maury Abstract Logs, 1796–1861, US National Archives and Records Service, record group 27; Heflin, xvii. メルヴィルは『白鯨』で鯨スタンプ（whale stamp）に言及しないが、もし知っていればイシュメールの「美味しい」暗喩になりそうだと思われたのではないか。鯨スタンプは1840年代から50年代に使われ、前の航海の間にどこでどの種類の鯨を仕留めたかを簡単に参照できる道具として役立っていた〔https://www.southoldhistorical.org/whale-stamps 等を参照のこと〕。

14) Rozwadowski, *Fathoming the Ocean*, 71; Andrew W. German and Daniel V. McFadden, *The Charles W. Morgan: A Picture History of an American Icon* (Mystic: Mystic Seaport, 2014), 11; Davis, Gallman, and Gleiter, 6; Starbuck, 98.

15) Marc I. Pinsel, "The Wind and Current Chart Series Produced by Matthew Fontaine Maury," *Journal of the Institute of Navigation* 28, no. 2 (Summer 1981): 125, 130, 137; Vincent, 184; Maury, "The Whale Fisheries," 3.

16) John Leighly, "Introduction," in *Matthew Fontaine Maury, The Physical Geography of the Sea and Its Meteorology* (Cambridge, MA: Belknap Press, 1963), xxiv–xxvii; Burnett, "Maury's 'Sea of Fire,'" 116, 127–28; Matthew Fontaine Maury, *The Physical Geography of the Sea* (New York: Harper and Brothers, 1855), 152–53, 167–70. また、*International Journal of Maritime History* 28, no. 2 (2016) のモーリー特集号も参照のこと。

17) Rozwadowski, *Fathoming the Ocean*, 74; Maury, "The Whale Fisheries...," 3.

18) 例えば Nathaniel Philbrick, *Sea of Glory: America's Voyage of Discovery, The U.S. Exploring Expedition, 1838–1842* (New York: Penguin, 2004), 108–11を参照。

19) ウィルクスに着想を得て作られた登場人物としてのエイハブについては、David Jaffé, *The Stormy Petrel and the Whale: Some Origins of Moby-Dick* (Washington, DC: University Press of America, 1982) を参照。

20) Wilkes, vol. 5, 457.

21）Wilkes, vol. 5, 482–84; 別の説明は Beale, 34–35, 61–62を参照。ウィルクスとメルヴィルについては以下を参照。Jason Smith, "Charles Wilkes," Searchable Sea Literature, 2013, http://sites.williams.edu/searchablesealit/w/wilks-charles; Parker, vol. 1, 456; Bercaw [Edwards], *Melville's Sources*, 130. また、以下も参照。Anne Baker, *Heartless Immensity: Literature, Culture, and Geography in Antebellum America*（Ann Arbor: University of Michigan Press, 2006）, 30–43.

22）Saana Isojunno, Manuel C. Fernandes, and Jonathan Gordon, "Effects of Whale Watching on Underwater Acoustic Behaviour of Sperm Whales in the Kaikōura Canyon Area," in *Effects of Tourism on the Behaviour of Sperm Whales Inhabiting the Kaikōura Canyon*, ed. Tim M. Markowitz, Christoph Richter, and Jonathan Gordon（PACE-NZRP, 2011）, 83.

23）Tim D. Smith, 12 December 2016. インタビューはスカイプで実施し、後に共同で加筆修正を行った。

24）Tim D. Smith, Randall R. Reeves, Elizabeth A. Josephson, and Judith N. Lund, "Spatial and Seasonal Distribution of American Whaling and Whales in the Age of Sail," *PLOS One* 7, no. 4（April 2012）: 1–25.

25）Hal Whitehead, "Sperm Whales in Ocean Ecosystems," in *Whales, Whaling, and Ocean Ecosystems*, 325; Whitehead, *Sperm Whales: Social Evolution*, 98–100.

26）Whitehead, "Sperm Whale," *EMM*, 3rd ed., 922; Beale, 51.

27）D. Graham Burnett, *The Sounding of the Whale: Science and Cetaceans in the Twentieth Century*（Chicago: University of Chicago Press, 2013）, 153–71.

28）M. Guerra, *et al.*, "Diverse Foraging Strategies by a Marine Top Predator: Sperm Whales Exploit Pelagic and Demersal Habitats in the Kaikōura Submarine Canyon," *Deep-Sea Research Part 1* 128（2017）: 99, 101; Ladd Irvine, Daniel M. Palacios, Jorge Urbán, and Bruce Mate, "Sperm Whale Dive Behavior Characteristics Derived from Intermediate-Duration Archival Tag Data," *Ecology and Evolution* 7（2017）: 7822–23.

29）Maury, "The Whale Fisheries," 3.

30）Staff, "Nomad Whale Spotted Back in the Strait of Gibraltar," *Gibraltar Chronicle*, 20 July 2016, http://chronicle.gi/2016/07/nomad-whale-spotted-back-in-the-strait-of-gibraltar/; Ruth Esteban, 13 March 2018, personal communication; Renaud de Stephanis, 24 March 2018, personal communication. また、以下も参照。E. Carpinelli, *et al.*, "Assessing Sperm Whale（Physeter macrocephalus）Movements within the Mediterranean Sea through Photo-Identification," *Aquatic Conservation: Marine and Freshwater Ecosystems*（special issue）24, no. S1（July 2014）: 23–30.

第6章

1) ピタゴラスの格言の1つに豆類を食さないことがある。豆は古代ギリシャの昔から腹部膨満の元として知られていたのだと思われる。また、メルヴィルの「あたまの風（head winds）」という表現の使い方もうまい洒落になっている。この言葉は船首に吹きつける風を指すだけでなく、もちろん、海上でのトイレのことも指すからだ。スタッブも後に別の放屁ジョークを放っている（*Moby-Dick*, 352–53）。
2) Lawrence, “17 September 1849,” Logbook of the *Commodore Morris*.
3) Dana, 262–64. デイナは後の版では鯨捕りを劣った水夫として扱う説明を撤回した。
4) Vincent, 220.
5) Maury, *The Physical Geography of the Sea* (1855), 69–74; Anders O. Perrson, “Hadley's Principle: Understanding and Misunderstanding the Trade Winds,” *History of Meteorology* 3 (2006): 17, 30. 1735年には早くも英国人のジョージ・ハドリーが王立協会に “On the Cause of the General Trade Winds” という題の論文を提出していた。これは、貿易風が固有の方向に吹く理由についての初めての統一的な説明だったものの、彼はその理由をきちんと捉えることができていなかった。
6) *Moby-Dick*, 557, 564.
7) *Moby-Dick*, 564. 貿易風の物理的性質と原因を巡る19世紀の諸データベースに対し、メルヴィルはあまり知識や関心を持っていなかったようだ。とはいえ、ここでエイハブは風との関係において南北両極に触れている。

第7章

1) メルヴィルとロマン主義について、さらに詳しくは Rachela Permenter, “Romantic Philosophy, Transcendentalism, and Nature,” in *A Companion to Herman Melville*, 266–81を参照。また、Bender, *Sea-Brothers*も参照のこと。
2) Samuel Taylor Coleridge, “The Rime of the Ancient Mariner (1834),” in *The Annotated Ancient Mariner*, ed. Martin Gardner (Amherst, NY: Prometheus Books, 2003), 47.〔『コウルリッジ詩集　対訳』（上島建吉訳編、岩波書店）「古老の舟乗り」〕
3) メルヴィルは『白鯨』ではウミヘビに触れていないが、太平洋での航海中に目にしていた可能性はある。また、コールリッジのように、メルヴィルもウミヘビを捕らえて食べていた水夫たちの話を書物で読んでいたのは確かだ。例えば以下を参照。James Colnett, *A Voyage to the South Atlantic and Round Cape Horn Into the Pacific Ocean, for the Purpose of Extending the Spermaceti Whale Fisheries...* (London: W. Bennett, 1798), 124; Bennett, vol. 2, 68; John Livingston Lowes, *The Road to Xanadu: A Study in the Ways of the Imagination* (Boston: Houghton Mifflin, 1927), 49

−50, 478−79.

4) *Moby-Dick*, 549; Lawrence, "12 Nov 1849," and "15 Jan 1850," Logbook of the *Commodore Morris*.

5) *Moby-Dick*, 180−81; *Typee*, 223.

6) カモメの生物学と人間との関わりについては以下を参照。John Eastman, *Birds of Field and Shore: Grassland and Shoreline Birds of Eastern North America* (Mechanicsburg, PA: Stackpole Books, 2000), 80−81, 88−89, 95−96; Kenn Kaufman, "Herring Gull, *Larus argentatus*" and "Ring-billed Gull, *Larus delawarensis*," Audubon Guide to North American Birds, accessed 31 January 2019, http://www.audubon.org/field-guide/bird/herring-gull および http://www.audubon.org/field-guide/bird/ring-billed-gull.

7) *Moby-Dick*, 234.

8) *Moby-Dick*, 234. John Milton, *The Poetical Works of John Milton*, vol. 1 (Boston: Hilliard, Gray & Co., 1834), 118; Bercaw [Edwards], *Melville's Sources*, 103.『白鯨』のわずか数年後に発表された『エンカンタダス』(1854年)で、メルヴィルはエドマンド・スペンサーの『妖精の女王(*The Faerie Queene*)』(1590年)から《飢えた種族の鳥に属する鵜(cormoyrants, with birds of ravenous race)》〔第12編8〕を含む1節を引用した。以下を参照。Prose Pieces, 133; "Cormorant, n.," *Oxford English Dictionary*, 2nd ed. (1989), www.oed.com/view/Entry/41582.

9) *Moby-Dick*, 190.

10) Derek Onley and Paul Scofield, *Albatrosses, Petrels & Shearwaters of the World* (Princeton: Princeton University Press, 2007), 32−34, 122, 124; Graham Barwell, *Albatross* (London: Reaktion, 2014), 14; "Northern Royal Albatross," *New Zealand Birds Online* (accessed 16 April 2018), www.nzbirdsonline.org.nz/species/northern-royal-albatross; Robert Cushman Murphy, *Oceanic Birds of South America*, vol. 1 (New York: MacMillan/American Museum of Natural History, 1836), 541−43.

11) Lowes, 222−28; Coleridge, "Mariner," 47−48; George Shelvocke, *A Voyage Round the World by the Way of the Great South Sea* (London: J. Senex, 1726), 72−74.

12) Lowes, 227; Samuel Taylor Coleridge, *Biographia Literaria* (New York: Leavitt, Lord & Co., 1834), 174. この段落の強調部〔日本語版では太字ゴシック体〕は、著者である私からの「皆さん、これは駄洒落ですよ!」の印だ。

13) *Moby-Dick*, 190; Martin, 45.

14) Herman Melville, *Omoo: A Narrative of Adventures in the South Seas*, ed. Harrison Hayford, Hershel Parker, and G. Thomas Tanselle (Evanston: Northwestern University Press and The Newberry Library, 1968), 74; Gabrielle A. Nevitt, Marcel Losekoot, and Henri Weimerskirch, "Evidence

for Olfactory Search in Wandering Albatross, *Diomedea exulans*," *Proceedings of The National Academy of Sciences of the USA* 105, no. 12 (25 March 2008): 4578–79; Murphy, *Oceanic Birds of South America*, vol. 1, 544; Barwell, 95–96; William M. Davis, *Nimrod of the Sea; or, The American Whaleman* (New York: Harper and Brothers, 1874), 42.

15) Murphy, *Oceanic Birds of South America*, vol. 1, 546. また、以下も参照。"An Albatross Brought the News," *Sailors' Magazine and Seaman's Friend* 63, no. 7 (July 1891): 216–17.

16) Dana, 43. デイナが改訂版で加えた『老水夫行』へのコメントは Richard Henry Dana Jr., *Two Years before the Mast: A Personal Narrative of Life at Sea*, English copyright ed. (London: Sampson Low, Son, & Marston, 1869), 35 にある. Browne, 207; Olmsted, 101–2, 111. メルヴィルがオルムステッドをどう使ったか（あるいは使わなかったか）は以下を参照。Vincent, 210; Madison, *The Essex and the Whale*, 89; Bercaw [Edwards], *Melville's Sources*,107. また、以下も参照。Gurdon Hall, "1 December 1842," Log of the Charles Phelps 1842–1844, Mystic Seaport Log 141. アホウドリには実際は砂肝（胃の中で食物をすり潰す場所）があるが、他と比べるとごく小さなものに過ぎない。

17) "Gony, n.," *Oxford English Dictionary*, 2nd ed. (1989), www.oed.com/view/Entry/79920; Mary Brewster, "She Was a Sister Sailor": *The Whaling Journals of Mary Brewster, 1845–1851*, ed. Joan Druett (Mystic Seaport: Mystic, 1992), 31.

18) Martin Walters, *Bird Watch: A Survey of Planet Earth's Changing Ecosystems* (Chicago: University of Chicago Press, 2011), 123–24; Kevin T. Fitzgerald, "Longline Fishing (How What You Don't Know Can Hurt You)," *Topics in Companion Animal Research* 28 (2013): 151; 以下を参照。Orea R. J. Anderson, *et al.*, "Global Seabird Bycatch in Longline Fisheries," *Endangered Species Research* 14, no. 2 (2011): 91–106. IUCNが評価した22種の現在のカテゴリーについては、IUCNレッドリストの以下の版で「Albatross」と検索した。IUCN Red List of Threatened Species, Version 2018–1, accessed 15 September 2018.

19) Scott Shaffer, "Albatross Flight Performance and Energetics," in *Albatross: Their World, Their Ways*, ed. Tui De Roy, Mark Jones, and Julian Fitter (Auckland: David Bateman, 2008), 152–53; Carl Safina, "On the Wings of the Albatross," *National Geographic* 212, no. 6 (December 2007): 91–92, 97.

20) Henry T. Cheever, *The Island World of the Pacific* (New York: Harper & Brothers, 1851), 52–63. マディソンは『白鯨』でのメルヴィルの注釈がチーヴァーの理論 (Cheever, *The Whale and His Captors*, 213) を丸ごと盗用したものだと論じる。

21) Robert Louise Chianese, "The Tales We All Must Tell," *American Scientist* 104, no. 4 (July-August 2016): 212, www.americanscientist.org/article/the-tales-we-all-must-tell.
22) Melville, *Journals*, 4.

第8章

1) *Moby-Dick*, 237. Herman Melville, *Mardi, and A Voyage Thither*, ed. Harrison Hayford, Hershel Parker, and G. Thomas Tanselle (Evanston: Northwestern University Press and The Newberry Library, 1970), 55. メルヴィルの後の作品『モルディブの鮫』(1888年)を参照(Herman Melville, *Published Poems*, ed. Robert C. Ryan, Harrison Hayford, Alma MacDougall Reising, and G. Thomas Tanselle (Evanston: Northwestern University Press and The Newberry Library, 2009), 236, 739–40 に収録); Vincent, 210–11; Olmsted, 95, 146; Bennett, vol. 2, 274–77.

第9章

1) *Moby-Dick*, xxv; Elizabeth Oakes Smith, "The Drowned Mariner," *Western Literary Messenger: A Family Magazine of Literature, Science, Art, Morality, and General Intelligence*, 6 (Buffalo: Clement and Faxon, 1846), 344.
2) Charles Darwin, *Journal of Researches into the Natural History and Geology...*, vol. 1 (New York: Harper & Brothers, 1846), 207, 208. メルヴィルはこの版を1847年に購入した(Sealts, 171)。
3) Edith A. Widder, "Bioluminescence and the Pelagic Visual Environment," *Marine and Freshwater Behaviour and Physiology* 35, no. 1 (March 2002): 2–4; "Noctiluca scin-tillans," Phyto'Pedia, accessed 31 January 2019, https://www.eoas.ubc.ca/research/phytoplankton/dinoflagellates/noctiluca/n scintillans.html; Steve Miller, 8 August 2018, personal communication.
4) E. Newton Harvey, *A History of Luminescence: From the Earliest Times Until 1900* (Philadelphia: American Philosophical Society, 1957), 534–37; Widder, 1–26; Julian C. Partridge, "Sensory Ecology: Giant Eyes for Giant Predators?" *Current Biology* 22, no. 8 (2012): R269; Séverine Martini and Steven H. D. Haddock, "Quantification of Bioluminescence from the Surface to the Deep Sea Demonstrates Its Predominance as an Ecological Trait," *Scientific Reports* 7, no. 45750 (2017): 1–11. 生物発光の初期の探求については、例えば Arthur Hassall, "Note on Phosphorescence," *Annals and Magazine of Natural History* 9, no. 55 (London: R. and J.E. Taylor, 1842), 78を参照。
5) Beale, 205–6; Olmsted, 72–73, 159–60; Bennett, vol. 2, p. 320–21. ベネット

が挙げた船倉の鯨は、おそらく発光細菌に覆われていたのだろう。

6) *Moby-Dick*, 193.

7) Matthew Fontaine Maury, *Explanations and Sailing Directions to accompany the Wind and Current Charts*, 7th ed. (Philadelphia: E. C. and J. Biddle, 1855), 174–75. こうした乳白色の海の物質的実態について初めて仮説が立てられたのは1985年になってからだった。研究船がアラビア海の光を放つ水の一筋を採取し、そこにカイアシ類, 渦鞭毛藻類、その他何十もの動物プランクトン種に加えて多数の発光細菌 *Vibrio harveyi*(水面に浮遊して腐敗していく有機物に住み着く)がいるのを発見した。David Lapota, *et al.*, "Observations and Measurements of Planktonic Bioluminescence in and around a Milky Sea," *Journal of Experimental Marine Biology and Ecology* 119 (1988): 55を参照。乳白色の海を〔宇宙から〕捉えた最初の画像を以下で見ることができる。Steven D. Miller, Steven H. D. Haddock, Christopher D. Elvidge, and Thomas F. Lee, "Detection of a Bioluminescent Milky Sea from Space," *Proceedings of the National Academy of Sciences of the United States of America* 102, no. 40 (4 October 2005): 14181–84; P. J. Herring and M. Watson, "Milky Seas: A Bioluminescent Puzzle," *Marine Observer* 63 (1993): 22–30.

8) *Moby-Dick*, 234; Coleridge, "Mariner," 57, 75.

9) Melville, *White-Jacket*, 106; Herman Melville, *Redburn: His First Voyage*, ed. Harrison Hayford, Hershel Parker, and G. Thomas Tanselle (Evanston: Northwestern University Press and The Newberry Library, 1969), 244; *Mardi*, 121–23; *Moby-Dick*, 193–94, 309. また、メルヴィルによる"Commemorative of a Naval Victory" (1866) の結び、および J. E. Bowman, "Remarks on the Luminosity of the Sea," *Magazine of Natural History* 5, no. 23 (January 1832): 1–3も参照。

第10章

1) *Moby-Dick*, 243.

2) リンダ・グリーンロウとのこのインタビューは2017年5月8日に実施した。

3) *Mardi*, 104–5. また、以下も参照。E. W. Gudger, "The Alleged Pugnacity of the Swordfish and the Spearfishes as Shown by Their Attacks on Vessels," *Memoirs of the Royal Asiatic Society of Bengal* 12, no. 2 (Calcutta: Royal Asiatic Society of Bengal, 1940), 215–315; Cuvier, *The Class Pisces*, Pl. 27, 187–88, 351–52, 642; Sealts, 170; Cuvier, Melville's Marginalia Online; Parker, 146; Bennett, vol. 1, 272; Heflin, 137, 204; Harry L. Fierstine and Oliver Crimmen, "Two Erroneous, Commonly Cited Examples of 'Swordfish' Piercing Wooden Ships," *Copeia* 2 (1996): 472–75; John Cruickshank, "Letter to Peter Amber, 29 October 1832," Natural History Museum, London, courtesy of Oliver Crimmen; Parker, vol. 1, 679,

685; Henry G. Clarke, *The British Museum: Its Antiquities and Natural History, a Hand-book Guide for Visitors* (London: H. G. Clarke and Co., 1848), 21.

4) Matt Rigney, *In Pursuit of Giants: One Man's Global Search for the Last of the Great Fish* (Hanover: University Press of New England, 2017), 247, 312; Hsing-Juin Lee, Yow-Jeng Jong, Li-Min Chang, and Wen-Lin Wu, "Propulsion Strategy Analysis of High-Speed Swordfish," *Transactions of the Japan Society for Aeronautical and Space Sciences* 52, no. 175 (2009): 11; B. Collette, *et al.*, "Xiphias gladius," The IUCN Red List of Threatened Species, 2011/2016, www.iucnredlist.org/details/23148/0.

5) Cuvier, *The Class Pisces*, 351. ちなみに、メルヴィルは蔵書のこの部分には書き込みをしておらず、そもそも目を通したのかどうか気になるところだ。Osborn, "19 January 1844"; Logkeeper, "26 March 1846," Logbook of the Commodore Morris, 1845–1849.

6) Beale, 48–50; Robert Weir, "1 August 1856," *Journal aboard the Clara Bell* 1855–1858, *Mystic Seaport Log* 164.

7) Whitehead, *Sperm Whales: Social Evolution*, 59; Richard Ellis, *Swordfish: A Biography of the Ocean Gladiator* (Chicago: University of Chicago Press, 2013), 39–40, 61–90. パイプラインに突き刺さった嘴魚については以下を参照。Christopher Helman, "Swordfish Attacks BP Oilfield in Angola," *Forbes* (14 March 2014), www.forbes.com/.

8) *Moby-Dick*, 282; Callum Roberts, *The Unnatural History of the Sea* (Washington, DC: Island Press, 2007), 276–78, 323; Ransom A. Myers and Boris Worm, "Rapid Worldwide Depletion of Predatory Fish Communities," *Nature* 423, no. 6937 (15 May 2003): 280–84; Julia Lajus, "Understanding the Dynamics of Fisheries and Fish Populations: Historical Approaches form the 19th Century," in *Oceans Past*, 175–87.

9) Beale, 211–12.

10) Beale, 212; David R. Callaway, *Melville in the Age of Darwin and Paley: Science in Typee, Mardi, Moby-Dick, and Clarel* (Binghamton: State University of New York, 1999), 151.

11) Linda Greenlaw, *Seaworthy: A Swordboat Captain Returns to the Sea* (New York: Penguin, 2011), 106, 111.

12) *Moby-Dick*, 206; Walter Scott, *The Antiquary*, vol. 1 (New York: Van Winkle and Wiley, 1816), 124.〔『好古家』貝瀬英夫訳、朝日出版社、2018年〕また、Cheever, *The Whale and His Captors*, 76も参照。

第11章

1) Starbuck, 377.

2) *Moby-Dick*, 272.

3) *Moby-Dick*, 210（メルヴィルによる斜体での強調部）, 334; Daniel Webster〔Noah Websterの誤りか〕, *The American Dictionary of the English Language*, ed. Chauncey A. Goodrich (New York: Harper and Brothers, 1848), 150; Samuel Johnson, H. J. Todd, Alexander Chalmers, and John Walker, *Johnson's English Dictionary* (Philadelphia: Griffith & Simon, 1844), 156.

4) "Krill, n.," *Oxford English Dictionary*, 2nd ed. (1989), www.oed.com/view/Entry/104465; "Plankton, n." *Oxford English Dictionary*, 2nd ed. (1989), www.oed.com/view/Entry/145123.

5) Mathew Fontaine Maury, *Explanations and Sailing Directions to Accompany the Wind and Current Charts*, 4th ed. (Washington, DC: C. Alexander, 1852), 251; Isaac J. Sanford, "8 December 1840," Log of the *Jasper* 1840–1841, New Bedford Whaling Museum ODHS Log 359; Elihu Gifford, "8 February, 1836," Log of the *America*, 1835–1838, New Bedford Whaling Museum, Log 933, America, 1836. ギフォードの他の2冊の日誌（この1冊と共に綴じられている）は、それぞれ最後の書き込みの後に《モーリー海軍大尉のために複写した（Copied for Lieut Maury）》と書かれている。New Bedford Whaling Museum, Log 933, America.「ブリット」の語の他の用例については以下を参照。Martin, 41, 172; Wright, *Meditations from Steerage*, 7; Scammon, 54; Dudley, "An Essay," 262; Joel S. Polack, *New Zealand: Being a Narrative of Travels and Adventures* [...], vol. 2 (London: Richard Bentley, 1838), 402.

6) John P. Harrison, ed., "An 1849 Statement on the Habits of Right Whales by Captain Daniel McKenzie of New Bedford," *American Neptune* 14, no. 2 (1954): 140; Charles Haskins Townsend, "Chart C. Distribution of Northern and Southern Right Whales Based on Logbook Records Dating from 1785 to 1913," in "The Distribution of Certain Whales as Shown by Logbook Records of American Whaleships," *Zoologica* 19, no. 1 (New York: Society of the Zoological Park/Kraus Reprint Co., 3 April 1935), 53. ただし、アクシュネット号の撮要日誌にはガラパゴス諸島の周辺から現地に至るまでにヒゲクジラを見たとの言及は一切ない。以下も参照。Starbuck, 376–77; Heflin, 67–68.

7) Robert Kenney, 7 January 2017, personal communication; イワシクジラは両方の戦略を用いる唯一のヒゲクジラだ。Takahisha Nemoto, "Feeding Pattern of Baleen Whales in the Ocean," *Marine Food Chains*, ed. J. H. Steele (Berkeley: University of California Press, 1970), 241–52. レイスト（Laist (33–34)）はヒゲクジラ類を採餌戦略によって次の3つに分ける。連続詰め込み採餌（濾し取り型）、突進採餌（がぶ飲み型）、吸引採餌（底生生物を吸い上げるような、コククジラに独特の採餌法）。セミクジラの濾し取り型採餌の進化に関する物理学と現在の理論については Laist 34–51を参照。

8) *Moby-Dick*, 334.
9) Reeves, *et al*., *Guide*, 194, 198; Scoresby, *Arctic Regions*, vol. 1, 457, vol. 2, 416.
10) Robert Weir, "24 November 1855." ウィアーとその日記について更に詳しくは Dyer, *Tractless Sea*, 247–56を参照。
11) *Moby-Dick*, 334. 以下を参照。Scoresby, *Arctic Regions*, vol. 1, 457; Vincent, 256; Rebecca Kessler, "Written in Baleen," Aeon (28 September 2016), https://aeon.co/essays/the-natural-history-of-whales-is-written-in-their-baleen; Kathleen E. Hunt, *et al*., "Baleen Hormones: A Novel Tool for Retrospective Assessment of Stress and Reproduction in Bowhead Whales (*Balaena mysticetus*)," *Conservation Physiology* 2, no. 1 (1 January 2014), doi.org/10.1093/conphys/cou030.
12) ロバート・ケニーとのこのインタビューは2017年3月7日に実施し、後に共同で加筆修正を行った。以下も参照。D. E. Gaskin, *The Ecology of Whales and Dolphins* (London: Heinemann Educational Books, 1982), 67; Laist, 45, 49.
13) J. Mauchline, *The Biology of Calanoid Copepods,* in *Advances in Marine Biology*, vol. 33 (San Diego: Academic Press, 1998), 1; Stephen Nicol and Yoshinari Endo, "Introduction to Euphasiids or Krill," Krill Fisheries of the World (Rome: FAO, 1997), www.fao.org.
14) Christy Hudak, 26 April 2017, personal communication. プランクトンの一般的な色については E. J. Slijper, *Whales*, 2nd ed., trans. A. J. Pomerans (Ithaca, NY: Cornell University Press, 1979), 255–57を参照。
15) Darwin, *Journal of Researches*, vol. 1, 21. また、以下も参照。Cheever, *The Whale and His Captors*, 29–30; "Whales," *The Penny Cyclopædia*, vol. 27, 296.
16) Beale, 61, 189; Beale, Melville's Marginalia Online. また、以下も参照。Cheever, *The Whale and His Captors*, 44.
17) Scoresby, *Arctic Regions*, vol. 2, plate 16.
18) Scoresby, *Arctic Regions*, vol. 1, 469.
19) William Scoresby Jr., *Journal of a Voyage to the Northern Whale-Fishery* (Edinburgh: Archibald Constable and Co., 1823), 353.
20) W. A. Watkins and W. E. Schevill, "Right Whale Feeding and Baleen Rattle," *Journal of Mammalogy* 57, no. 1 (1976): 62–63.
21) Scoresby, *Arctic Regions*, vol. 1, 179–80. またBennett, vol. 2, 175–76も参照。
22) Bennett, vol. 2, 183.
23) *Moby-Dick*, 64; 農場で暮らした米国人については以下を参照。Jimmy M. Skaggs, *The Great Guano Rush: Entrepreneurs and American Overseas Expansion* (New York: St. Martin's Griffin, 1995), 11; Obed Macy, *The History of Nantucket* (Boston: Hilliard, Gray, and Co., 1835), 33 (Macy's

italics) ; Jack Scherting, "Tracking the Pequod along The Oregon Trail: The Influence of Parkman's Narrative on Imagery and Characters in *Moby-Dick*," *Western American Literature* 22, no. 1 (Spring 1987): 3–15.

24) 2011年にマット・キッシュ(Matt Kish)は画集 Moby-Dick *in Pictures: One Drawing for Every Page* (Portland: Tin House Books, 2011), 266 で「ブリット」を鮮やかに描いてみせた。メルヴィルが読んだ、鯨を象になぞらえる過去の名文が Cheever, *The Whale and His Captors*, 54 にある。水面と超絶主義の欺瞞については Ward, 182を参照。

第12章

1) Herman Melville, "To Nathaniel Hawthorne [17?] November 1851, Pittsfield," *Correspondence*, 213.
2) *Moby-Dick*, 276.
3) Clyde F. E. Roper and Elizabeth K. Shea, "Unanswered Questions about the Giant Squid Architeuthis (Architeuthidae) Illustrate Our Incomplete Knowledge of Coleoid Cephalopods," *American Malacological Bulletin* 31, no. 1 (2013): 109–22; Vincent, 223–27; *Moby-Dick*, 274.
4) Richard Ellis, *The Search for the Giant Squid* (New York: Penguin, 1999), 257–65; Jonathan Ablett, "The Giant Squid, Architeuthis dux Steenstrup, 1857 (Mollusca: Cephalopoda): The Making of an Iconic Specimen," NatSCA News 23 (2012): 16.
5) この章の発言は全て、2016年5月31日から6月1日にかけて私がロンドン自然史博物館を訪問した際のジョン・アブレットとのインタビューから引用し、後に共同で加筆修正を行った。
6) Julian C. Partridge, "Sensory Ecology: Giant Eyes for Giant Predators?" *Current Biology* 22, no. 8 (2012): R268–70; T. Kubodera and K. Mori, "First-Ever Observations of a Live Giant Squid in the Wild," *Proceedings of the Royal Society B* 272 (2015): 2585; N. H. Landman, *et al.*, "Habitat and age of the giant squid (*Architeuthis sanctipauli*) inferred from isotopic analyses," *Marine Biology* 144 (2004): 685.
7) 以下を参照。K. S. Bolstad and S. O'Shea, "Gut Contents of a Giant Squid *Architeuthis dux* (Cephalopoda: Oegopsida) from New Zealand Waters," *New Zealand Journal of Zoology* 31, no. 1 (2010): 15, 18; Ronald B. Toll and Steven C. Hess, "A Small, Mature Male Architeuthis (Cephalopoda: Oegopsida) with Remarks on Maturation in the Family," *Proceedings of the Biological Society of Washington* 94, no. 3 (1981): 756; Roper and Shea, 114–15.
8) C. G. M. Paxton, "Unleashing the Kraken: On the Maximum Length in Giant Squid (*Architeuthis* sp.)," *Journal of Zoology* 300, no. 2 (2016): 82; Charles Paxton, 21 September 2016, personal communication; Michael J.

Sweeney, "Records of Architeuthis Specimens from Published Reports," *National Museum of Natural History, Smithsonian* (2001): 1–131; Charles Paxton, 12 September 2016, personal communication. また、以下も参照。Clyde F. E. Roper, *et al.*, "A Compilation of Recent Records of the Giant Squid, *Architeuthis dux* (Steenstrup, 1857) (Cephalopoda) from the Western North Atlantic Ocean, Newfoundland to the Gulf of Mexico," *American Malacological Bulletin* 33, no. 1 (2015): 78–88; Ellis, *The Search for the Giant Squid*, 80–92; Richard Ellis, "Architeuthis—The Giant Squid: A True Explanation for Some Sea Serpents," *Log of Mystic Seaport* (Autumn 1994): 35–36; Kubodera and Mori, "First-Ever Observations," 2583–84; Mark Schrope, "Giant Squid Filmed in Its Natural Environment," *Nature News* (14 January 2013), doi:10.1038/nature.2013.12202.

9) Roper, *et al.*, "A Compilation of Recent Records of the Giant Squid," 80; Roper and Shea, 114.

10) Nelson Cole Haley, *Whale Hunt: The Narrative of a Voyage by Nelson Cole Haley, Harpooner in the Ship* Charles W. Morgan, *1849–1853*, 3rd ed. (Mystic: Mystic Seaport, 1990), 219–23.

11) Lukas Rieppel, "Albert Koch's Hydrarchos Craze: Credibility, Identity, and Authenticity in Nineteenth-Century Natural History," in *Science Museums in Transition: Cultures of Display in Nineteenth-Century Britain and America*, ed. Carin Berkowitz and Bernard Lightman (Pittsburgh: University of Pittsburgh Press, 2017), 144–47; Eugene Batchelder, *A Romance of The Sea-Serpent, or The Ichthyosaurus*, 4th ed. (Cambridge: John Bartlett, 1850), 127, 135–37; Parker, vol. 1, 746; Clyde Roper, 10 January 2017, personal communication; Ellis, *The Search for the Giant Squid*, 10–30; Charles G. M. Paxton, "Giant Squids Are Red Herrings: Why Architeuthis Is an Unlikely Source of Sea Monster Sightings," *Cryptozoology Review* 4, no. 2 (Autumn 2004): 10–16.

12) Clyde Roper, 10 January 2017, personal communication.

13) *Moby-Dick*, 277. ポントピダンの主張の引用・要約は John Knox, ed., *A New Collection of Voyages, Discoveries and Travels*, vol. 4 (London: J. Knox, 1767), 100–102 と Erich Pontoppidan, *The Natural History of Norway* (London: A. Linde, 1755), 212–13を参照。Herman Melville, *Moby-Dick*, 3rd ed., edited by Hershel Parker (New York: W. W. Norton & Co., 2018), 216n4. また、以下も参照。Paxton, "Giant Squids Are Red Herrings," 13.

14) 例えば Colnett, 171を参照。19世紀の鯨捕りが航海日誌や日記に描いたイカの絵を私はこれまでに1つだけ見つけているが、それは小さなスルメイカの絵だった。Martin, 67 (日記の原本では裏表紙にある), 175.

15) *Moby-Dick*, 282.

16) Cheever, *The Whale and His Captors*, 51; Beale, 8, 66. また、以下も参照。

Olmsted, 156; Logbook of the *Annawan* 1848–1850, New Bedford Whaling Museum Log 16; Karen Evans and Mark A. Hindell, “The Diet of Sperm Whales (*Physeter macrocephalus*) in Southern Australian Waters,” *ICES Journal of Marine Science* 61, no. 8 (2004): 1313–29; M. R. Clarke and P. L. Pascoe, “Cephalopod Species in the Diet of a Sperm Whale (*Physeter catodon*) Stranded at Penzance, Cornwall,” *Journal of the Marine Biological Association of the United Kingdom* 77, no. 4 (1997): 1255–58.

17) Bennett, vol. 2, 175; Olmsted, 156; Beale, 63; Joseph Banks, *Journal of the Right Hon. Sir Joseph Banks*, ed. Sir Joseph D. Hooker (London: MacMillan and Co., 1896), 65. バンクスの得た標本は、現在はヒロビレイカ（*Taningia danae*）（英語の一般名は「Dana octopus squid」）に分類される。その顎板は今日、ロンドンのハンター博物館（Hunterian Museum）で展示されている。

18) Beale, 59–60; Clyde Roper, 10 January 2017, personal communication.

19) A. Fais, *et al.*, “Sperm Whale Predator-Prey Interactions Involve Chasing and Buzzing, but No Acoustic Stunning,” *Scientific Reports* 6, no. 28562 (24 June 2016): 1–13. クライド・ローパーもこの説は疑わしいと考えている。

20) Clarke and Pascoe, 1256.

第13章

1) *Moby-Dick*, 110, 169, 542.

2) *Moby-Dick*, 127, 190, 308–9, 498. メルヴィルはこの由来の一部を Cuvier, *The Class Pisces*, 632–33 で読んだ。

3) *Moby-Dick*, 293.

4) *Moby-Dick*, 293. また、サメと犬の比喩が初出する “Brit,” 273も参照。

5) *Moby-Dick*, 293.

6) *Moby-Dick*, 302.

7) *Moby-Dick*, 302. 特に Edgar Allan Poe, *Arthur Gordon Pym: or, Shipwreck, Mutiny, and Famine*... (London: John Cunningham, 1841), 40–41を参照。また、以下も参照。Parker, vol. 1, 370; Bercaw [Edwards], *Melville's Sources*, 110.

8) *Moby-Dick*, 573.

9) *Moby-Dick*, 321.

10) Olmsted, 5. オルムステッドの学位論文の題は “Dissertation on the Use of Narcotics in the Treatment of Insanity” (New Haven: Yale University, 1844), Archives T113 Y11 1844.

11) Michael P. Dyer, “Francis Allyn Olmsted,” Searchable Sea Literature, 2000, sites.williams.edu/searchablesealit/o/olmsted-francis-allyn/.

12) Olmsted, 170, 355; W. Storrs Lee, “Preface to the New Edition,” in

Olmsted, vii–x.
13) Olmsted, 146.
14) Olmsted, 184.
15) Robert Weir, "22 August 1855." 1856年8月1日、ウィアーは「shovel-nosed shark〔シャベル鼻鮫〕」(シュモクザメのこと)と「bone shark〔骨鮫〕」(鯨かウバザメのこと)の絵を描いた。彼はどちらの種のことも記述し、そこではシュモクザメが《忌々しい外見を有しながらも完全に無害だと言われ》ることも説明した。
16) Beale, 276; Colnett, 89.
17) Browne, 130–31.
18) Cheever, *The Whale and His Captors*, 76; Brewster, 343; Davis, 248–49; William B. Whitecar Jr., *Four Years Aboard the Whaleship* (Philadelphia: J. B. Lippincott, 1864), 146–47.
19) The Society for the Diffusion of Useful Knowledge, "Squalidæ," *The Penny Cyclopædia*, vol. 22 (London: Charles Knight and Co., 1842), 391–93; Samuel Maunder, *The Treasury of Natural History, or A Popular Dictionary of Animated Nature*, 3rd ed. (London: Longman, Brown, Green, and Longmans, 1852), 605; Good, 11, 185; Todd Preston, "*Moby-Dick* and John Singleton Copley's Watson and the Shark," *Melville Society Extracts* 129 (July 2005): 3–4. 体長が最大の白いサメについては、David A. Ebert, Sarah Fowler, and Marc Dando, *A Pocket Guide to Sharks of the World* (Princeton: Princeton University Press, 2015), 110を参照。
20) Cuvier, *The Class Pisces*, 634.
21) Mardi, 39.
22) Mardi, 40. David Ebert, "Help Crowdfund Shark Research: Jaws, Lost Sharks, and the Legacy of Peter Benchley," Southern Fried Science (22 June 2016), www.southernfriedscience.com; Ebert, *et al.*, 5; David Ebert, 16 November 2017, personal communication; Bennett, vol. 1, 165.
23) Ebert, personal communication; Marcus Rediker, "History from below the Water Line: Sharks and the Atlantic Slave Trade", *Atlantic Studies* 5, no. 2 (2008): 291–92.
24) この章の発言は全て、2017年12月16日にカリフォルニア州モスランディングでのデイヴィッド・エバートとのインタビューから引用し、続いて曖昧な点の確認とファクトチェックのために連絡を取り合った。
25) 1912年8月、博物学者のロバート・クッシュマン・マーフィーは大西洋で死んだマッコウクジラの周りに群がるサメたちを目撃した。《何匹かはひどい損傷を受けて深海に押し戻されたがなお泳ぐことはできた。そして、体の切断された面からはらわたをぶら下げながらも再び鯨に向かって戻ってこようとし、その歯を〔鯨に〕突き立て、ねじり、引っ張り、飲み込もうとした。しっかりとした確証こそないが、私が思うに、これら無感覚な魚の

うち1匹以上が口で食べ物を取り込んではすぐさまそれを脂身切り用の鋤で切断された胃から失っていた。》Murphy, *Logbook for Grace*, 71.

26) Bolster, 101; J. D. Stevens, R. Bonfil, N. K. Dulvy, and P. A. Walker, "The Effects of Fishing on Sharks, Rays, and Chimaeras (Chondrichthyans), and the Implications for Marine Ecosystems," *ICES Journal of Marine Science* 57 (2000): 476–77. 歴史上の報告については Roberts, 73–75, 242–57 等を参照。

27) Greenlaw, *Seaworthy*, 153.

28) Roberts, 283; Myers and Worm, 282; Ewa Magiera and Lynne Labanne, "A Quarter of Sharks and Rays Threatened with Extinction," IUCN, 21 January 2014, www.iucn.org/content/quarter-sharks-and-rays-threatened-extinction; J. Stevens, "*Prionace glauca*," The IUCN Red List of Threatened Species, 2009, www.iucnredlist.org/details/39381/0; I. Fergusson, L. J. V. Compagno, and M. Marks, "*Carcharodon carcharias*," The IUCN Red List of Threatened Species, 2009, www.iucnredlist.org/details/3855/0; J. Denham, *et al.*, "*Sphyrna mokarran*," The IUCN Red List of Threatened Species, 2007, www.iucnredlist.org/details/39386/0.

29) Mary Schley, "Off-Duty Deputies Save Shark Bite Victim," *Carmel Pine Cone*, 1 December 2017, 5A, 23A.

30) Chris Fallows, Austin J. Gallagher, and Neil Hammerschlag, "White Sharks (*Carcharodon carcharias*) Scavenging on Whales and Its Potential Role in Further Shaping the Ecology of an Apex Predator," *PLOS One* 8, no. 4 (2013): 5; Sheldon F. J. Dudley, Michael D. Anderson-Reade, Greg S. Thompson, and Paul B. McMullen, "Concurrent Scavenging off a Whale Carcass by Great White Sharks, *Carcharodon carcharias*, and Tiger Sharks, *Galeocerdo cuvier*," *Fishery Bulletin* 98, no. 3 (2000): 646–47.

31) Chris Fallows, 4 December 2017, personal communication.

32) Zoellner, 220.

33) John Stauffer, "Melville, Slavery, and the American Dilemma," in *A Companion to Herman Melville*, 218.

34) *Moby-Dick*, 60, 89, 143, 321.

35) Zoellner, 220–25.

36) *Moby-Dick*, 295.

37) Rediker, 286–88, 291–95. メルヴィルはこの絵画についての記述を読んだ可能性があるが、実際に作品を観てはいない。Robert K. Wallace, *Melville and Turner: Spheres of Love and Fright* (Athens: University of Georgia Press, 1992), 63, 212, 588, 608を参照。

38) Cuvier, *The Class Pisces*, 632. また、「鯨の白さ」の章での《白人をして他の肌の浅黒い連中の上に立つべき理想とすることⓎ》についてのイシュメールの言葉も参照 ("The Whiteness of the Whale", 189)。Christopher

Freeburg, *Melville and the Idea of Blackness: Race and Imperialism in Nineteenth-Century America*（Cambridge: Cambridge University Press, 2012）におけるメルヴィルと人種についての分析（特にピップとクィークェグとの関連から）を参照。

39）*Moby-Dick*, 492.

第14章

1）*Moby-Dick*, 298.

2）*Moby-Dick*, 445.

3）Sandy Oliver, 13 December 2017, personal communication; Creighton, 125–26. ひどいパンについての滑稽な記述はHenry Eason, "28 May 1860," Logbook of the USS *Marion* 1858–60, Mystic Seaport Log 902を参照。Mary K. Bercaw Edwards, Lecture, 5 April 2016, Mystic Seaport; *Typee*, 3; Simon Spalding, *Food at Sea: Shipboard Cuisine from Ancient to Modern Times*（London: Rowman and Littlefield, 2015）, 88–89; Sandra L. Oliver, *Saltwater Foodways*（Mystic: Mystic Seaport Museum, 1995）, 105–6; *Omoo*, 202.

4）*Moby-Dick*, 262. コルネットの鯨の絵は Frank, *Herman Melville's Picture Gallery*, 26–27を参照。メルヴィルによるコルネットの著作の読解については以下を参照。Madison, *The Essex and the Whale*, 221; Parker, vol. 1, 723; Bercaw [Edwards], *Melville's Sources*, 70.

5）"Giant Tortoises," Galapagos Conservancy, www.galapagos.org/about_galapagos/about-galapagos/biodiversity/tortoises/. 例えば P. P. van Dijk, A. G. J. Rhodin, L. J. Cayot, and A. Caccone, "*Chelonoidis niger*," The IUCN Red List of Threatened Species, 2017, www.iucnredlist.org/details/9023/0を参照。*Moby-Dick*, 242; Heflin, 100–102; Philbrick, *In the Heart of the Sea*, 72–75; Colnett, 73, 158.

6）Colnett, 107–8, 123.

7）Lawrence, 4 April 1850, 14 August 1850, 6 December 1850, etc., Logbook of the *Commodore Morris* 1849–1853.

8）Creighton, 127; Osborn, "15 October, and 4, 10, and 12 November, 1851, *et al.*"

9）Cheever, *The Whale and His Captors*, 44; Weir, "16 April 1856"; Jones, *Meditations from Steerage*, 16; *Moby-Dick*, 144, 298; Olmsted, 92.

10）*Moby-Dick*, 299; Browne, 62–63. また、Olmsted, 65–66も参照。

11）Scoresby, *Arctic Regions*, vol. 1, 463, 475–76; Bennett, vol. 2, 167, 232; *Moby-Dick*, 388; Martin, 79.

12）Colnett, 80; Murphy, Logbook for Grace, 72.

13）Severin, 158–162; Nancy Shoemaker, "Whale Meat in American History," *Environmental History* 10, no. 2（April 2005）: 273. ラマレラ〔インドネシア、レンバタ島内の村〕での現在のマッコウクジラの解体処理の写真は "Dividing the Whale among the Villagers," Photo-voices International,

www.photovoicesinternational.orgを参照。「美食としての鯨」の章の歴史的正確性について、さらに詳しくは *Moby-Dick*, ed. Luther S. Mansfield and Howard P. Vincent (New York: Hendricks House, 1952), 757を参照。

14) Shoemaker, 278–79. 20世紀初期の鯨捕りたちが鯨肉を食べていた例は Murphy, *Logbook for Grace*, 118 (他のページも) を参照。また、鯨肉への偏見についてのイシュメール的な考え方は Olmsted, 92–93を参照。*Moby-Dick*, 30 (284も)。

15) Henry David Thoreau, *Cape Cod* (New York: Penguin, 1987), 166; Shoemaker, 276–77.

16) *Moby-Dick*, 143–44.

17) Diane L. Beers, *For the Prevention of Cruelty: The History and Legacy of Animal Rights Activism in the United States* (Athens: Ohio University Press, 2006), 22; "Status of Whales" および "Population Estimates," International Whaling Commission (2018), https:/iwc.int/status; J. G. Cook, "*Balaenoptera acutorostrata*," The IUCN Red List of Threatened Species, 2018, www.iucnredlist.org/species/2474/50348265.

18) *Moby-Dick*, 157; "Whale Friendly Restaurants," IceWhale, icewhale.is; "Visiting Iceland? Help us Keep Whales off the Dinner Menu," Whale and Dolphin Conservation, us.whales.org/campaigns/visiting-iceland-help-us-keep-whales-off-dinner-menu.

19) Jonny Zwick, director, *Breach* (Side Door Productions, 2015). この議論についてさらに詳しくは Karen Oslund, "Of Whales and Men: Images of Iceland and the North Atlantic in Contemporary Whaling Politics," in *Images of the North: Histories—Identities—Ideas*, ed. Sverrir Jakobsson (Amsterdam: Rodopi, 2009), 91–101を参照; Larissa Kyzer, "Whale Meat Popular among Tourists," *Iceland Review* (15 June 2017), icelandreview.com/news.

第15章

1) *Moby-Dick*, 134, 266. また、Frank, *Melville's Picture Gallery*, 73, 77も参照。

2) *Moby-Dick*, 333–34.

3) 例えば、スコーズビー、チーヴァー、ビールはいずれも「callosity」や「callosities」の語を用いない。以下も参照。"Callosity, n.," *Oxford English Dictionary*, 3rd ed. (2016), www.oed.com/view/Entry/26461; Laist, 273; Kenney, "Right Whales," *EMM*, 3rd ed., 817–18; Victoria J. Rowntree, "Callosities," *EMM*, 3rd ed., 157–58.

4) Bennett, vol. 2, 169; Cheever, *The Whale and His Captors*, 60; Jon Seger and Victoria J. Rowntree, "Whale Lice," *EMM*, 3rd ed, 1051–54; Juan Antonio Raga, Mercedes Fernández, Juan A. Balbuena, and Francisco

Javier Aznar, "Parasites," *EMM*, 3rd ed, 685.

5) Dagmar Fertl and William A. Newman, "Barnacles," *EMM*, 3rd ed., 75–77; James E. Scarff, "Occurrence of the Barnacles *Coronula Diadema*, *C. Reginae*, and *Cetopirus Complanatus* (Cirripedia) on Right Whales," *Scientific Reports of the Whales Research Institute* 37 (1989): 130. ベネットもダーウィンも、メルヴィルが1851年より前に読んだ本では「*Coronula*」の学名を用いていない。

6) Fertl and Newman, "Barnacles," *EMM*, 3rd ed., 75; Kenney, "Right Whales," *EMM*, 2nd ed., 964; Rowntree, "Callosities," *EMM*, 3rd ed., 158; Bennett, vol. 2, 164–65.

7) Weir, "9 December 1855." また、Martin, 79; Cheever, *The Whale and His Captors*, 186も参照。

著者

リチャード・J・キング（Richard J. King）

海洋文学研究者、ライター、イラストレーター。スコットランドのセント・アンドリュース大学で博士号を取得。同大で教員を務めた後、米国・ウッズホール海洋研究所内の海洋教育協会（Sea Education Association）で客員准教授を務める。海洋文学とその背景にある海事・漁業文化を研究する傍ら、過去25年以上にわたり船員・教員として数々の航海に出ている。著作に *The Devil's Cormorant: A Natural History*（University of New Hampshire Press）など。

訳者

坪子　理美（つぼこ・さとみ）

英日翻訳者。博士(理学)。メダカやプランクトンなどの水棲動物を材料に、動物の行動の多様性と遺伝子の関係を研究。訳書に『なぜ科学はストーリーを必要としているのか』（慶應義塾大学出版会）、『悪魔の細菌』（中央公論新社）など。共著に『遺伝子命名物語』（中央公論新社）がある。

クジラの海をゆく探究者(ハンター)たち　上
——『白鯨』でひもとく海の自然史

2022 年 10 月 5 日　初版第 1 刷発行

著　者————リチャード・J・キング
訳　者————坪子理美
発行者————依田俊之
発行所————慶應義塾大学出版会株式会社
〒 108-8346　東京都港区三田 2-19-30
ＴＥＬ〔編集部〕03-3451-0931
〔営業部〕03-3451-3584〈ご注文〉
〔　〃　〕03-3451-6926
ＦＡＸ〔営業部〕03-3451-3122
振替 00190-8-155497
https://www.keio-up.co.jp/
装　丁————Malpu Design（清水良洋）
ＤＴＰ————アイランド・コレクション
カバー画———yu nakao
挿　図————モリモト印刷株式会社
印刷・製本——中央精版印刷株式会社
カバー印刷——株式会社太平印刷社

Printed in Japan ISBN978-4-7664-2836-0